程序员书库

U0156112

AIGC辅助软件开发

ChatGPT10倍效率编程实战

李柏锋　兰　军　张　阳　陈劭松　周　博　姚　坤　王景山　◎ 著
冯振鹏　谢续金　李鑫民　管艳国　蒋　帅　廖燕芳　陈胜琦

AIGC ASSISTED
SOFTWARE
DEVELOPMENT

ChatGPT 10x efficiency programming practice

机械工业出版社
CHINA MACHINE PRESS

图书在版编目（CIP）数据

AIGC 辅助软件开发：ChatGPT 10 倍效率编程实战 /
李柏锋等著. —北京：机械工业出版社，2024.3
（程序员书库）
ISBN 978-7-111-75118-2

Ⅰ．① A⋯　Ⅱ．①李⋯　Ⅲ．①人工智能　Ⅳ．① TP18

中国国家版本馆 CIP 数据核字（2024）第 040786 号

机械工业出版社（北京市百万庄大街 22 号　邮政编码 100037）
策划编辑：杨福川　　　　　责任编辑：杨福川　陈　洁
责任校对：张慧敏　陈　越　责任印制：邵　敏
三河市宏达印刷有限公司印刷
2024 年 5 月第 1 版第 1 次印刷
186mm×240mm·22 印张·459 千字
标准书号：ISBN 978-7-111-75118-2
定价：99.00 元

电话服务　　　　　　　　　网络服务
客服电话：010-88361066　　机　工　官　网：www.cmpbook.com
　　　　　010-88379833　　机　工　官　博：weibo.com/cmp1952
　　　　　010-68326294　　金　书　网：www.golden-book.com
封底无防伪标均为盗版　机工教育服务网：www.cmpedu.com

为何写作本书

2023 年 4 月，生成式人工智能领域的 ChatGPT 开始如日中天，ChatGPT 和基于 ChatGPT 开发的应用影响了人们工作和生活的方方面面。面对此次 ChatGPT 引发的人工智能热潮，兰军老师有了写一本书来分享其 ChatGPT 实践经验和知识的想法。我当时也在关注 ChatGPT，探索有哪些可以应用 ChatGPT 带来效率提升的地方。我们一拍即合，于是便有了此书。

限于我们接触 ChatGPT 的时间与精力，实践经验还不够丰富，我们只能尽量把真实的实践经验和感悟记录到书中，希望能为编程领域的同行提供参考。

本书主要内容

本书共 13 章，各章主要内容如下：

第 1 章介绍 AI 辅助编程的主流工具，包括 ChatGPT、GitHub Copilot、Cursor、AutoGPT 和 Bito 等，最后介绍了人工智能绘画工具 Midjourney。

第 2 章以一个爬取热门的前十条微博项目为例，展示如何一步一步地提示 ChatGPT 给出项目的方案和代码。可以通过提供清晰且明确的指令、可参考的格式和上下文等技巧来让 ChatGPT 明白我们的问题，还可以让 ChatGPT 协助我们写商业计划书。

第 3 章以实现一个教师资料库需求为例，通过提示 ChatGPT，让 ChatGPT 完成技术文档的编写。

第 4 章为 AI 辅助客户端编程。从 Android 的界面设计入手，逐步提示 ChatGPT 来进行代码生成，演示了如何修改 Bug、如何进行单元测试、如何解释代码等。在 iOS 应用开发方面，以利用 ChatGPT 进行一门新语言 SwiftUI 的学习为例，在 ChatGPT 辅助下进行登录界面的编写，此外利用 ChatGPT 解决了一个实际项目遇到的视频转码导致色彩失真的问题。

第 5 章为 AI 辅助前端编程，利用 ChatGPT 进行主流前端框架 Vue3 的源码阅读和理解，生成项目打包配置文件，构建正则表达式，以及快速生成 Vue 组件等。

第 6 章为 AI 辅助后端编程，以编写一个生鲜小超市项目的代码为例，对从开发准备、方案设计、建表，到实现注册、登录退出、下单支付整个流程的实现进行提示，引导 ChatGPT 给出最终的代码。

第 7 章为 AI 辅助测试和调试，列举了 ChatGPT 在制定测试策略、输出测试计划、快速生成测试用例等方面的实践。

第 8 章和第 9 章为编写程序的高阶应用。第 8 章为性能优化，介绍发现性能问题、数据库优化、网络传输优化、内存管理方面的实践。第 9 章探讨了 AI 在解决疑难杂症时的应用。

第 10 章综合运用多个 AI 工具开发了一个跑酷游戏，让 ChatGPT 辅助设计游戏玩法，利用 Midjourney 生成游戏场景图及游戏角色，并用 Cursor 工具生成最终的游戏代码。

第 11 章从产品的角度利用 ChatGPT 提供的能力来开发应用，其中有英语陪聊教练的 Prompt 设计、利用 ChatGPT 输出当日新闻资讯的 Prompt 设计，以及基于 ChatGPT 开发数字人的产品应用。

第 12 章探讨软件架构师如何利用 ChatGPT 辅助各项日常工作。

第 13 章介绍 ChatGPT 如何帮助面试官快速理解面试题、出面试题，以及如何帮助求职者进行模拟面试。

本书读者对象

- ❑ 希望提升项目开发和代码编写效率的程序员。
- ❑ 希望为员工增效的企业管理者。
- ❑ 将要从事软件行业的学生。

致谢

本书是团队智慧的结晶，由李柏锋、兰军、张阳、陈劭松、周博、姚坤、王景山、冯振鹏、谢续金、李鑫民、管艳国、蒋帅、廖燕芳、陈胜琦共同撰写而成。

感谢对本书内容提供帮助的朋友，包括：车库 AI 团队的胡艺、管振豪、程政等，房讯通的胡淋波、罗明明、雷瑞，易征的张勇军、朱首文，以及云上评估的欧阳兴。

特别感谢兰军老师（《运营前线 1：一线运营专家的运营方法、技巧与实践》和《运营前线 2：一线运营专家的运营方法、技巧与实践》作者），没有兰军老师就没有本书的诞生，兰军老师对本书的写作起了极大的推动作用。

　　谨以此书献给互联网行业的所有耕耘者，以及秉承终身学习理念、具备成长思维、关注 AI 前沿技术的朋友们。

李柏锋

目　录 *Contents*

AI 智能化编程助手

AI 智能化编程是指利用人工智能技术和算法来辅助、优化编程的过程。它通过深度学习、机器学习、自然语言处理（Natural Language Processing，NLP）等技术，使计算机能够理解指令并生成代码，从而提高编程效率和质量。

AI 智能化编程的价值主要有：第一，提高编程效率，AI 能够自动完成重复性工作，减少编写和调试代码的时间；第二，提高编程质量，AI 可以通过学习和分析大量代码，提供代码改进建议，避免常见错误和漏洞；第三，降低学习门槛，AI 可以为初学者提供自动补全、自动纠错等功能，帮助他们更快地入门编程；第四，推动创新，AI 可以生成新的代码和算法，帮助开发人员快速探索新的解决方案。

本章对目前主要的 AI 智能化编程工具进行概述和实战案例展示，这些工具包括 ChatGPT、GitHub Copilot、Cursor、AutoGPT 等。

1.1 ChatGPT

ChatGPT 是一种基于人工智能和自然语言处理技术的对话式编程助手。它能够在编程过程中为开发者提供优化代码等方面的实质性帮助。ChatGPT 具备强大的学习和推理能力，能够理解开发者的需求并给出相应的解决方案。接下来将介绍如何利用 ChatGPT 提高编程效率，并给出在 Python 编程语言中的实际应用案例。

1.1.1 ChatGPT 与 GPT-4 介绍

GPT（Generative Pre-trained Transformer，生成式预训练 Transformer 模型）是由 OpenAI 研究团队开发的一种基于 Transformer 架构的自然语言处理模型。GPT 系列模型的发展经历了几个关键版本的演变，下面简要介绍其发展历程。

1）**Transformer**。在 GPT 之前，谷歌研究团队于 2017 年提出了一种名为 Transformer 的新型深度学习架构。Transformer 使用了自注意力（Self-Attention）机制和位置编码（Positional Encoding），摒弃了传统的循环神经网络（RNN）和卷积神经网络（CNN）结构。由于其并行计算能力和性能优势，Transformer 成为 NLP 领域的一个重要基石。

2）**GPT-1**。2018 年 6 月，OpenAI 团队在 Transformer 的基础上提出了 GPT 模型。GPT 采用了单向自回归语言模型（Unidirectional Autoregressive Language Model）进行预训练，拥有 1.17 亿个参数，预训练数据量为 5GB，通过**自左向右生成式**地构建预训练任务，得到一个通用的预训练模型。这个模型可用来做下游任务的微调，可以生成连贯且语法正确的文本。GPT-1 的出现引发了 NLP 领域的预训练模型热潮，它被认为是一种强大的迁移学习方法，但 GPT-1 使用的模型规模和数据量都比较小，于是 GPT-2 诞生了。

3）**GPT-2**。2019 年 2 月，OpenAI 发布了第二代 GPT 模型——GPT-2。GPT-2 模型在模型参数、数据集规模和训练方法方面进行了扩展，拥有 15 亿个参数，预训练数据量为 40GB。与 GPT-1 相比，GPT-2 在多个 NLP 任务上表现出了显著的性能提升。然而，由于其强大的生成能力，担心其可能被滥用，最初 OpenAI 并未公开完整版的 GPT-2 模型。

4）**GPT-3**。2020 年 5 月，OpenAI 推出了第三代 GPT 模型——GPT-3。GPT-3 拥有 1750 亿个参数，预训练数据量为 45TB。GPT-3 对训练数据进行了扩充，包括更多的书籍、文章和网页内容。GPT-3 在各种 NLP 任务上取得了令人瞩目的成绩，如文本生成、摘要、翻译、问答等。GPT-3 的出现进一步推动了 NLP 领域的发展，引发了关于人工智能和自然语言处理的广泛讨论。

5）**GPT-3.5**。GPT-3.5 是 GPT-3 的升级版，该模型采用了海量的数据进行训练，在语言理解、生成和推理等方面表现更为出色，能够完成更加复杂的 NLP 任务。它可以在多个领域发挥作用，如自动写作、内容生成、聊天机器人等。

6）**InstructGPT**。InstructGPT 是 GPT 模型的一个变体，专门用于执行特定的任务。InstructGPT 通过在预训练阶段引入指导性的指令，使模型能够执行特定的任务，如编写代码、回答问题等。它通过引入人类反馈的强化学习（RLHF）等新的训练方式，大幅提升了语言生成能力，并且展现出了思维链和逻辑推理等多种能力。根据 OpenAI 官网上的说明，InstructGPT 包含三种训练方式，分别是有监督微调（Supervised Fine-Tuning，SFT）、反馈变得更容易（Feedback Made Easy，FeedME）和基于 PPO（Proximal Policy Optimization，近端策略优化）算法的从人类反馈中进行强化学习。相较于传统的 GPT 模型，InstructGPT 在特定任务上表现更出色，但可能在生成自由文本方面稍逊一筹。

7）GPT-4。GPT-4 可以生成、编辑并与用户一起完成创意和技术写作任务，比如创作歌曲、编写剧本或学习用户的写作风格，能够处理超过 25 000 个词的文本，可以应用于长篇内容创作、延续性对话和文档搜索与分析等场景。GPT-4 实现了从大语言模型向多模态模型进化的第一步。

GPT-4 是严格意义上的多模态模型，可以支持图像和文字两类信息的同时输入。多模态技术将语言模型的应用拓宽到更多高价值领域，例如多模态人机交互、文档处理和机器人交互技术。GPT-4 已在各种专业和学术领域表现出了人类的水平。GPT-4 可接受的文字输入长度达到了惊人的 32 000 字，而 GPT-3.5 只能接受 3000 字。在考试能力上，GPT-4 司法考试排名前 10%，SAT 数学考试 700 分，生物奥林匹克竞赛排名前 1%，而 GPT-3.5 司法考试倒数10%，SAT 数学考试 590 分，生物奥林匹克竞赛排名前 69%。

GPT-4 的编程能力非常强，从根据指令编写代码到理解现有代码，从编程挑战到现实世界的应用，从低级汇编到高级框架，从简单数据结构到复杂的程序，几乎无所不能。此外，GPT-4 还可以对代码的执行进行推理，模拟指令执行的效果，以及检测自己编写的代码的错误，然后进行改进。图 1-1 展示了 GPT 系列模型的发展历程。

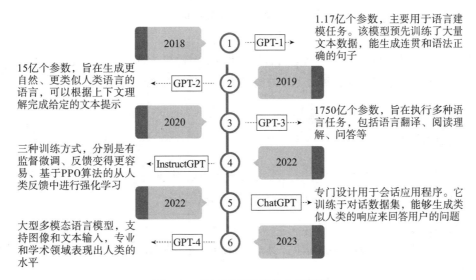

图 1-1　GPT 系列模型的发展历程

总结来说，GPT 系列模型从 Transformer 架构发展而来，经过几轮的迭代和优化，提高了模型性能和应用范围。从 GPT-1 到 GPT-4，模型参数、数据集规模和训练方法都得到了显著的扩展，在各种 NLP 任务上取得了突破性的成果。

1.1.2 ChatGPT 在软件开发中的应用场景

ChatGPT 在软件开发中有如下应用场景。

- ❑ 代码自动生成。ChatGPT 可以根据程序员输入的简要问题描述，自动生成相应的代码片段。这可以帮助程序员更快地完成项目，节省时间和精力。
- ❑ 代码优化。ChatGPT 可以帮助你检查代码是否存在冗余或不合理的部分，并给出优化建议。这有助于提高代码质量和执行效率。
- ❑ 学习新技能。ChatGPT 可以帮助你学习新的编程技能和了解最新的编程技术。通过向 ChatGPT 请教，你可以快速掌握新知识，提升自己的编程能力。
- ❑ Bug 修复。ChatGPT 可以帮助程序员发现代码中的错误，并给出修复建议。如果 ChatGPT 发现一个变量在使用前未初始化，它将提醒程序员进行初始化。这可以帮助程序员更快地修复 Bug，提高代码质量。
- ❑ 代码模板生成。ChatGPT 可以帮助程序员生成常用的代码模板，只需输入代码的类型和功能，就能自动生成相应的代码模板，大大提高了编程效率。
- ❑ 代码翻译。ChatGPT 还能进行代码翻译，如果你只熟悉某种编程语言，但需要使用另一种语言写代码，只需将源代码输入 ChatGPT，它就能将其翻译为目标编程语言，从而节省了你学习新语言的时间。
- ❑ 问题解答。在遇到编程问题时，可以向 ChatGPT 提问，它能够理解你的问题，并给出解决方案。这样可以避免在寻找解决方案上花费大量时间。

1.1.3 实践案例

假设你在编写一个 Python 程序时需要实现一个功能：读取一个 CSV 文件并计算每列的平均值。在这种情况下，你可以使用 ChatGPT 来提升编程效率。

1. 代码自动生成

首先，向 ChatGPT 描述你的需求，其中，Prompt 是"提示词"，即你向 ChatGPT 提的问题。例如：

> ❓ **Prompt**
> 我需要一个 Python 代码片段，读取一个 CSV 文件并计算每列的平均值。

⊛ ChatGPT

根据您的需求，我为您提供一个 Python 代码片段，用于读取 CSV 文件并计算每列的平均值：

```
import csv
from collections import defaultdict
def read_csv_and_calculate_averages(file_path):
    withopen(file_path, 'r') as csvfile:
        reader = csv.reader(csvfile)
        column_sums = defaultdict(float)
        column_counts = defaultdict(int)
        for row in reader:
            for i, value inenumerate(row):
                try:
                    num = float(value)
                    column_sums[i] += num
                    column_counts[i] += 1
        except ValueError:
                    pass
        column_averages = {}
        for column_index, column_sum in column_sums.items():
            column_averages[column_index]=column_sum/column_counts[column_index]
        return column_averages
 file_path = "your_csv_file.csv"
averages = read_csv_and_calculate_averages(file_path)
print("Column averages:", averages)
```

以上代码中，将 your_csv_file.csv 替换为要处理的 CSV 文件的路径即可。这个代码片段将读取 CSV 文件，计算每列的平均值，并将结果保存在一个字典中，其中键是列索引，值是对应列的平均值。替换 CSV 文件路径有个小技巧：在 macOS 系统中，选中文件，按 Command+Option+C 组合键，就可以把文件路径复制到剪贴板上；在 Windows 系统中选中文件夹或文件，按下 Shift 键，同时右击，在弹出的菜单中选择"复制文件地址"，就可直接粘贴到上面的代码中。

另外，还有个更方便的方法，就是将上面代码中的文件路径定义为一个变量，把具体的文件路径赋值给这个变量。例如，笔者当前的文件路径是 /Users/lanjun/Desktop/gpt/ 范例文件 /average.csv，定义变量的代码为 file_path = '/Users/lanjun/Desktop/gpt/ 范例文件 /average.csv'，把定义变量的代码加入上述代码中，就可以运行代码了。具体如下：

```
def read_csv_and_calculate_averages(file_path):
import csv
from collections import defaultdict
file_path = '/Users/lanjun/Desktop/gpt/范例文件/average.csv'
def read_csv_and_calculate_averages(file_path):
    with open(file_path, 'r') as csvfile:
        reader = csv.reader(csvfile)
        column_sums = defaultdict(float)
```

```
        column_counts = defaultdict(int)
        for row in reader:
            for i, value in enumerate(row):
                try:
                    num = float(value)
                    column_sums[i] += num
                    column_counts[i] += 1
                except ValueError:
                    pass
        column_averages = {}
        for column_index, column_sum in column_sums.items():
            column_averages[column_index] = column_sum/column_counts[column_index]
        return column_averages
file_path = "/Users/lanjun/Desktop/gpt/范例文件/average.csv"
averages = read_csv_and_calculate_averages(file_path)
print("Column averages:", averages)
```

表 1-1 是用于计算平均值的数据表。

表 1-1   用于计算平均值的数据表 average.csv

计算平均值 范例数据一	计算平均值 范例数据二	计算平均值 范例数据三	计算平均值范 例数据四
1	10	10	10
2	20	10	10
3	30	10	20
4	40	10	20
5	50	10	30
6	60	10	30

在终端命令窗口运行代码。先进入 Python 程序文件和数据文件所在的路径，文件路径是 /Users/lanjun/Desktop/gpt/ 范例文件 /average.csv。因此，需要先进入范例文件所在的目录下，再运行计算平均值的 Python 程序，程序也保存在相同的目录下，文件名是 average.py。依次运行如下命令：

```
cd /Users/lanjun/Desktop/gpt/范例文件/
python average.py
```

这时，命令终端窗口的界面显示如图 1-2 所示。

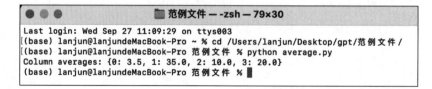

图 1-2   在终端窗口运行 Python 程序计算平均值

如图 1-2 所示，我们得到数据表 average.csv 的平均值，分别是 3.5、35.0、10.0、20.0，结合表 1-1 进行简单验证，计算结果正确。

2. 代码优化

在编写代码过程中，如果需要优化代码，可以随时向 ChatGPT 提问。例如，你可以这样提问：

❷ Prompt

如何用 pandas 库来简化代码？

◉ ChatGPT

使用 pandas 库可以大大简化读取 CSV 文件并计算每列平均值的过程。这是一个使用 pandas 库的示例代码片段：

```python
import pandas as pd
# 读取CSV文件
data = pd.read_csv('your_file.csv')
# 计算每列的平均值
averages = data.mean()
# 输出结果
for col_name, avg in averages.items():
    print(f"平均值 of {col_name}: {avg}")
```

请确保将 your_file.csv 替换为你的 CSV 文件的名称，比如将 your_file.csv 替换为 /Users/lanjun/Desktop/gpt/ 范例文件 /average.csv，再保存这个文件，文件名为 average2.py。

在终端窗口运行命令 python average2.py，得到如图 1-3 所示的计算结果。

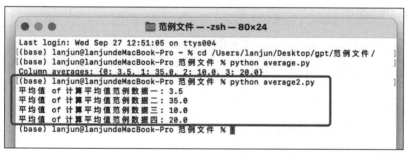

图 1-3　在 macOS 系统终端运行 average2.py 后的计算结果

3. 学习新技能

在编写代码的过程中，如果遇到不熟悉的库或函数，可以如下面这样提问，ChatGPT 会给出相应的解释，帮助你更好地了解和使用这个库。

❷ Prompt

pandas 库的简介和主要功能是什么？

⑥ ChatGPT

pandas 是一个开源的 Python 库，它提供了高性能、易于使用的数据结构和数据分析工具。pandas 的主要目标是成为 Python 数据分析领域的基础高级构建块。它旨在使数据清洗和分析工作变得快速、简单和灵活。

pandas 库的主要功能包括：

❏ 数据结构：pandas 提供了两种核心数据结构，即 Series 和 DataFrame。Series 表示一维数据，类似于数组或列表，而 DataFrame 表示二维表格数据，类似于 Excel 表格、SQL 表或 R 数据框。

❏ 数据读取与存储：pandas 支持读取和存储多种格式的数据文件，如 CSV、Excel、JSON、HDF5、SQL 等。

❏ 数据清洗：pandas 提供了丰富的数据清洗功能，如处理缺失值、重复值、异常值等。

❏ 数据转换：pandas 支持对数据进行各种转换操作，如数据类型转换、重命名列、筛选、排序、分组、合并、透视表等。

❏ 数据统计与分析：pandas 提供了许多预定义的统计函数，如计算平均值、标准差、最大值、最小值、中位数等。此外，pandas 还支持时间序列分析、滑动窗口统计等高级功能。

❏ 数据可视化：pandas 可以与 matplotlib、seaborn 等可视化库无缝集成，方便用户对数据进行可视化分析。

❏ 性能优化：pandas 底层使用 Cython 和 NumPy 进行优化，使得数据操作性能更高。

pandas 库适用于各种数据分析场景，如金融、社会科学、工程、生物科学等领域。pandas 可以帮助你快速地进行数据探索、预处理、统计分析和可视化。

4. Bug 修复

例如，有这样一个场景：程序员正在编写一个 Python 程序，用于计算列表中所有正数的和。但是，他发现代码在运行时抛出了一个异常。

首先，准备好有问题的代码。例如：

```python
def sum_positive_numbers(numbers):
    total = 0
    for number in numbers:
        if number >= 0:
            total += number
    return total
numbers = [1, -2, 3, -4, 5]
result = sum_positive_numbers(numbers)
```

```
print(result)
```

将这段代码输入 ChatGPT 中，寻求帮助。ChatGPT 会分析代码，找出其中可能存在的问题。在这个例子中，ChatGPT 发现在 **if** 语句中缺少了一个冒号。

ChatGPT 会为程序员提供修复建议，例如：在第 4 行的 if 语句末尾添加一个冒号 (:)。

根据 ChatGPT 的建议，修改代码如下：

```
def sum_positive_numbers(numbers):
    total = 0
    for number in numbers:
        if number >= 0:
            total += number
    return total
numbers = [1, -2, 3, -4, 5]
result = sum_positive_numbers(numbers)
print(result)
```

再次运行代码，发现问题已经解决，输出结果正确。

通过这个例子，我们可以看到 ChatGPT 在修复 Bug 方面的强大能力。它能够帮助程序员在编程过程中快速定位并修复问题，从而提升编程效率。通过使用 ChatGPT，程序员可以更专注于实现核心功能，提高整体开发效率。

5. 代码模板生成

ChatGPT 可以根据程序员的需求生成代码模板，例如创建一个新的项目结构、生成一组常用的函数库等。这可以帮助程序员快速启动新项目，节省时间。

假设程序员希望使用 Python 语言创建一个命令行工具，这个工具可以读取一个 CSV 文件，对数据进行处理并将结果输出到一个新的 CSV 文件中。例如：

❓ **Prompt**

创建一个 Python 命令行工具，用于读取 CSV 文件，处理数据并将结果输出到新的 CSV 文件中。

⑤ **ChatGPT**

```
import argparse
import csv
def read_csv(file_path):
    data = []
    with open(file_path, 'r') as csvfile:
        reader = csv.reader(csvfile)
        for row in reader:
            data.append(row)
    return data
def process_data(data):
    #对数据进行处理的逻辑
    processed_data = []
```

```
    for row in data:
        processed_row = row #替换为实际的数据处理逻辑
        processed_data.append(processed_row)
    return processed_data
def write_csv(file_path, data):
    with open(file_path, 'w') as csvfile:
        writer = csv.writer(csvfile)
        for row in data:
            writer.writerow(row)
def main():
    parser = argparse.ArgumentParser(description="Process a CSV file and output
the result to a new file.")
    parser.add_argument("input_file", help="Path to the input CSV file.")
    parser.add_argument("output_file", help="Path to the output CSV file.")

    args = parser.parse_args()
    input_data = read_csv(args.input_file)
    processed_data = process_data(input_data)
    write_csv(args.output_file, processed_data)
if __name__ == "__main__":
    main()
```

在这个代码模板中，ChatGPT 生成了一个基本的命令行工具结构，包括读取 CSV 文件、处理数据和输出结果到新的 CSV 文件的函数。程序员可以根据自己的实际需求，修改 process_data 函数中的数据处理逻辑，然后运行这个脚本，实现从输入文件到输出文件的数据处理过程。

如何具体实现呢？也可以向 ChatGPT 提问获得操作步骤。

❓ Prompt

需要运行上面的代码来检查效果，在 macOS 系统中如何具体操作？请给出详细操作步骤。

🖐 ChatGPT

首先，您需要确保您的 macOS 系统中已经安装了 Python。可以在终端中输入 python --version 或 python3 --version 来查看。如果没有安装，您可以访问 Python 官方网站下载并安装。

然后，将上述代码保存为一个 Python 文件，例如命名为 process_csv.py。

假设您的输入文件是 input.csv，要将输出写入 output.csv。

下面是在 macOS 系统中的操作步骤：

1）打开终端。

2）使用 cd 命令导航到包含 process_csv.py、input.csv 和 output.csv 的目录。例如，如果它们在您的桌面上，那么可以输入 cd ~/Desktop。

3）运行 Python 脚本并传递输入和输出文件作为参数。在终端中输入 python3 process_csv.py input.csv output.csv，然后按回车键。

4）运行 process_csv.py 脚本，读取 input.csv 文件的数据，处理数据，然后将结果写入 output.csv。

请注意，上述代码中的 process_data 函数的数据处理逻辑部分已被注释掉，您需要根据实际情况替换为您的数据处理逻辑。

根据 ChatGPT 的回答，我们在目录下新建两个 CSV 文件，分别是保存初始数据的文件 input.csv 和待写入数据的文件 output.csv，将代码保存为文件，命令为：python3 process_csv.py。再在终端窗口运行命令 python3 process_csv.py input.csv output.csv，结果如图 1-4 所示。

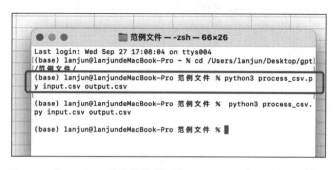

图 1-4　在 macOS 系统的终端运行 process_csv.py 的显示结果

运行后，在终端界面看不到变化，打开同一目录下的文件 output.csv，就可以看到 input.csv 的文件内容复制到了 output.csv，如图 1-5 所示。

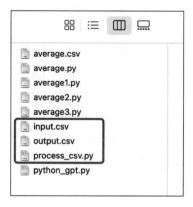

图 1-5　存储 Python 代码和示例文件的文件夹内容

6. 代码翻译

ChatGPT 可以将一种编程语言的代码翻译成另一种编程语言的代码，帮助程序员更快地完成跨平台开发。例如，将一段 Java 代码翻译为 Python 语言的代码。

❓ Prompt

请给出一个案例，将一段 Java 代码翻译为 Python 代码。

ChatGPT

假设我们有以下 Java 代码，实现一个功能：计算一个整数列表中所有正数的和。

```
import java.util.Arrays;
import java.util.List;
public class SumPositiveNumbers {
    public static void main(String[] args) {
        List<Integer> numbers = Arrays.asList(1, -2, 3, -4, 5);
        intresult= sumPositiveNumbers(numbers);
        System.out.println(result);
    }
    public static intsumPositiveNumbers(List<Integer> numbers) {
        inttotal=0;
        for (int number : numbers) {
            if (number > 0) {
                total += number;
            }
        }
        return total;
    }
}
```

现在我们将这段 Java 代码翻译为 Python 代码：

```
def sum_positive_numbers(numbers):
    total = 0
    for number in numbers:
        if number > 0:
            total += number
    return total
numbers = [1, -2, 3, -4, 5]
result = sum_positive_numbers(numbers)
print(result)
```

7. 问题解答

程序员在遇到问题时，可以向 ChatGPT 提问，获取解决方案。这可以帮助程序员更快地解决问题，提高工作效率。假设程序员在使用 Python 编程时遇到了一个问题：如何将一个字典按照值进行排序？提问如下：

❓ Prompt

如何使用 Python 对一个字典按照值进行排序？

ChatGPT

要使用 Python 对一个字典按照值进行排序，你可以使用 sorted() 函数并将 lambda 表达式作为排序的键。以下是一个示例：

```
Copy
# 示例字典
example_dict = {"apple":3, "banana":1, "orange":2}
# 使用sorted()函数对字典按照值进行升序排序
sorted_dict = dict(sorted(example_dict.items(), key=lambda item:item[1]))
# 输出排序后的字典
print(sorted_dict)
```

在这个示例中，我们首先使用 example_dict.items() 获取字典中的键值对。然后，我们使用 sorted() 函数对键值对进行排序，并通过 key=lambda item: item[1] 指定排序依据为字典中的值。最后，我们使用 dict() 将排序后的键值对转换回字典。

将上面的代码保存为 Python 程序文件，命名为 dict_sorted.py，代码页面截图如图 1-6 所示。

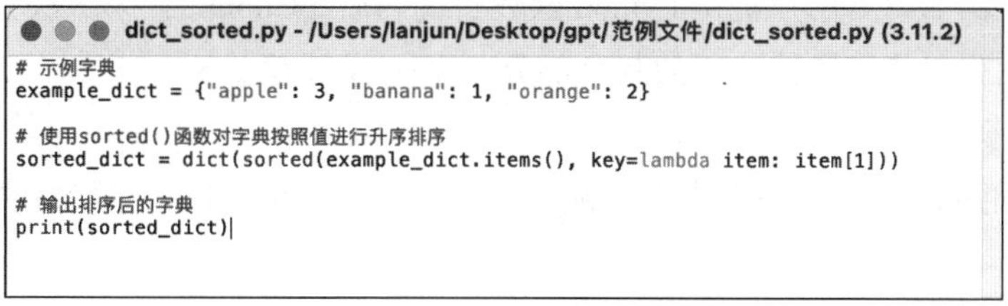

图 1-6　dict_sorted.py 文件内容

在终端窗口运行这个文件，得到字典排序的结果，如图 1-7 所示，字典按照 1、2、3 进行升序排列。

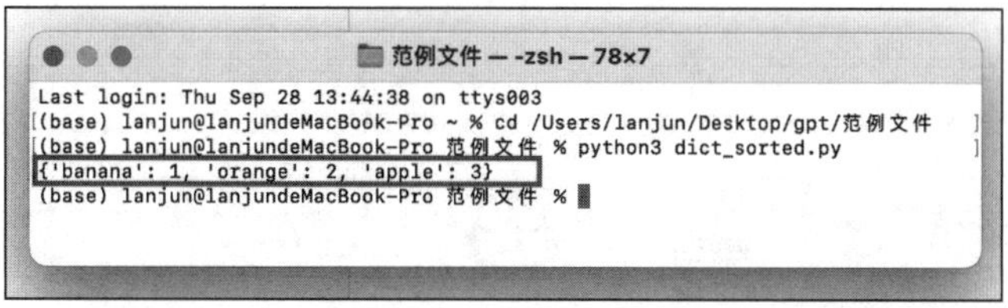

图 1-7　运行程序文件 dict_sorted.py 后的结果展示

1.2　GitHub Copilot

GitHub Copilot 是 GitHub 和 OpenAI 合作开发的一个人工智能工具，用户在使用 Visual Studio Code、Microsoft Visual Studio、Vim、Cursor 或 JetBrains 集成开发环境时可以利用 GitHub Copilot 自动补全代码。GitHub 于 2021 年 6 月 29 日对外公开该软件，GitHub Copilot 在技术预览阶段主要面向 Python、JavaScript、TypeScript、Ruby 和 Go 等编程语言，并于

2022 年 6 月 21 日退出技术预览阶段, 作为一项基于订阅的服务提供给个人开发者。GitHub Copilot X 是 GitHub Copilot 的升级版本。

GitHub Copilot 由 OpenAI Codex 提供支持, OpenAI Codex 是由人工智能研究实验室 OpenAI 创建的人工智能模型。OpenAI Codex 是 GPT-3 修改后的生产版本。例如, 当给出一个自然语言的程序问题时, Codex 能够产生解法代码。它也可以用英语描述输入代码和在不同程序语言之间翻译代码。Codex 的 GPT-3 仅授权给 GitHub 的母公司微软。

GitHub Copilot 的 OpenAI Codex 接受了经过筛选的基于英语的包含 GitHub 在内的公开源代码作为数据集的训练。这些数据集包括 5400 万个公共 GitHub 存储库的 159 GB Python 代码。

GitHub Copilot 具有协助程序员的功能, 包括代码注释、可运行代码的转换, 以及自动补全代码块、重复的代码和整个方法或函数。GitHub 的报告称, Copilot 的自动完成功能大约有一半是准确的。例如, 当用户提供 Python 函数头代码后, Copilot 在第一次尝试时有 43% 的时间正确地自动完成了函数体代码的其余部分, 而在 10 次尝试后有 57% 的时间正确地自动完成了函数体代码的其余部分。

GitHub Copilot 能够帮助程序员节省阅读软件文档的时间, 让程序员快速浏览不熟悉的编码框架和语言。

1.2.1 安装

下面基于主流的编辑器 VS Code 界面介绍一下 GitHub Copilot 的安装。在 VS Code 的应用扩展标签下搜索 copilot, 第一个便是 GitHub Copilot, 其安装界面如图 1-8 所示。

图 1-8 GitHub Copilot 的安装界面

单击 Install 按钮，等待安装完成即可。

1.2.2　使用

因为 GitHub Copilot 是要收费的，所以使用 GitHub Copilot 前要先登录账号，在右下角有登录 GitHub 的窗口，如果想找回登录窗口，单击右下角的消息图标便可弹出登录窗口，如果没找到消息图标，可以单击左下角的用户图标进行登录，如图 1-9 所示。

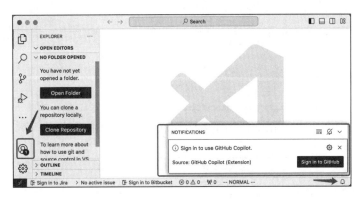

图 1-9　GitHub Copilot 登录入口

GitHub Copilot 可以智能地生成代码，并补全注释。使用方法为：光标停留几秒不输入，便会有提示，如图 1-10 所示。GitHub Copilot 会根据当前上下文提示合适的代码或注释，如图 1-11 所示，鼠标指针移至灰色提示语句处可以看到有个工具栏，单击左右箭头切换提示内容，按 Tab 键选定输入提示内容。

图 1-10　GitHub Copilot 的注释提示

为了验证 GitHub Copilot 生成的代码的正确性，我们可以运行代码测试输出结果是否正确，如图 1-12 所示。

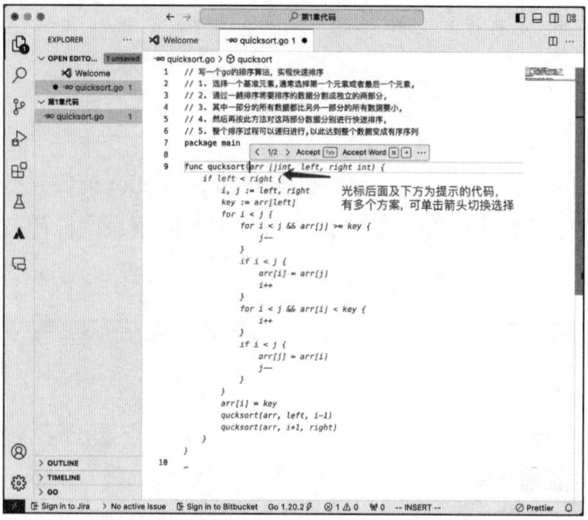

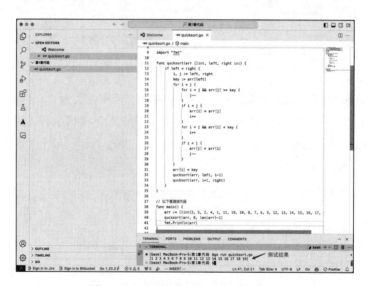

图 1-11　GitHub Copilot 的代码提示

图 1-12　GitHub Copilot 的测试结果

由图 1-12 可知，结果完全正确。

1.2.3　总结

1）使用场景。GitHub Copilot 主要适用于简单、重复性较高的代码编写，对于一些复杂的算法和业务逻辑，仍然需要程序员手动编写代码。

2）使用方式。GitHub Copilot 可以通过 VS Code 插件、GitHub Codespaces 或 GitHub CLI

来使用。使用时只需要在代码编辑器中输入代码的一些关键字或注释，GitHub Copilot 就会自动提示可能的代码或注释。

3）使用技巧。为了获得最佳的使用体验，可以采用以下一些技巧：

❑ 确保输入的关键字或注释足够详细和准确，这样 GitHub Copilot 才能更好地理解你的意图，提供合适的代码或注释。

❑ 对于长的代码块，可以逐步输入关键字或注释，让 GitHub Copilot 逐步生成代码或注释，避免一次性输入过多的内容。

❑ 在编写代码时，可以结合使用其他插件或工具，如自动补全、代码格式化等，以获得更好的编码体验。

4）注意事项。虽然 GitHub Copilot 可以帮助我们快速编写代码，但是在使用过程中需要注意以下几点：

❑ GitHub Copilot 提供的代码并不总是完美的，有时可能会出现错误或需要进一步的修改。

❑ GitHub Copilot 生成的代码可能不符合团队的编码规范和风格，需要根据实际情况进行适当的调整。

❑ 由于 GitHub Copilot 是基于机器学习算法的，它的准确度取决于训练数据的质量和数量，因此在使用过程中需要谨慎评估生成的代码的质量和正确性。

1.3　Cursor

Cursor 是一个基于 Web 技术的文本编辑器，它具有现代文本编辑器的许多功能，如代码高亮、自动完成、多光标编辑等，并且提供了一些特殊功能，如 AI 辅助编辑、协作编辑等，可以帮助开发者更快、更准确地编写代码。Cursor 支持多种编程语言，如 Python、Java、C#、JavaScript 等。因此，建议开发者尝试使用 Cursor 编辑器，以提高开发效率和代码质量。

1.3.1　安装

Cursor 支持 macOS、Windows 和 Linux 操作系统，下面以 macOS 为例演示 Cursor 的安装和使用。Cursor 下载页面如图 1-13 所示。

安装完成之后需要登录，登录界面如图 1-14 所示。

图 1-13　Cursor 下载页面

图 1-14　Cursor 登录界面

　　Cursor 目前是一款独立的应用，选项界面与 VS Code 无差异，所以对于有过 VS Code 使用经验的人员来说没有任何负担。使用界面如图 1-15 所示。

图 1-15　Cursor 使用界面

1.3.2　使用

创建一个 main.js 文件，然后使用 Command + K 组合键触发一个文本输入框，如图 1-16 所示。

图 1-16　文本输入框

输入想让它生成怎样的代码，比如使用 JavaScript 写一个冒泡排序的方法，就可以得到以下代码块：

```javascript
// 冒泡排序
function bubbleSort(arr) {
  var len = arr.length;
  for (var i = 0; i < len - 1; i++) {
    for (var j = 0; j < len - 1 - i; j++) {
      if (arr[j] > arr[j + 1]) {
        var temp = arr[j + 1];
        arr[j + 1] = arr[j];
        arr[j] = temp;
      }
    }
  }
  return arr;
}
```

注意：如果代码生成到一半终止，可以重新使用 Command + K 组合键触发对话框，输入"继续"即可与代码继续"对话"。

选择生成的部分代码，问你想问的问题，让它对代码进行优化，如图 1-17 所示。选择后有两个选项：一个是 Edit，即告诉它你的诉求，让它帮你修改；另一个是 Chat，即问它相关的问题，让它给你解答。它会根据你的意思进行修改，如果你认为符合要求，单击 Accept All 即可生效，否则单击 Reject All 拒绝修改，如图 1-18 所示。

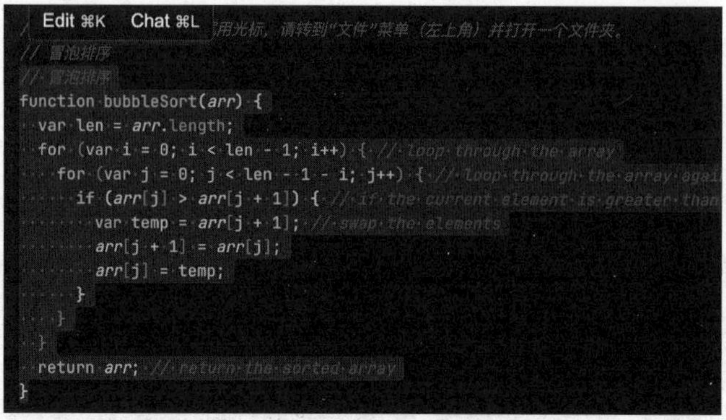

图 1-17　Cursor 可以选择代码来提问

图 1-18　Cursor 可以选择接受或拒绝修改

1.3.3　总结

生成的代码块及代码修改不一定是最优的，但是基本符合需求。

上述只是一个 Cursor 的简单使用示例，大家可以根据自己的业务需求，让它帮你写一些基础代码，以提高工作效率。

需要注意的是，虽然可以通过语言来生成代码，但目前还不完美，如果生成的代码不太符合要求，可以优化自己的表达，交代得再清楚一些，也可以尝试重新生成，还可以通过对话让它不断优化调整以便符合你的要求。未来人工智能将带来开发工具的更大变革。此外，还需要注意数据安全，避免泄露敏感数据和代码。修改和建议只能作为参考，自己要注意甄别。

1.4　AutoGPT

AutoGPT 是一款开源的基于深度学习和自然语言处理技术的自动文本生成工具，旨在为用户提供智能、高效且易用的文本生成服务。AutoGPT 能够理解和生成各种类型的文本，如博客、故事、对话等，广泛应用于撰写邮件、报告、摘要等场景。通过持续学习和优化，AutoGPT 致力于帮助用户提高工作效率、降低写作难度并拓展创意空间。

AutoGPT 相当于为基于 GPT 的模型赋予了"记忆"和"行动"能力。借助它，你可以将任务交给 AI 智能体，让它自主地制订并执行计划。而且，它还具备互联网访问、管理长期和短期记忆、默认利用 GPT-4 模型接口进行推理和文本生成等功能，也支持通过配置降级使用 GPT-3.5 模型接口。你只需给 AutoGPT 一个任务，它就能自主思考，提出实现的步骤和详细方案，然后完成方案并输出结果。

AutoGPT 的应用领域非常广泛，它不仅可以用于分析市场并制定交易策略，还可以用于提供客户服务、进行营销等需要持续更新的任务。

1.4.1　安装

AutoGPT 的安装需要一个云服务器或者换本地运行，本地网络需要能访问 OpenAI。AutoGPT 的具体安装步骤如下：

1）安装 Python 环境。

2）获取 OpenAI 账号的 key。

3）通过如下命令克隆 GitHub 项目到本地计算机的任意目录：

```
git clone https://github.com/Torantulino/Auto-GPT.git
```

进入目录并且安装依赖：

```
cd Auto-GPT
pip install -r requirements.txt
```

4）修改 .env.template 文件为 .env 文件。

5）编辑 .env 文件，把 OpenAI 的 key 写入。

6）运行 python3 -m autogpt。

1.4.2　使用

AutoGPT 的运行过程如图 1-19 所示，首先给 AI 命名，然后设置一个目标，比如让它建立一个网站。前端使用 HTML 语言编写，后端使用 Java 语言编写，同时要求后端提供一个接口供前端访问，然后后端再去请求 ChatGPT 获取结果。

图 1-19　AutoGPT 的运行过程

如果你没有代码基础，又想体验一下 AutoGPT，可以登录网站 https://agentgpt.reworkd. ai/zh 进行体验。AgentGPT 和 AutoGPT 的功能一致。只要有 OpenAI 的 key，就可以体验 AgentGPT 的功能，如图 1-20 和图 1-21 所示。

图 1-20　填入 OpenAI key 的 AgentGPT 界面

图 1-21　AgentGPT 使用界面

1.4.3　总结

AutoGPT 原理简单，就是层层递归调用以获取结果，但对于我们来说其实是一个递归黑盒。AutoGPT 会进行递归拆解然后发送给 ChatGPT 以获取响应。而且，目标任务越宽泛，要完成这个任务需要的子任务就越多，递归的层数就越多，那么发送给 ChatGPT 的 token 数量就越多，所耗费的成本就越高。当然，可以用试着限制对话轮数来进行软性控制，但仅仅是杯水车薪，而且限制之后还可能无法满足效果的要求。

1.5　Bito

Bito 是一款基于 GPT-4 和 GPT Turbo 3.5 模型的免费 AI 编程助手，能够更智能、更快速地生成基于人工智能的高质量代码。它能够帮助开发人员进行代码补全、优化代码性能、解释复杂的代码片段、生成单元测试等。官方宣称 Bito 能提高 31% 的生产力，每天为开发人员额外提供 2 小时的自由时间。

Bito 支持多种流行的编程语言，如 Python、JavaScript、Java、C++、Go、C# 等，支持的 IDE 有 VS Code、JetBrain IDE、Vim/Neovim。

通过 Bito，可咨询技术问题、生成代码、解释代码、优化代码、生成注释、进行性能检查、进行安全检查、生成测试用例、查看对话历史记录、对比优化代码视图、自定义提示词模板等。

1.5.1　安装

下面以 IntelliJ IDEA 插件为例介绍 Bito 的安装过程，其他 IDE 的安装步骤与之类似。

（1）安装步骤

安装步骤参考图 1-22 中的标注。

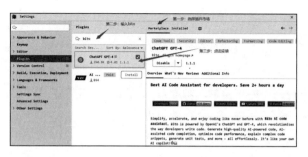

图 1-22　IDEA 安装 Bito

（2）新建或打开项目

在 IDEA 的右侧可以看到新增了一个蓝色图标，这就是 Bito 插件，单击出现 Bito 界面，如图 1-23 所示。

（3）注册

1）单击图 1-23 中的 Sign up or Sign-in 按钮。

2）输入注册邮箱和验证码，然后单击 Submit 按钮。

3）输入个人信息，单击 Submit 按钮，输入工作空间的名字，如 Java 或项目名称等。然后单击 Next 按钮，至此注册完成。图 1-24 是注册完成登录后的界面图。

注意：AI Output Language 选项可根据自己习惯的语言选择，比如简体中文。

图 1-23　IDEA 安装的 Bito 界面

图 1-24　Bito 注册完成
登录后的界面图

1.5.2　代码生成

随着 AI 技术的不断发展，它在软件开发领域的应用也日益广泛，为开发人员带来了许多便利。AI 模型能够迅速生成复杂的代码结构和逻辑，节省开发人员手动编写代码所需的时间和精力。尤其在一些重复性工作和模板代码的生成上，AI 的速度和准确性远超人工操作。我们通过提问的方式让 AI 输出我们想要的代码，示例如下：

❓ Prompt

请用 MyBatis 实现一个高效的批量插入功能。

⑥ ChatGPT

使用 MyBatis 实现高效的批量插入功能可以通过以下步骤完成：

1. 确保你已经正确配置了 MyBatis 和数据库接口。

2. 创建一个包含需要插入数据的实体类，例如 User 类。

3. 在 MyBatis 的映射文件中，创建一个插入语句，使用 insert 标签，并设置 useGeneratedKeys 属性为 true，以便获取插入后自动生成的主键。

```xml
<insert id="insertBatch" useGeneratedKeys="true" keyProperty="id">
  INSERT INTO user (name, age) VALUES
```

```
    <foreach collection="list" item="item" separator=",">
      (#{item.name}, #{item.age})
    </foreach>
</insert>
```

❓ Prompt

在你的 Java 代码中，使用 SqlSession 对象执行批量插入操作。

⑤ ChatGPT

```
List userList = new ArrayList<>();
// 将需要插入的数据添加到userList
try (SqlSession sqlSession = sqlSessionFactory.openSession(ExecutorType.BATCH)) {
    // 获取Mapper接口
    UserMapper userMapper = sqlSession.getMapper(UserMapper.class);
    // 执行批量插入
    userMapper.insertBatch(userList);
    // 提交事务
    sqlSession.commit();
} catch (Exception e) {
    // 处理异常
}
```

可以看到，上述批量插入操作已经很高效了，不过还想知道有没有更好的方案。

❓ Prompt

还有效率更高的方案吗？

⑤ ChatGPT

如果你希望进一步提高批量插入的效率，可以考虑使用 MyBatis 的批量插入功能。MyBatis 提供了 BatchExecutor 来执行批量操作，它可以将多个插入操作合并为一次数据库交互，从而减少了网络开销和数据库操作次数。

要使用批量插入功能，你可以按照以下步骤进行操作：

1. 在 MyBatis 的配置文件中，将 defaultExecutorType 设置为 BATCH，以启用批量操作。

```
<configuration>
  <settings>
    <setting name="defaultExecutorType" value="BATCH"/>
  </settings>
...
</configuration>
```

2. 在你的 Java 代码中，使用 SqlSession 对象执行批量插入操作。

```
List<User> userList = new ArrayList<>();
// 将需要插入的数据添加到userList
try (SqlSession sqlSession = sqlSessionFactory.openSession()) {
    // 获取Mapper接口
    UserMapper userMapper = sqlSession.getMapper(UserMapper.class);
```

```
    // 执行批量插入
    for (User user : userList) {
        userMapper.insert(user);
    }
    // 提交事务
    sqlSession.commit();
} catch (Exception e) {
    // 处理异常
}
```

在上述代码中，我们使用 for 循环逐个插入数据，但实际上 MyBatis 会将这些插入操作合并为一次数据库交互，从而提高了效率。

这种方式相对于直接使用批量插入语句（如前面所示的 <insert> 标签）的优势在于，它更加灵活，可以在插入过程中进行一些其他的操作，比如数据校验、异常处理等。

希望这些信息能对你有所帮助！如果你还有其他问题，请随时提问。

在一些比较标准化的代码层面，通过多次提问，得到的答案基本能达到可直接运行的标准。

1.5.3 性能优化

ChatGPT 在分析和优化复杂的性能问题方面展现了强大的潜力，为我们提供了新的方法和视角，进一步推动了系统的优化和升级。它的成功不仅丰富了性能优化的工具和策略，也加深了我们对 ChatGPT 在实际应用中的无限可能性的认识。

1）选中一段代码，再单击性能检查模板，步骤如图 1-25 所示。

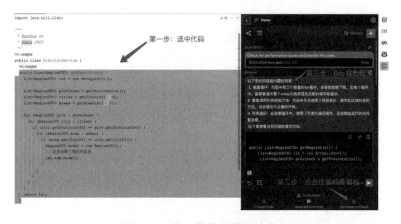

图 1-25　快速优化性能的步骤

2）优化后的代码如下。

```
public List<RegionDTO> getRegionList() {
    List<RegionDTO> lst = new ArrayList<>();
    List<RegionDTO> provinces = getProvinceList();
```

```
List<RegionDTO> cities = getCityList(0);
List<RegionDTO> areas = getAreaList(0);
Map<Integer, List<RegionDTO>> cityMap = new HashMap<>();
Map<Integer, List<RegionDTO>> areaMap = new HashMap<>();
for (RegionDTO city : cities) {
    int provinceId = city.getProvinceId();
    List<RegionDTO> cityList = cityMap.getOrDefault(provinceId, new ArrayList<>());
    cityList.add(city);
    cityMap.put(provinceId, cityList);
}
for (RegionDTO area : areas) {
    int cityId = area.getCityId();
    List<RegionDTO> areaList = areaMap.getOrDefault(cityId, new ArrayList<>());
    areaList.add(area);
    areaMap.put(cityId, areaList);
}
for (RegionDTO prov : provinces) {
    int provinceId = prov.getProvinceId();
    List<RegionDTO> cityList = cityMap.getOrDefault(provinceId, new ArrayList<>());
    for (RegionDTO city : cityList) {
        int cityId = city.getCityId();
        List<RegionDTO> areaList = areaMap.getOrDefault(cityId, new ArrayList<>());
        for (RegionDTO area : areaList) {
            RegionDTO model = new RegionDTO();
            // 这里省略了属性的赋值
            lst.add(model);
        }
    }
}
return lst;
}
```

可以看到，修复后的代码使用了两个 Map 来存储城市和区域的关联关系，避免了嵌套循环和重复遍历列表的问题。这样可以显著提高代码的性能。然而，不止于此，Bito 还提供了对比视图，图 1-26 展示了插件优化后生成的对比图。

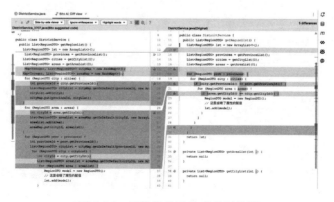

图 1-26　插件优化后生成的对比图

接下来，让它帮助集成 Spring Cache 功能。

❓ Prompt

我需要基于 Spring Boot，以 Redis 为 Provider 集成 Spring Cache 功能。

◉ ChatGPT

好的，您可以按照以下步骤使用 Spring Boot 和 Redis 作为缓存提供程序来集成 Spring 缓存功能：

1. 添加 Spring Boot 和 Redis 依赖项到您的项目中。在您的 Maven 或 Gradle 文件中添加以下依赖项。

```xml
<!-- Spring Boot -->
<dependency>
    <groupId>org.springframework.boot</groupId>
    <artifactId>spring-boot-starter-data-redis</artifa>
</dependency>
<!-- Redis -->
<dependency>
    <groupId>redis.clients</groupId>
    <artifactId>jedis</artifactId>
</dependency>
```

2. 在您的 Spring Boot 应用程序中启用缓存。为此，请在您的应用程序主类上添加 @EnableCaching 注释。

```
@SpringBootApplicationa
@EnableCaching
 public class MyApp {
     //...
 }
```

3. 配置 Redis 连接。在您的应用程序配置文件（例如 application.properties 或 application.yml）中添加以下属性。

```properties
spring.redis.host=your.redis.host
spring.redis.port=your.redis.port
spring.redis.password=your.redis.password
```

请注意，您需要将上述属性替换为您的 Redis 主机、端口和密码。

4. 在您的 Spring 服务类中添加缓存注释。为了缓存方法的结果，请在您的服务类中添加 @Cacheable 注释。

```
@Service
public class MyService {
  @Cacheable("myCache")
   public String expensiveMethod(String arg1,int arg2) {
       // Expensive computation here
```

```
            return result;
        }
    }
```

在上面的示例中，expensiveMethod() 方法带有 @Cacheable（"myCache"）注释。这告诉 Spring 缓存该方法的结果，并将其存储在名为 myCache 的缓存中。如果再次使用相同的参数调用该方法，则 Spring 将返回缓存的结果而不是再次执行该方法。现在，你已经成功地集成了 Spring 缓存功能，并将 Redis 作为缓存提供程序。

1.5.4　总结

Bito 是一款基于 GPT-4 和 GPT Turbo 3.5 模型的非常优秀的免费 AI 编程助手。它提供了智能的代码生成、代码优化、代码解释和单元测试生成等功能。Bito 支持多种编程语言和流行的 IDE，可提高开发人员的生产力并节省时间。笔者研究了近 10 款 AI 编程助手，如 Copilot X、CodeGeeX、Codeium、Cursor 等，感觉 Bito 的功能更全面、更好用，所以非常推荐大家使用。

1.6　Midjourney

20 世纪 50 年代，人们开始尝试用计算机来创作艺术品。但由于技术和算法的限制，计算机创作出来的作品通常不够逼真。然而，随着机器学习和深度学习技术的不断进步，AI 绘画领域得到了巨大发展。AI 绘画利用神经网络和机器学习技术，可以模拟艺术家的思维和技巧，从而创造出具有艺术感和真实感的作品。

有一幅使用 AI 技术生成的数字油画在 Colorado 博览会艺术比赛中获得了第一名，这幅作品如图 1-27 所示。这表明 AI 绘画在艺术创作中有着广阔的应用前景，引起了人们的兴趣。

图 1-27　AI 绘画生成的作品

另外，AI 绘画还能够帮助用户快速生成各种不同风格的艺术作品，为他们提供更多创作的可能性和灵活性。与传统手工绘画不同，AI 绘画可以根据用户的要求，迅速生成符合特定需求的作品，从而节省用户的时间和精力。因此，AI 绘画已经成为艺术领域中备受关注的一项创新技术。

Midjourney 是一个非常强大的 AI 绘画工具，它能够通过输入一些关键词，使用 AI 算法生成相应的图片。更令人惊奇的是，你可以选择不同的画家风格，比如安迪·沃霍尔、达·芬奇、达利和毕加索等，让你的作品仿佛是这些大师的创作。此外，Midjourney 还可以识别特定的摄影术。

Midjourney 是由一家美国工作室开发的，在 2022 年 3 月首次亮相，经过多次改进，于 8 月发布了 V3 版本，引起了人们的广泛关注。而 2023 年的 V5 版本使 Midjourney 和它所生成的作品走红。不论你是职业画家还是艺术爱好者，Midjourney 都将成为你创作过程中不可或缺的得力助手。

1.6.1 基本语法

Midjourney 与 ChatGPT 的原理一样，也是使用 Prompt 语法进行对话，软件会根据你的描述通过 AI 算法生成对应的图片。其中，Midjourney 的语法主要包括主题内容、风格、细节、图像设定。具体参数如图 1-28 所示。

图 1-28　Midjourney 的语法构成

1）主题内容。主题是指明确要画什么，可以是图标、版面、儿童插画、人物建模等。而内容则是具体到什么人（Who）、什么时间（When）、什么地点（Where）、做了什么事情（What）、如何去做（How）等，越具体越好，可以适当加上一些场景元素。

2）风格。如设计风格（如国风、孟菲斯、吉普力等）、使用什么软件（如 Figma、Photoshop、C4D 等）制作、参考网站（如 Dribbble、Behance 等）、参考哪个艺术家（如凡·高、詹姆斯·格尼、安德鲁·怀斯等）风格。

3）细节。

- ❑ 色彩：如亮色系、暗色系、对比色配色、类比色配色等。
- ❑ 人物细节和场景细节：如阳光明媚、阴云密布、精致的面部、电影质感、锐利的焦点等。
- ❑ 构图：如上下构图、居中构图、框架构图等。
- ❑ 视图：如俯视、仰视、平视等。
- ❑ 光影：如柔和的光线、强烈的光线等。
- ❑ 留白：如上方留白、四周留白等。

4）图像设定。图像的一些基础设置，比如画面比例、图像质量等。

1.6.2　设计实例

我们现在要做一个 App 的启动闪屏页面，文案内容是全员任务、秋日计划，活动内容是师生共同参与公开课活动，签到领取小礼物。

我们首先得到主题，也就是插画。接着，构思这个插画的内容，内容通常使用 5W1H 原则（Who、When、Where、Why、What、How）去撰写。

比如，一个戴着眼镜的熊猫老师（Who），在清晨（When）的课堂教室中（Where），声情并茂地（How）给学生上课（What）。到这里已经有一个具体的场景内容了，我们可以尝试将上面的内容描述发送给 Midjourney，看看生成的效果（注意这里最好使用英文）。生成结果如图 1-29 所示。

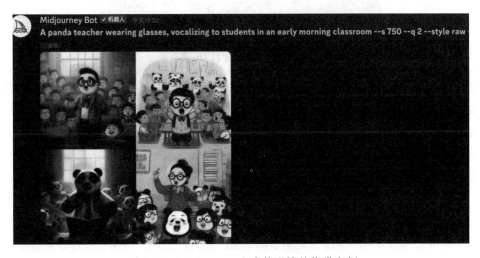

图 1-29　Midjourney 生成戴眼镜的熊猫老师

可以看到，Midjourney 生成的结果大致符合我们的语言描述，但是风格差异过大且不可控，并且不符合互联网公司的风格，因此我们接下来给 Prompt 加入风格描述词。比如互联网常见的扁平质感风格，我们可以使用 Flat 关键词，甚至可以让它参考不同软件（如 Photoshop、Figma、Cinema4D、Octane 等）的画风进行输出，还可以加上参考的艺术家或网站，这里我们可以参考追波和 B 站的设计风格。因此我们得到风格关键词 Flat Design、Figma、Photoshop、Behance、Dribbble。Prompt 语句如下：

A panda teacher wearing glasses, vocalizing to students in an early morning classroom，Flat Design，Figma，Photoshop，Behance，Dribbble.

修改设计风格后的生成图如图 1-30 所示，相比图 1-29 明显增加了扁平风格。

图 1-30　Midjourney 修改设计风格后的生成图

增加设计风格后的生成图更加接近我们的目标，接着可以在画面中补充一些元素或细节。

如果想让这个插画中的色彩更明亮一些，可以添加一个颜色描述（如 Bright Color Scheme、Warm Color 等），并且可以使用光线、面部等细节描述（如 Rich details、sunny、delicate face、Soft Light 等），让画面更生动。Prompt 语句如下：

A panda teacher wearing glasses, vocalizing to students in an early morning classroom，Flat Design，Figma，Photoshop，Behance，Dribbble，Rich details, sunny，delicate face，Soft Light.

加入风格、颜色、细节等关键词之后，画面是大致可用的状态。接下来，我们根据实际输出物的尺寸、物料平台等需求，对图像的基本参数进行调整。比如，现在要做的这个插画是我们的 App 产品活动启动页面，那么我们的需求为：比例 16∶9，竖屏，高精度尺寸适配不同的设备，上方留白预留文案的空间。Prompt 语句如下：

A panda teacher wearing glasses, vocalizing to students in an early morning classroom，Flat Deisgn，Figma，Photoshop，Behance，Dribbble，Rich details，sunny，delicate face，Soft Light，White space on top of the image—ar 9:16 —s 750.

输入最终的关键词，并且不断刷新和筛选。在此过程中可以添加一些画面元素，比如电脑显示器、黑板、粉笔等。生成图如图 1-31 所示。

图 1-31　Midjourney 添加尺寸等描述后的生成图

选择最符合需求的画面结果，并且通过设计师的简单加工，如添加文字、排版等，就可以得到最终的页面。最后输出如图 1-32 所示。

图 1-32　经过设计师简单加工后的图

1.6.3 设计流程

在了解了如何使用 Midjourney 后，下面介绍一下用 Midjourney 生成设计图的流程，如图 1-33 所示。

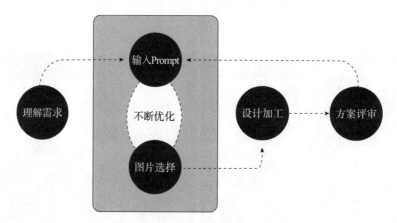

图 1-33　用 Midjourney 生成设计图的流程

1. 理解需求

首先我们需要根据需求，挖掘潜在的用户意图和期望。然后确定整体的设计方向，例如整体画面要亲和、轻松、有氛围感，根据这些方向和需求做一些关键词或元素的延展，比如：温暖的光线氛围、青春、课堂、黑板、粉笔、橡皮擦。根据 Prompt 的结构，补充提示词。

2. 输入 Prompt

有时候为了提高工作效率，可以在网站中找到想要的设计风格图进行参考，置入 Midjourney 中，使用 /describe 命令获得参考的关键词。

A panda teacher wearing glasses, vocalizing to students in an early morning classroom, kids book illustration, 2D, Rich details, sunny, delicate face, Soft Light, Bright Color Scheme, Warm Color, Flat, Figma, Photoshop, Behance, Dribbble, White space on top of the image--repeat 5--ar 9:16 --s 750 --q 2 --style raw.

3. 图片选择

在 Midjourney 中输入提示词，并生成图片，不断刷新和优化关键词，直到得到自己想要的图片。

4. 设计加工

如果对结果不满意，可以导入参考图，提取网址，在输入 Prompt 之前复制该网址，作为绘图的参考。这样就可以快速得到自己想要的结果。得到合适的结果之后，可以使用 Midjourney 的 /Sedd 功能进行体系化延展和细节的修改。

得到想要的图片效果之后，可以将图片置入 Photoshop、Sketch 中进行色彩和构图的调整。最后，将成品放入产品中预览效果。

5. 方案评审

利用上述流程快速完成多套方案，以供产品设计团队进行评审和选择。在评审之后，如果有一些需要修改的点，可以重复步骤 2 和步骤 3，对生成的结果进行修改。

1.6.4　总结

Midjourney 极大地加快了工作进度并降低了试错成本，但是，设计师也面临着更高的挑战。现在的商业设计师不仅需要精通设计技巧，还需要深入理解用户需求、了解用户心理和市场趋势。这些对需求的认知和理解将直接体现在 Prompt 语句中，进而影响最终生成图像的质量。

此外，审美也成为设计师之间的主要差异。对于 AI 生成的结果，设计师必须具备敏锐的感知和辨别能力，能够快速发现与需求不符的地方。只有及时进行 Prompt 语句的修改，才能大大提高工作效率。这意味着设计师需要对每一幅生成的作品进行仔细审查，找到不符合要求的细微之处，并迅速做出调整。

面向软件开发的提示工程

人与机器的交流，从最初的按开关、打纸带，到使用键盘输入简单字符指令的汇编语言，再到接近自然语言的高级语言，如 Basic、C/C++、Java、Python、Go 等。现在大部分软件开发都使用高级语言。计算机语言一直朝着好理解、易上手、容易学的方向发展。

ChatGPT 的出现让人们终于可以使用自然语言与计算机交流，写程序的门槛又降低了，这让人兴奋。但作为程序员，看到 ChatGPT 的诞生又感到很有压力，说不定哪天自己就被淘汰了。

然而，从历史发展的角度来看，每一次新的技术变革都会带来更多的工作和财富。在 18 世纪 60 年代，珍妮纺纱机出现了，效率是人工的近 10 倍，给当时的手工纺纱人带来了巨大的恐慌，甚至出现了砸机器的事件。随着纺织效率的提高，人们有了更多的闲暇时间，出现了更多的服务业、商贸岗位，纺纱工们也开始转行。再也没有人愿意回到环境恶劣的工厂，做辛苦的纺纱工了。

所以，与其担心自己被淘汰，不如从现在就开始学习怎么用好它，提高自己的效率，让自己能够借助 AI 的能力创造新的价值。

说回 ChatGPT，虽然可以用自然语言与 ChatGPT 进行闲聊，但如果想要用 ChatGPT 来提升工作效率，帮你解决一些复杂的助理工作，就需要了解如何通过 Prompt 从它那里获取好的答案。

提示工程（Prompt Engineering）是从 ChatGPT 以及其他大语言模型中获得你想要的答案的"问题模板"。它是基于大语言模型的高级编程语言。

2.1　写 Prompt 就是逐步明确需求的过程

如果你是程序员，那么在你写程序前应有一个明确的目标。这个目标可能是你的老板提的，可能是你的客户提的，也可能是你自己的想法。如果是别人的想法，你希望最好能写成明确的需求文档，正常逻辑和异常逻辑都能事先考虑清楚，而不是在写程序过程中反复沟通确认，甚至最后还要返工。你还希望尽早知道这个功能要服务的用户群体是谁，解决用户哪方面的痛点，想要达成怎样的业务效果，预期能带来多少收入。

现在你使用 ChatGPT 作为你的助手，它需要你下达命令。

2.1.1　让 ChatGPT 一步一步写出你想要的页面

假如你是公司的资深程序员，你的老板给你安排了一项任务：做一个 H5 页面，把公司采集的微博数据中当天讨论量最大的 10 条微博展示出来。

你的思路是：微博数据之前已经做了采集，并存在数据库中，每条微博讨论量数据也接近实时更新，首先要写一个程序来计算讨论量 Top10 的微博，然后写一个 API 查询 Top10 的微博列表。前端需要写一个列表页和一个内容详情页，非常简单。

然后你打算把这件事交给 ChatGPT，你可以试着这么问，看看它怎么说。

❓ **Prompt**
做一个 H5 页面，把公司采集的微博数据中当天讨论量最大 10 条微博展示出来。

⑤ **ChatGPT**
好的，以下是一个简单的实现思路。

1. 获取微博数据：从公司采集的微博数据中，筛选出当天的微博数据。

2. 计算讨论量：将获取的微博数据按照转发数、评论数、点赞数等指标进行排序，得到当天讨论量最大的 10 条微博。

3. 设计 H5 页面：使用 HTML、CSS 和 JavaScript 等前端技术，设计并实现一个简洁、美观的 H5 页面，用于展示当天讨论量最大的 10 条微博。可以使用一些现成的前端框架和组件库，如 Bootstrap、jQuery 等，来加快开发进度。

4. 展示微博数据：将计算得到的当天讨论量最大的 10 条微博数据，按照一定的布局方式展示在 H5 页面上，包括微博文本内容、转发数、评论数、点赞数等信息。可以使用一些现成的 UI 组件，如列表组件、卡片组件等。

5. 实时更新数据：为了保证展示的数据实时性，可以使用定时器定时获取最新的微博数据并进行计算，然后更新 H5 页面中展示的微博列表。

总之，这个任务需要一些前端开发和数据处理的技能，如果您不熟悉这些技术，可以考虑寻求专业的开发团队的帮助。

ChatGPT 好像是猜到了你的想法，把你刚才心中所想的又复述了一遍，并且更有条理，但这并不是你想要的答案。

你想要 ChatGPT 帮你写代码。这样就得细化一下需求，把任务拆分成前端代码和后台代码。

前端需要一个列表页，列表页长什么样？老板好像没有说。所以首先要跟老板确认，明确页面的风格、展示元素，以及内容详情页的细节。你现在不仅是程序员，还得是懂业务、懂老板想法并且会写代码的产品经理，需求文档就需要由你来写了。

比起写需求文档，你可能更愿意写代码。能不能不写文档，而是让 ChatGPT 来完成？ChatGPT 见多识广，应该看过微博热搜列表页。于是你又提了一个 Prompt：

❓ **Prompt**

仿照微博热搜列表页，写一个 HTML 页面。

🅖 **ChatGPT**

好的，以下是一个简单的实现思路。

1. 设计页面结构：仿照微博热搜列表页，设计一个简单的页面结构，包括一个顶部导航栏、一个热搜列表、一个底部的分页控件等。

2. 使用 HTML 和 CSS 实现页面布局：根据设计好的页面结构，使用 HTML 和 CSS 实现页面布局。可以使用一些现成的 UI 框架和组件库，如 Bootstrap、Semantic UI 等，来加快开发进度。

3. 使用 JavaScript 实现数据绑定：使用 JavaScript 从后端获取热搜数据，并将数据绑定到 HTML 页面的热搜列表中。可以使用一些现成的 JavaScript 框架和库，如 jQuery、Vue.js 等，来简化数据绑定和 DOM 操作。

4. 实现分页功能：使用 JavaScript 实现热搜列表的分页功能，当用户点击分页控件时，根据当前页码获取对应的热搜数据，并重新渲染热搜列表。

5. 美化页面样式：使用 CSS 美化页面样式，包括颜色、字体、边框等方面。可以参考微博热搜列表页的样式，或者根据自己的需求进行设计。

总之，这个任务需要一些前端开发的技能，如果您不熟悉这些技术，可以考虑寻求专业的开发团队的帮助。

你想让 ChatGPT 帮你写代码，但它一直在写思路。所以要明确一下 ChatGPT 的角色，再细化下它的具体任务，就像产品经理写需求那样，最好把页面都有哪些元素都描述清楚。

于是，你改进了一版 Prompt：

❓ Prompt

现在你是一个程序员，你要写一段完整可运行的 HTML+CSS+JavaScript 代码。这段代码要实现一个功能，这个功能是一个微博标题列表页，每一条是一个标题，标题后面带上一个数字，这个数字表示这条微博的评论数。页面风格请参考微博热搜列表页。

⬡ ChatGPT

好的，以下是一个简单的实现示例：

```html
<!DOCTYPE html>
<html>
<head>
    <meta charset="utf-8">
    <title>微博标题列表页</title>
    <link rel="stylesheet" type="text/css" href="style.css">
</head>
<body>
    <header>
            <h1>微博标题列表页</h1>
    </header>
    <main>
            <ul id="weibo-list"></ul>
            <div id="pagination"></div>
    </main>
    <footer>
            <p>&copy; 2021 Weibo Inc. All rights reserved.</p>
    </footer>
    <script src="https://code.jquery.com/jquery-3.6.0.min.js"></script>
    <script src="app.js"></script>
</body>
</html>
```
```css
/***部分输出内容省略***/
```
```javascript
/***部分输出内容省略***/
```

这个示例使用 jQuery 库来简化 DOM 操作和事件绑定。当页面加载时，先模拟后端返回的热搜数据，然后计算总页数，渲染热搜列表和分页控件。当用户单击分页控件时，根据当前页码重新渲染热搜列表和分页控件。

注意：此例输出的代码比较长，这里只选取了一小段，省略的部分用 "/*** 部分输出内容省略 ***/" 来表示。

不同的代码块使用 ``` 进行包裹，其中 ```html、```css、```javascript 分别包裹了 HTML、CSS 以及 JavaScript 的代码块。

代码存成页面，展示效果如图 2-1 所示。

图 2-1 ChatGPT 的第一版列表页效果

页面主体功能确实符合你的描述，有列表、评论，还有微博内容的样例。但样式有点苍白，显然没有达到要求。你想到了以下几个改进点，于是又更新了一版 Prompt：

❓ **Prompt**

现在你是一个程序员，你要写一段完整可运行的 HTML+CSS+JavaScript 代码。这段代码要实现一个功能：

1. 这个功能是一个列表页，每一条是一个标题，标题后面带上一个数字，这个数字表示这条微博的评论数。

2. 页面固定展示 10 条标题，不需要翻页。

3. 每个标题前面加上序号，从 1 到 10。其中：1、2、3 用红色字体，剩余序号用橙色字体。

4. 标题字体不需要加粗。

5. 页面顶部不展示微博标题列表页文字，而是换成一个 Banner 图，Banner 的高度大约占屏幕的四分之一，Banner 请给个样例图，为暖色调的。

6. 点击每一条微博，可跳转到详情页，详情页具体后面再写。

7. 去掉底部版权信息区域。

8. 页面风格请参考微博热搜列表页。

⬡ **ChatGPT**

好的，以下是一个简单的实现示例：

```html
/***部分输出内容省略***/
```

```
```html
```css
/***部分输出内容省略***/
```css
```javascript
/***部分输出内容省略***/
```javascript
```

这个示例使用 jQuery 库来简化 DOM 操作和事件绑定。当页面加载时，使用模拟数据渲染微博列表。通过 CSS 设置序号的颜色和标题的样式，以及鼠标悬停时的效果。当用户单击微博列表项时，可以跳转到详情页，具体实现可以根据需求再进行编写。

效果如图 2-2 所示。

图 2-2　增加了样式要求后的页面效果

这样看来，只要不断明确细化需求，ChatGPT 输出的结果就能无限逼近你的目标。

不过，你可能也发现了，把需求描述清晰也不是那么容易，即便是一个现成的简单页面，也会遗漏掉很多的细节。但是经过一轮轮的迭代和反馈后，你不仅能快速发现自己的疏漏，还能快速验证很多想法。

通过对比第一版的 Prompt 和最后一版的 Prompt，我们就能看出差异。所以，什么是清晰、明确的 Prompt？就是充满细节描述的 Prompt。

2.1.2　让 ChatGPT 为你设计后台架构方案

有了前端页面，接下来还有后台。后台需要按互动量对微博排序的程序，以及一个查询
```

列表可供页面调用的接口。

按互动量排序，这么大的数据量，是实时排，还是按天排？参考微博热搜是每分钟排一次。假设待排序的微博有 1 亿条，让 ChatGPT 帮忙分析一下，这种数据量级用什么方案能满足要求。

❓ Prompt

你现在是后台架构师，请帮我设计一个后台技术方案，包括使用的算法、需要的服务器 CPU 和内存资源，以及程序源代码，能满足以下功能：

1. 对于数据库中的所有微博，希望按互动量字段从大到小取出前 10 条。

2. 前 10 条微博，需要每分钟更新一次。

3. 微博总数量有 1 亿条，存储在分布式数据库中。

4. 每条记录包括 4 个字段：微博 ID、微博标题、微博详情 URL、互动量。

⚙ ChatGPT

好的，以下是一个简单的方案：

1. 数据库选择 MySQL 或 PostgreSQL，可以使用分布式数据库方案，如 MySQL Cluster 或 PostgreSQL Cluster。对于微博数量较大的情况，可以考虑使用索引或分区表来优化查询速度。

2. 使用 Redis 作为缓存数据库，将前 10 条微博的数据缓存到 Redis 中。可以使用 sorted set 数据结构来存储微博，以互动量作为 score，每分钟更新一次。

3. 使用分布式存储系统，如 Hadoop 或 Ceph，来存储 1 亿条微博数据。数据可以进行分片存储，以便扩展存储容量和提高读写性能。

4. 对于程序源代码，可以使用 Java 或 Python 编写。使用 ORM 框架，如 Hibernate 或 SQLAlchemy，来简化数据库操作。使用 Redis 客户端库，如 Jedis 或 redis-py，来连接 Redis 数据库。使用分布式文件系统客户端库，如 Hadoop FS 或 PyCeph，来连接分布式存储系统。

以下是一个简单的 Java 程序示例：

```java
import java.sql.*;
import java.util.*;
import redis.clients.jedis.*;
public class WeiboService {
  private static final String DB_URL = "jdbc:mysql://localhost:3306/weibo";
  private static final String DB_USER = "root";
  private static final String DB_PASSWORD = "password";
  private static final String REDIS_HOST = "localhost";
  private static final int REDIS_PORT = 6379;
   private static final String SELECT_SQL = "SELECT id, title, url, interact_count FROM weibo ORDER BY interact_count DESC LIMIT 10";
  public static void main(String[] args) {
```

```
    try (Connection conn = DriverManager.getConnection(DB_URL, DB_USER, DB_PASSWORD)) {
        // 查询前10条微博数据
        List<Weibo> weibos = new ArrayList<>();
        /***部分输出内容省略***/
```java
```

这个示例查询前 10 条微博数据，然后将数据存储到 Redis 的 sorted set 中。使用 Jedis 客户端库来连接 Redis 数据库。可以通过定时任务来每分钟更新 Redis 中的数据。

对于分布式数据库和分布式存储系统的具体方案，需要根据实际情况进行选择和设计。同时，需要考虑数据安全性和可靠性等因素。

ChatGPT 不仅给出了方案，还编写了代码。它给出的方案是：使用 MySQL Cluster 对互动量（interact_count）建立索引，然后按照互动量排序取最高的前 10 个。排序后，把结果缓存在 Redis 中，用户的请求访问不会落在 MySQL 数据库上，这样可以提升系统并发查询的能力。

作为资深程序员，还要关心这里面潜在的性能问题。通过常识判断，如果数据库只有 1 亿条数据，索引排序取前 10 条在性能上是没有问题的。当然也可以问一下 ChatGPT：

❓ **Prompt**

MySQL Cluster 对 1 亿条记录使用 ORDER BY 操作的性能如何？

◉ **ChatGPT**

MySQL Cluster 对于大规模的数据集合排序操作的性能会受到一定影响，因为它的数据存储和查询是基于分片的，各个分片之间需要进行数据同步，这会增加排序操作的时间。此外，MySQL Cluster 也不支持所有类型的排序，特别是对于大型数据集合的排序，应该尽量避免使用 ORDER BY 这样的操作。

针对这个问题，我们可以考虑以下几种优化方案：

1. 使用索引来优化查询性能。对于互动量这个字段，可以在数据库中建立索引，以便加快查询速度。

2. 缓存热门数据。可以使用 Redis 等缓存数据库来缓存热门数据，如前 10 条微博，以加快读取速度。

3. 分批查询。可以将 1 亿条记录分批查询，每次查询一定数量的记录，然后进行归并排序，以减少单次查询的数据量，同时避免了单次查询数据量过大的问题。

4. 分布式排序。可以使用分布式排序算法，如 MapReduce 算法，将排序操作分布到多个节点上进行，以减少单个节点的负载。

5. 预处理数据。可以在每次写入数据时，先进行排序操作，将数据按照互动量排序后再写入数据库，以便加快后续查询的速度。
```

需要注意的是，对于大规模数据集合的排序操作要谨慎使用，尽量减少排序操作的频率和数据量，以保证系统的性能和可用性。

ChatGPT 的回复有点答非所问，可以加上一些限定条件，再问一下：

❷ Prompt

如果对 interact_count 建立了索引，对于 1 亿条记录，每条记录长度不超过 1000 字节，执行下面这句 SQL 查询：

SELECT id, title, url, interact_count FROM weibo ORDER BY interact_count DESC LIMIT 10

5 个节点的 MySQL Cluster 执行需要多长时间？请精确到毫秒。

◉ ChatGPT

MySQL Cluster 执行该 SQL 查询的时间，取决于以下几个因素。

1. 数据分布：如果数据均匀分布在 5 个节点上，那么每个节点需要扫描的数据量为 1 亿 /5=2 千万条记录，否则需要考虑数据迁移的开销。

2. 索引类型：如果对 interact_count 字段建立了 B+ 树索引，那么查询的效率会比较高，否则需要全表扫描。

3. 磁盘和网络带宽：如果数据量比较大，需要从磁盘中读取数据，并且需要在节点之间传输数据，那么磁盘和网络带宽也会影响查询的速度。

4. 集群负载：如果 MySQL Cluster 同时处理多个查询请求，那么查询的响应时间可能会受到其他请求的影响。

综上所述，无法准确预测 MySQL Cluster 执行该 SQL 查询的时间，需要根据具体的环境和配置进行测试和优化。但是，如果数据均匀分布在 5 个节点上，对 interact_count 建立了 B+ 树索引，磁盘和网络带宽较好，集群负载较轻，那么查询的时间可能在几百毫秒到几秒之间。

随着问题的明确和细化，ChatGPT 的回答也能更精准地命中你的意图。

2.1.3 让 ChatGPT 完成后台接口

最后，还剩下查询列表的接口，表述如下。

❷ Prompt

请写一个 RESTful API，负责给前端页面调用，查询互动量前 10 的微博。从上面我们设计的 Redis 中查询出互动量前 10 的微博。其中有几个字段要返回给前端页面：微博标题、微博内容 URL、微博互动量。

◉ ChatGPT

下面是一个基本的 RESTful API 示例，使用 Python Flask 框架和 Redis 数据库，查询

Redis 中互动量前 10 的微博信息，并返回标题、URL 和互动量给前端页面。

```python
from flask import Flask, jsonify
import redis
app = Flask(__name__)
redis_client = redis.Redis(host='localhost', port=6379, db=0)
@app.route('/weibo/top10', methods=['GET'])
def get_top10_weibo():
    top10_ids = redis_client.zrevrange('weibo:interact_count', 0, 9,
withscores=True)
    top10_weibo = []
    for weibo_id, interact_count in top10_ids:
        weibo = redis_client.hgetall('weibo:{}'.format(weibo_id))
        weibo_info = {
            'title': weibo.get('title', ''),
            'url': weibo.get('url', ''),
            'interact_count': int(interact_count)
        }
        top10_weibo.append(weibo_info)
    return jsonify(top10_weibo)
if __name__ == '__main__':
        app.run(debug=True)
```python
```

这个 API 使用 GET 方法，访问路径为 /weibo/top10。在 Redis 中使用 zrevrange 命令查询 weibo:interact_count 有序集合中互动量前 10 的微博 ID 和互动量，然后遍历查询每个微博的详细信息，并将标题、URL 和互动量存入一个列表中。最后将这个列表转换成 JSON 格式，并返回给前端页面。

　　ChatGPT 回复的代码用的是 Python，可你的公司用的是 Java，你希望在原有的 Spring Boot 框架上来写。

❷ Prompt

　　请在 Spring Boot 框架上写一个 RESTful API，负责给前端页面调用，查询互动量前 10 的微博。

　　从上面我们设计的 Redis 中查询出互动量前 10 的微博。其中有几个字段要返回给前端页面：微博标题、微博内容 URL，微博互动量。

⑤ ChatGPT

　　下面是一个基本的 Spring Boot RESTful API 示例，使用 Java 和 Jedis 库连接 Redis，查询 Redis 中互动量前 10 的微博信息，并返回标题、URL 和互动量给前端页面。

　　首先需要在 pom.xml 文件中添加 Jedis 依赖：

```xml
<dependency>
```
```

```xml
    <groupId>redis.clients</groupId>
    <artifactId>jedis</artifactId>
    <version>3.6.1</version>
</dependency>
```

然后创建一个控制器类 WeiboController，并添加一个 GET 方法 getTop10Weibo()，代码如下：

```java
package com.example.demo;
import org.springframework.web.bind.annotation.GetMapping;
import org.springframework.web.bind.annotation.RestController;
import redis.clients.jedis.Jedis;
import java.util.ArrayList;
import java.util.HashMap;
import java.util.List;
import java.util.Map;
import java.util.Set;
@RestController
public class WeiboController {
    @GetMapping("/weibo/top10")
    public List<Map<String, Object>> getTop10Weibo() {
        List<Map<String, Object>> top10Weibo = new ArrayList<>();
        /***部分输出内容省略***/
        return top10Weibo;
    }
}
```

这个控制器类使用 @RestController 注解，表示返回的是 JSON 数据。在 getTop10Weibo() 方法中，使用 Jedis 库连接 Redis，查询 weibo:interact_count 有序集合中互动量前 10 的微博 ID，然后遍历查询每个微博的详细信息，并将标题、URL 和互动量存入一个 Map 对象中。最后将这个 Map 对象存入一个列表中，并返回给前端页面。

启动应用后，访问路径为 /weibo/top10，将返回一个 JSON 格式的互动量前 10 的微博信息列表。

这样，前端、后台都齐全了。剩下的自己做些微调，就能交付 1.0 版本了。

怎么样，ChatGPT 是不是特别"靠谱"，事事有回应，件件有着落，哪怕到了晚上也能陪你随时加班。

当然在这个过程中，并不是你发一条简单的命令就能得到理想的结果。ChatGPT 虽然懂的多，但大概率不能一次就明白你的需求。在与它的交互过程中，你会发现哪些需求点还需要明确，哪些背景还需要交代，哪些数据和案例还需要补充。最终，你打磨后的 Prompt 是一份完整的需求文档，而 ChatGPT 按照你的需求一步一步地把任务给完成了。

另外，在这个过程中，你从一个干活的角色转变成了设计解决方案的角色。这种身份和视角的转变，会产生积极的效果。

2.2　如何提问才能让 ChatGPT 更懂你

通过上面的案例，你可能对如何使用 ChatGPT 有了些感性的认识。如果你想继续深入了解提问的技巧，可以重点看看这一节。

OpenAI 提供了一些关于 Prompt 的指导性建议：

- ❑　使你的 Prompt 更加明确。
- ❑　指定你想要的答案格式。
- ❑　让模型在确定答案之前逐步思考或辩论利弊。

此外，我们还可以提供案例，以及提供尽可能足够的上下文，让模型更好地理解问题的背景和意图。接下来将举一些例子，让读者有更直观的感受。

2.2.1　提问清晰且明确

我们通过对比，再来感受下清晰、明确的 Prompt 是怎样的。

先看一个粗略的 Prompt：

> ❓ **Prompt**
>
> 请用 JavaScript 写一个贪吃蛇的游戏。

感兴趣的读者可以试试，ChatGPT 立刻就能生成一个可运行的贪吃蛇游戏的代码。原因很简单，贪吃蛇是一个大众熟知的游戏，ChatGPT 已经把相关源代码都存储在它的知识库了。

那么如何让 ChatGPT 输出一个定制化的贪吃蛇游戏的代码呢？我们举一个例子：

> ❓ **Prompt**
>
> 请用 JavaScript 写一个贪吃蛇游戏，要求如下：
>
> 1. 点击方向键时游戏开始，程序会选择一个随机的方向作为蛇的移动方向。可以用方向键控制贪吃蛇移动。
>
> 2. 开始时，贪吃蛇用一个绿色的方格表示，食物用红色方格表示，食物与贪吃蛇间隔一段距离。

3. 贪吃蛇每吃一点食物就增加一个坐标的长度，增加部分的颜色与蛇的颜色一样。

4. 游戏每一局有一个积分，开始时积分为 0。贪吃蛇每吃一个食物，增加 2 的幂次方积分，比如第一次增加 1 分，第二次增加 2 分，第五次增加 16 分。

5. 游戏在贪吃蛇撞墙或撞到自己时结束，游戏结束时，在游戏区域显示最终的积分。

6. 游戏区域是一个 800×800 像素的矩形区域，由 40×40 个方格组成。

7. 所有 CSS 和 JavaScript 代码都写在同一个 HTML 文件中。

我们罗列了一些具体的需求，包括游戏玩法规则、展示的样式、输出的形式等。ChatGPT 生成代码时，会将这些需求都考虑进去。

一开始，我们对游戏的运行过程可能不是很清楚，对 ChatGPT 生成的效果也不好判断，那么我们该怎么把问题描述清楚呢？通常我们用递进的方式，一边与 ChatGPT 交互，一边根据结果不断地调整 Prompt，直到符合我们的预期。需求描述越清晰，ChatGPT 的表现就越好。

2.2.2 提供可参考的格式和案例说明

有时候，你的目标可能在你心中有明确的图景，但不容易用命令式的语言描述出来，这时就可以提供一些案例让 ChatGPT 学习。

比如，你要让 ChatGPT 帮助做命名实体识别，从文本中提取出人名、公司名等作为文本标签，可以用案例的方式告诉 ChatGPT 你想要的结果是怎样的。

❓ **Prompt**

阅读下面的文本，提取 2 种实体类型：公司名、人名。

期望格式：

公司名：<逗号分隔的公司名称列表>

人名：<逗号分隔的人名列表>

##

案例文本：华为宣布突破 ERP 系统封锁 任正非孟晚舟发声

公司名：华为

人名：任正非，孟晚舟

##

文本：特斯拉的创始人兼 CEO 埃隆·马斯克（Elon Musk）也因此成为世界上最富有的人，他的个人财富达到了近 3000 亿美元，超过了亚马逊的杰夫·贝索斯（Jeff Bezos）和微软的比尔·盖茨（Bill Gates）。

> 🅖 **ChatGPT**
>
> 公司名：特斯拉，亚马逊，微软
>
> 人名：埃隆·马斯克，杰夫·贝索斯，比尔·盖茨

ChatGPT 学得很到位，它不仅理解了"公司名"和"人名"的含义，还学到了输出格式。

2.2.3　提供上下文

ChatGPT 的背后是大语言模型（Large Language Model，LLM），它学习并吸收了全世界的知识，形成了自己的智慧。但它不了解你，包括你的想法、你的目的和你的要求。

回想一下，我们在工作中给别人交代任务时，也需要考虑对方是否了解这个任务的背景。如果对方不了解，你就需要把背景介绍清楚。ChatGPT 也需要尽可能详细地描述你交给它的任务背景。

在写程序时，我们经常遇到错误或者运行结果不符合预期，这时候可以让 ChatGPT 帮忙进行分析。

1. 结果不符合预期

比如，有个简单的使用指针交换两个数的代码，运行结果不符合预期，想要 ChatGPT 帮忙看看。我们可以把代码复制上来，并把问题描述清楚。

> ❓ **Prompt**
>
> 我正在学习 C 语言，写了以下程序，想要实现 a 和 b 的交换。
>
> 但是在运行结果中，a 和 b 并没有交换，请问为什么？
> ```c
> #include<stdio.h>
> void swap(int *a, int *b)
> {
>     int *k;
>     k = a; a = b; b = k;
> }
> int main()
> {
>     int a = 3, b = 6, *x = &a, *y = &b;
>     swap( x, y );
>     printf( "%d,%d ", a, b);
> }
> ```c

> 🅖 **ChatGPT**
>
> 在您的程序中，swap 函数中的指针交换是正确的，但问题在于您实际上交换的是指针本身，而不是它们所指向的值。您需要通过指针来交换它们所指向的值，而不是交换指针。这

里是一个修改后的版本，可以实现您期望的功能：

```c
#include<stdio.h>
void swap(int *a, int *b)
{
    int k;
    k = *a; *a = *b; *b = k;
}
int main()
{
    int a = 3, b = 6, *x = &a, *y = &b;
    swap(x, y);
    printf("%d, %d ", a, b);
}
```c

在这个修改后的版本中，swap 函数将交换指针 a 和 b 所指向的值，而不是指针本身。这将实现您期望的结果：交换 a 和 b 的值。

它帮我分析了问题，并且还给出了正确写法。

由于 GPT 模型有 token 数量的限制，因此你输入的字数是有限制的。一个 token 平均是 4 个字符，大约是 0.75 个英文单词或 0.5 个汉字。

目前几种主流模型的 token 数量限制如下：

❑ GPT-3.5-turbo：4096 token

❑ GPT-3.5-turbo-16k 16 385 token

❑ GPT-4：8192 token

❑ GPT-4-32k：32 768 token

所以，如果代码较长或者工程较大，你就不能直接丢给 ChatGPT，需要自己先进行任务拆解。

2. 修改 bug

我故意将刚才的代码改错，让它编译不通过，我们可以这样问 ChatGPT。

❓ **Prompt**

我正在学习 C 语言，我写了以下程序，想要实现 a 和 b 的交换。

但是编译报错了，错误信息是：

error: no matching function for call to 'swap'

程序代码是：

```c
#include<stdio.h>
```

```c
void swap(int *a, int *b)
{
    int *k;
    k = a; a = b; b = k;
}
int main()
{
    int a = 3, b = 6;
    swap(a, b);
    printf("%d,%d ", a, b);
}
```c

请帮我看看问题在哪，如何修改？

注意看，我将上面的描述分成了 4 段：第一段描述问题背景；第二段给出编译报错信息；第三段给出源代码，用 ```c 把代码包裹起来，表示代码是用 C 语言写的；第四段向 ChatGPT 发问。

🅢 **ChatGPT**

问题出在您调用 swap 函数时传递的参数类型。swap 函数的参数类型是指针（int*a 和 int*b），而在 main 函数中，您将整数变量 a 和 b 直接传递给了 swap 函数，而不是它们的地址。为了解决这个问题，您需要在调用 swap 函数时传递变量 a 和 b 的地址（使用 & 运算符）。

此外，您的 swap 函数也需要修改，因为您需要交换指针所指向的值，而不是交换指针本身。这里是修改后的代码：

```c
#include<stdio.h>
void swap(int *a, int *b)
{
    int k;
    k = *a; *a = *b; *b = k;
}
int main()
{
    int a = 3, b = 6;
    swap(&a, &b);
    printf("%d, %d ", a, b);
}
```c

在这个修改后的版本中，您通过指针交换了 a 和 b 的值，而不是指针本身。这将实现您期望的结果：交换 a 和 b 的值。在 main 函数中，您使用 &a 和 &b 将它们的地址传递给 swap 函数，这样才能正确调用该函数。

以上分析得很好，编译问题修改正确。更进一步地，ChatGPT 认为我的期望是交换两个数，因此把不能正确交换的问题也一起修改了，表现超出预期。

### 3. 分析代码并加上注释

我们经常会看一些别人写的代码，比如开源代码，或者公司交接的历史项目。有的代码写得清晰明了，注释也丰富，让人如沐春风。但更多看到的是没有注释，甚至注释与代码对不上的情况。

在尝试让 ChatGPT 帮我分析代码之后，我发现代码阅读效率提高了，心情也愉悦了。

对于很长的代码文件，为了不超过 token 数量的限制，我们可以按函数接口来划分。

**❓ Prompt**

请分析下这段代码的功能，并加上注释：

```c
void InitDaemon()
{
    pid_t pid;
    if ((pid = fork() ) != 0 )
    {
        exit( 0);
    }
    setsid();
    signal(SIGHUP, SIG_IGN);
    signal(SIGPIPE, SIG_IGN);
    signal(SIGTTOU, SIG_IGN);
    signal(SIGTTIN, SIG_IGN);
    signal(SIGCHLD, SIG_IGN);
    struct sigaction sig;
    sig.sa_handler = SIG_IGN;
    sig.sa_flags = 0;
    sigemptyset( &sig.sa_mask);
    sigaction( SIGHUP,&sig,NULL);
    if ((pid = fork() ) != 0 )
    {
        exit(0);
    }
    umask(0);
    setpgrp();
}
```c

**⑥ ChatGPT**

这段代码的功能是将当前进程转换为守护进程（daemon）。守护进程是在后台运行的一种特殊进程，它们通常用于执行系统管理任务。下面是带注释的代码：

```c
void InitDaemon()
{
    pid_t pid;
    // 创建一个新进程，fork() 返回值为 0 表示子进程，大于 0 表示父进程
    if ((pid = fork() ) != 0 )
```

```c
{
    exit( 0); // 父进程退出，使子进程成为孤儿进程
}
setsid(); // 子进程调用 setsid() 创建新的会话并成为会话组长
// 忽略一些信号，以防意外终止守护进程
signal(SIGHUP, SIG_IGN);
signal(SIGPIPE, SIG_IGN);
signal(SIGTTOU, SIG_IGN);
signal(SIGTTIN, SIG_IGN);
signal(SIGCHLD, SIG_IGN);
struct sigaction sig;
sig.sa_handler = SIG_IGN;
sig.sa_flags = 0;
sigemptyset(&sig.sa_mask);
sigaction(SIGHUP,&sig,NULL);
// 再次创建一个子进程并退出父进程，确保守护进程不是会话组长，以便调用 setpgrp()
if ((pid = fork() ) != 0 )
{
    exit(0);
}
umask(0); // 设置文件创建权限掩码为 0，守护进程创建的文件具有最大权限
setpgrp(); // 将守护进程设置为进程组的组长
}
```

通过执行这段代码，当前进程会成为一个守护进程。它会在后台运行，与控制终端分离，并忽略一些可能导致进程意外终止的信号。

ChatGPT 给源代码加上了注释，提高了代码可读性。

2.2.4　8 个 OpenAI 推荐的最佳实践

下面介绍的是官方推荐的 8 个最佳实践，已被反复验证。当然，也建议自己随意探索，找到适合自己任务的 Prompt。

在最佳实践中会有一些不够好和比较好的案例，可以对比以下案例的不同。

1）使用最新的模型。

2）在提示开始处放置说明，并使用 ### 或 """ 分隔说明和上下文。

✗ 不够好：

将下面的文本总结为最重要的要点的项目符号列表。{ 你的文本 }

☑ 比较好：

将下面的文本总结为最重要的要点的项目符号列表。文本："""{ 你的文本 }"""

3）尽可能详细地描述所需上下文、结果、长度、格式、风格等。

✗ 不够好：

> 写一首关于 OpenAI 的诗。

☑ 比较好：

> 用一位 { 著名诗人 } 的风格，写一首关于 OpenAI 的短诗，重点关注最近 DALL-E 产品的推出（DALL-E 是一种文本到图像的机器学习模型），让人感到鼓舞。

4）给出示例以说明需求：展示所需内容的示例，这样模型更容易理解。

✗ 不够好：

> 提取以下文本中提到的实体。提取以下 4 种实体类型：公司名称、人名、具体主题和总体主题。文本：{text}

☑ 比较好：

> 提取下面文本中提到的重要实体。首先提取所有公司名称，然后提取所有人名，接着提取适合内容的特定主题，最后提取一般的总体主题。期望格式：公司名称：< 逗号分隔的公司名称列表 > 人名：-||- 具体主题：-||- 总体主题：-||- 文本：<text>

当你提供特定的格式要求时，模型的响应更好。这也使得编程解析多个输出更加可靠。

5）先尝试让模型 0 样本生成，不行的话再给出少量样本试试，若还不行，再去做大量样本的训练。

☑ zero-shot：0 样本

> 从下面的文本中提取关键词。文本：{text} 关键词：

☑ few-shot：提供少量样本

> 从下面相应的文本中提取关键词。
>
> 样例 1 文本：Stripe 提供 API，供 Web 开发人员使用，将付款处理集成到他们的网站和移动应用程序中。
>
> 样例 1 关键词：Stripe、付款处理、API、Web 开发人员、网站、移动应用程序
>
> ##
>
> 样例 2 文本：OpenAI 已经培训了先进的语言模型，非常擅长理解和生成文本。我们的 API 提供访问这些模型，并可用于解决几乎涉及处理语言的任何任务。
>
> 样例 2 关键词：OpenAI、语言模型、文本处理、API。
>
> ##
>
> 文本 3：{text}
>
> 关键词 3：
>
> 上面提供了两个样例，中间用 ## 符号分隔，最后的文本 3 的 {text} 是要模型做识别的文本。

☑ 微调：微调就是给模型更多的样本进行学习训练，这里就不举例了。

6）在说明中使用清晰、精确的语言。

✗ 不够好：

> 此产品的描述应该相当简短，仅几句话，不要太多。

✓ 比较好：

> 使用 3～5 句话来描述此产品。

7）不要只说不要做什么，而要说该怎么做。

✗ 不够好：

> 你是一个客服，当用户向你咨询网站登录问题时，请不要询问用户名和密码。

✓ 比较好：

> 你是一个客服，当用户向你咨询网站登录问题时，不要询问用户名和密码，请将用户转
> 到登录帮助页面：http://www.samplewebsite.com/help/faq。

8）使用具体的词汇来帮助模型生成正确的代码。它列出了一些可靠的 Prompt 格式，但
建议大家可自行探索不同的 Prompt 来匹配自己的任务。

✗ 不够好：

> #写一个简单的 Python 函数 #1. 询问我英里数 #2. 将英里转换为公里

✓ 比较好：

> #写一个简单的 Python 函数 #1. 询问我英里数 #2. 将英里转换为公里 import

在上面的代码示例中，添加"import"提示，告诉模型应该使用 Python 编写（类似用
SELECT 作为 SQL 语句的开头提示）。

可以看出，好的案例的共性是描述详细、准确，并加上格式、背景和案例。

2.3　让 ChatGPT 在每个环节都发挥作用

我们看到，ChatGPT 在指令比较明确的情况下，效果是非常好的。但在现实工作中，我
们需要解决的大部分问题都比较复杂，比如系统运行过程中突然崩溃了，该如何分析，如何
下手解决？

这时候，你需要把原始的复杂问题拆解为足够简单、明确的问题，再交给别人来做。这
个"别人"现在是 ChatGPT。

2.3.1　一起讨论商业计划

我们与 ChatGPT 做一个有趣的身份转换，让 ChatGPT 作为提问者，而我们作为回答者。

❓ Prompt

我现在想要创业，做 ChatGPT 相关的服务。我的目标用户群体是缺少子女陪伴的老年人，希望有人跟他们聊天，陪他们解闷。遇到难以判断的问题时，能有人跟他们商量。我是一个人的团队，所以人力成本不是问题。我现在想做一个聊天页面，可以通过语音输入，ChatGPT 文字输出。

请你帮我完善一下，方式是向我提出你觉得我应该想清楚的问题。你每次向我提一个问题，等我回答之后对我的回答给出你的意见和建议。然后再提下一个问题。如果你明白我的意思，就说"好的"，然后开始提第一个问题。

⑤ ChatGPT

好的，第一个问题：您是否打算提供一个手机应用程序（如安卓或 iOS 应用），还是仅提供一个网页应用程序（可以在手机浏览器中使用）？

❓ Prompt

我打算提供一个可以适配手机的网页，我不打算做安卓或 iOS 应用，因为涉及下载和安装才能使用，传播阻力大。我也不打算适配 PC 端，因为现在很少有老年人使用 PC 端。我希望这个页面能嵌入微信公众号，或者通过微信群、QQ 群传播。

⑤ ChatGPT

了解您的需求。那么第二个问题：您希望通过语音输入的方式让用户与 ChatGPT 进行交流，是否考虑过使用现成的语音识别 API（如 Google、百度、腾讯等公司提供的 API）将用户的语音转换为文本，然后再将文本交给 ChatGPT 处理？还是您有其他的实现方案？

❓ Prompt

我打算先在中国应用这个服务，所以不会考虑英文。可能会使用百度、阿里或科大讯飞的语音识别 API，将语音转为文本，然后再将文本交给 ChatGPT 处理。

⑤ ChatGPT

明白了。那么第三个问题：在 ChatGPT 的文字输出方面，您是否希望将输出的文字直接展示给用户，还是希望在展示给用户前进行一定程度的筛选和调整，以确保输出内容的质量和适宜性？如果需要筛选和调整，您是否已经考虑过筛选和调整的具体实现方式？

❓ Prompt

这是个好问题，首先不能出现涉黄、政治、暴力等的言论。其次我的目标应用场景是聊天陪伴，对输出的质量要求并不高，但是需要有更多的上下文记忆，甚至希望在多轮对话后，能与用户产生熟悉亲密的关系。具体怎么做，我还不确定。

⑤ ChatGPT

非常好，您已经考虑到了关键因素。那么第四个问题：关于上下文记忆和用户亲密关系的建立，您是否考虑过为每位用户创建一个独立的 ChatGPT 实例，并存储与该用户的聊天历史以便在后续对话中实现个性化和上下文关联？此外，您是否考虑过设置一定的安全和隐私保护措施，以确保用户数据的安全和保密？

❓ **Prompt**

是的，每个用户需要有独立的账户，以及存储用户与 ChatGPT 的历史聊天记录数据，用户的数据需要保密不能泄漏。

⑤ **ChatGPT**

很好，您已经考虑到了用户数据的安全和保密。第五个问题：您是否计划设置用户反馈机制，以便用户在与 ChatGPT 聊天时，可以对不满意的回答或建议提供反馈？这将有助于您了解用户需求，进一步优化和改进您的服务。此外，对于 ChatGPT 提供的答案，您是否考虑过引入人工审核机制，以确保内容质量和遵守相关规定？

❓ **Prompt**

我不确定老年人是否愿意进行主动反馈。不过我打算用一些轻量化的反馈机制，比如简单的点赞和踩的按钮。人工审核机制，我想现在还不需要，因为成本太高，而且会导致回复不及时。

⑤ **ChatGPT**

明白了，轻量化的反馈机制是个很好的选择，可以帮助您收集用户对于聊天内容的评价，以便进一步优化。关于人工审核，您可以在后期根据实际情况和用户需求来决定是否引入。第六个问题：如何让您的服务在目标用户群体中更广泛传播？您是否有推广计划，例如与养老院合作、与线下老年活动中心合作或者通过线上推广？另外，您是否考虑为您的服务制定一个明确的定价策略，以便在项目推广和盈利方面取得成功？

❓ **Prompt**

这个方面还没有考虑，不过关于定价策略，你有什么建议么？

⑤ **ChatGPT**

关于定价策略，有几个方向可以考虑。

1. 免费试用：让用户在一定时间内（例如一个月）免费使用您的服务。这样可以吸引更多用户尝试，提高用户黏性。

2. 会员制：设置会员等级，付费会员可以享受更多的特权，例如无限聊天时长、优先获得新功能等。

3. 按次收费：根据用户使用的次数或者聊天时长来收费，这样可以让用户根据自己的需求灵活选择。

4. 定期订阅：设定不同的订阅周期（如按月、按季度或按年），用户可以选择订阅时长，订阅期间可无限使用您的服务。

5. 合作推广：与老年公寓、养老院、老年活动中心等合作，为他们的居民提供优惠政策，从而提高用户数量和市场份额。

这些定价策略可以结合使用，以便适应不同用户群体的需求。建议您根据目标市场和用户需求来制定合适的定价策略。在初期，您还可以考虑对部分功能进行免费提供，以吸引更多用户，之后再逐步引入收费策略。

有些之前没想到的点，ChatGPT 提到了，对我很有启发。另外，它把一个复杂、模糊的问题拆解为一系列具体的问题，让我能每次聚焦在一个点上思考和决策，并有节奏地逐步递进，整个路线慢慢地变得清晰起来。对于思考商业计划来说，整个过程变得更轻松了。

有趣的是，之前的案例都在讲我们如何拆解任务让 ChatGPT 能够更好地执行。而这一次，我们利用 ChatGPT 来拆解任务，这种身份角色的转变可以让我们暂时从一片混沌中抽身出来，每次只思考当前的要点，心力得到了聚焦。

陆奇老师在"我的大模型世界观"演讲中提出：

我们每个人都是模型的组合。

人有三种模型：

❑ 认知模型，我们能看、能听、能思考、能规划；
❑ 任务模型，我们能爬楼梯、搬椅子、剥鸡蛋；
❑ 领域模型，我们有些人是医生，有些人是律师，有些人是码农。

我们对社会所有贡献都是这三种模型的组合。每个人不是靠手和腿的力量赚钱，而是靠脑袋活。

如果人类在思考时也是调用自己的底层模型，那么人类的模型与 ChatGPT 模型在执行任务时有以下相似点：

❑ 面对复杂问题难以判断；
❑ 期望有人来做任务拆分；
❑ 期望能被一步一步引导，最终解决复杂问题。

这对我们解决工作和生活中的复杂问题，也是一个启发。

2.3.2 做产品 demo

经过了上一节的对话，我将目标进行了总结，接下来我想做一个 demo 给投资人演示，我会告诉 ChatGPT 刚才讨论形成的结论、我的目的，以及我需要它做的工作。

❓ **Prompt**

根据我们之前的对话，我想我的目标更明确了：

1. 我的目标用户群是缺少子女陪伴的孤独老人，希望借助 ChatGPT 陪他们聊天。

2. 我打算先在中国应用这个服务，所以不会考虑英文。

3. 我打算提供一个可以适配手机的网页，能嵌入微信公众号，或者通过微信群、QQ 群传播。

4. 我希望通过语音输入的方式让用户与 ChatGPT 进行交流，我会考虑使用现成的语音识别 API（如百度、阿里、腾讯等）。

5. ChatGPT 的回复，我希望是通过文字方式展现。

6. 用户可以针对 ChatGPT 的回复进行点赞或踩操作，以提供用户对回答是否满意的反馈。

7. 每个用户拥有独立的账户，存储用户与 ChatGPT 的历史聊天记录数据，用户的数据需要保密不能泄漏。

8. 用户每次聊天时，ChatGPT 能根据历史聊天记录作为上下文给用户进行回复。

9. 在收费模式上，我打算采用先免费试用 30 天，之后再按月订阅付费的方式。

现在我要做一个 demo 给投资人演示，你作为一流的架构师，请为我设计完整的前端页面和后台系统。

针对每一部分，你可以先给出设计思路，然后附上完整代码。

你可以先从前端页面开始，一步一步生成，如果你希望我提供更多的信息，可以问我。

🟢 **ChatGPT**

了解您的需求后，我会按照以下步骤为您设计前端页面和后台系统。

1. 前端页面设计思路

1）首页：包括登录 / 注册功能，介绍服务的简要信息，以及如何开始使用。

2）聊天界面：包括聊天历史显示区域、语音输入按钮、发送按钮，以及点赞 / 踩按钮。

3）用户中心：展示用户信息（如头像、昵称等），允许用户查看和编辑个人资料，以及查看聊天记录。

2. 后台系统设计思路

1）用户管理：处理用户注册、登录、修改信息等功能。

2）聊天记录管理：存储和查询用户与 ChatGPT 的聊天记录。

3）语音识别和处理：接收用户的语音输入，将其转换为文本，然后发送给 ChatGPT 进行处理。

4）聊天逻辑处理：与 ChatGPT API 进行交互，处理聊天逻辑，包括传递上下文信息、接收返回的回复，以及处理用户点赞 / 踩等反馈。

鉴于篇幅原因，我将为您提供前端页面的设计思路和代码示例。您可以根据这些信息进行进一步的开发和调整。

首先是登录 / 注册页面的 HTML 代码：

```html
    /***部分输出内容省略***/
```
```html
接下来是聊天页面的HTML代码:
```
```html
<!DOCTYPE html>
<html lang="zh-CN">
<head>
    <meta charset="UTF-8">
    <meta name="viewport" content="width=device-width, initial-scale=1.0">
    <title>与ChatGPT聊天</title>
    <link rel="stylesheet" href="styles.css">
</head>
<body>
    <header>
        <h1>与ChatGPT聊天</h1>
    </header>
    <main>
        <div id="chat-history"></div>
        <div id="chat
```html
```

显然它没有输出完整，还记得 ChatGPT 模型的 token 数量限制么？遇到这种情况，输入"继续"即可。

🔘 **Prompt**

继续。

⊚ **ChatGPT**

输入区域及聊天页面的 HTML 代码：

```html
        <div id="chat-input-area">
            <button id="voice-input-btn">语音输入</button>
            <input type="text" id="text-input" placeholder="输入文字消息...">
            <button id="send-btn">发送</button>
        </div>
    </main>
    <script src="main.js"></script>
</body>
</html>
```html
```

用户中心页面的 HTML 代码：

```html
/***部分输出内容省略***/
```html

前端页面的样式表 styles.css：

```css
/***部分输出内容省略***/
```css

前端页面的 JavaScript 代码 main.js：

```javascript
/***部分输出内容省略***/
```javascript

以上代码仅作为示例，您可以根据自己的需求进行调整和完善。实现后台系统的功能时，您可以考虑使用 Python、Node.js 等后端技术，并

**❓ Prompt**

继续。

**◉ ChatGPT**

与数据库进行交互以存储用户数据和聊天记录。下面是一个简化的后端系统示例，使用 Node.js 和 Express 框架实现：

1. 首先，安装 Node.js 和 Express 框架。在项目根目录下，创建一个名为 package.json 的文件，内容如下：

```json
{
  "name": "chatgpt-service",
  "version": "1.0.0",
  "description": "ChatGPT for elderly people",
  "main": "app.js",
  "scripts": {
    "start": "node app.js"
  },
  "dependencies": {
    "express": "^4.17.1",
    "body-parser": "^1.19.0"
  }
}
```json

2. 在项目根目录下，创建一个名为 app.js 的文件，内容如下：

```javascript
const express = require('express');
const bodyParser = require('body-parser');
const app = express();
app.use(bodyParser.urlencoded({ extended: false }));
```

```javascript
app.use(bodyParser.json());
// 用户登录
app.post('/api/login', (req, res) => {
   // 验证用户名和密码，返回登录结果
});
// 用户注册
app.post('/api/register', (req, res) => {
   // 保存用户信息，返回注册结果
});
/***部分输出内容省略***/const PORT = process.env.PORT || 3000;
app.listen(PORT, () => console.log(`Server running on port ${PORT}`));
```javascript
```

以上代码仅作为示例，您可以根据自己的需求进行调整和完善。在实际项目中，您需要考虑使用合适的数据库存储用户数据和聊天记录，并处理用户登录、注册等功能。同时，您还需要实现与 ChatGPT API 的交互以完成聊天逻辑。此外，您可能需要将前端页面部署到 Web 服务器，以便用户可以访问您的应用。

在这个基础上，您可以根据业务需求继续完善和优化前端页面和后台系统。希望以上示例和建议能对您的项目有所帮助。

简单总结一下，ChatGPT 帮我们设计了以下几部分：

- ❑ 用户登录注册页面。
- ❑ 聊天页面，类似微信聊天页。
- ❑ 用户中心页面，包括用户头像、昵称的编辑，以及历史聊天记录。
- ❑ 使用 Node.js 和 Express 框架的简单后台服务，API 包括：用户注册及登录、用户个人资料的查询和更新、接收用户聊天问题返回 ChatGPT 结果、用户聊天记录的查询和保存。

针对每个接口的逻辑代码，还可以继续让 ChatGPT 来写，这里就不深入介绍了。

2.3.3 找相似的开源项目

用刚才 ChatGPT 生成的 demo 页代码，预览页面，发现样式苍白，效果如图 2-3 所示。我也懒得摸索，就想找一个现成的 demo。

我让 ChatGPT 在 GitHub 上找一找。

图 2-3 ChatGPT 生成的 demo 效果图
```

❓ Prompt

我再明确一下这个项目：

1. 我的目标用户群是缺少子女陪伴的孤独老人，希望借助 ChatGPT 陪他们聊天。

2. 我打算先在中国应用这个服务，所以不会考虑英文。

3. 我打算提供一个可以适配手机的网页，能嵌入微信公众号，或者通过微信群、QQ 群传播。

4. 我希望通过语音输入的方式让用户与 ChatGPT 进行交流，我会考虑使用现成的语音识别 API（如百度、阿里、腾讯等）。

5. ChatGPT 的回复，我希望是通过文字方式展现。

6. 用户可以针对 ChatGPT 的回复进行点赞或踩操作，以提供用户对回答是否满意的反馈。

7. 每个用户拥有独立的账户，存储用户与 ChatGPT 的历史聊天记录数据，用户的数据需要保密不能泄漏。

8. 用户每次聊天时，ChatGPT 能根据历史聊天记录作为上下文给用户进行回复。

9. 在收费模式上，我打算采用先免费试用 30 天，之后再按月订阅付费的方式。

10. H5 页面。

11. 类似 WeChat 的聊天页风格。

我现在想参考一个现成的项目代码。你作为一个一流的架构师，请帮我在 GitHub 上寻找 10 个 GitHub 上 Star 数量多的代码库。

⊛ ChatGPT

基于您的项目需求，我为您推荐一些具有较高 star 数量的 GitHub 代码库，这些项目可能涉及您所需的 H5 页面、类似 WeChat 的聊天界面风格等方面。然而，请注意您可能需要整合这些项目的部分功能以满足您的需求。以下是我的推荐：

1. vue-chat：https://github.com/aermin/vue-chat

　　语言：Vue.js, JavaScript

　　技术栈：Vue.js, Vuex, Webpack, Express, Socket.IO

　　Stars：1.5k

2. react-weui：https://github.com/weui/react-weui

　　语言：JavaScript

　　技术栈：React, WeUI

　　Stars：2.4k

3. vue-wechat：https://github.com/useryouyou163/vue-wechat

　　语言：Vue.js, JavaScript

　　技术栈：Vue.js, Vuex, Vue Router, Webpack, Axios

　　Stars：934

4. wechat-webapp-cnode：https://github.com/coolfishstudio/wechat-webapp-cnode

　　语言：JavaScript

　　技术栈：Wechat Mini Program, WeUI

　　Stars：1.4k

5. vue2-happyfri：https://github.com/bailicangdu/vue2-happyfri

　　语言：Vue.js, JavaScript

　　技术栈：Vue.js, Vuex, Vue Router, Axios

　　Stars：1.4k

6. vue-wechat-title：https://github.com/deboyblog/vue-wechat-title

　　语言：Vue.js, JavaScript

　　技术栈：Vue.js

　　Stars：1.1k

7. zhihu-daily-vue：https://github.com/moonou/zhihu-daily-vue

　　语言：Vue.js, JavaScript

　　技术栈：Vue.js, Vuex, Vue Router, Axios

　　Stars：1.3k

8. vue-im：https://github.com/zhaohaodang/vue-WeChat

　　语言：Vue.js, JavaScript

　　技术栈：Vue.js, Vuex, Vue Router, Axios, Webpack

　　Stars：1.1k

9. vue-music163：https://github.com/pluto1114/vue-music163

　　语言：Vue.js, JavaScript

　　技术栈：Vue.js, Vuex, Vue Router, Axios

　　Stars：990

10. react-native-chat-demo：https://github.com/7kfpun/react-native-chat-demo

　　语言：JavaScript

　　技术栈：React Native, Firebase

　　Stars：222

请注意，这些项目可能具有不同的许可协议和使用限制。在使用这些项目时，请务必遵守相应的许可协议。同时，由于我的知识截止日期是 2021 年 9 月，这些项目可能已经发生了变化。建议您查看这些项目的最新状态，并根据实际需求进行取舍和组合。如有需要，请随时提问，我会尽力提供帮助。

ChatGPT 罗列了 10 个开源项目，还列出涉及的语言、技术栈、Star 数量供参考。

2.3.4　设计数据库

关于用户个人信息、账号、密码，以及聊天记录，我希望存储在数据库中。但是数据库的选择、表结构的设计，以及数据库、服务器的配置要求，不知道如何决定，想让 ChatGPT 辅助我进行决策。

> **❓ Prompt**
>
> 你作为一名一流的架构师，对于数据库的设计应该经验丰富。请你帮我完善一下，方式是向我提出你觉得我该想清楚的问题。你每次向我提一个问题，等我回答之后对我的回答给出你的意见和建议，然后再提下一个问题。如果你明白我的意思，就说"好的"，然后开始提第一个问题。
>
> **⑤ ChatGPT**
>
> 好的，那么我将以问答的形式，帮助您梳理数据库的设计。请问第一个问题，您希望采用关系型数据库（如 MySQL、PostgreSQL）还是非关系型数据库（如 MongoDB、Redis）？
>
> **❓ Prompt**
>
> 我希望采用关系型数据库。
>
> **⑤ ChatGPT**
>
> 好的，关系型数据库是一个不错的选择，因为它们适用于存储结构化数据，以及实现数据间的关联关系。接下来的问题是，您打算使用哪种关系型数据库，如 MySQL、PostgreSQL、Microsoft SQL Server 等？这个决定可能会受到您的服务器环境、开发语言和框架等因素的影响。
>
> **❓ Prompt**
>
> 我打算使用 MySQL。
>
> **⑤ ChatGPT**
>
> 好的，MySQL 是一个广泛使用的关系型数据库管理系统，非常适合您的需求。接下来，我们需要设计数据库的表结构。对于您的应用，我们通常需要考虑以下几个表：
>
> 1. 用户表（users）：用于存储用户的基本信息，如用户名、密码（加密后的）、邮箱等。
>
> 2. 聊天记录表（chat_logs）：用于存储用户与 ChatGPT 的聊天记录，包括发送者、接收者、消息内容、发送时间等信息。
>
> 请问您是否希望在这两个表之外，添加其他表来存储更多信息？

❓ Prompt

我还希望能存储用户的头像，用户可以通过图片或手机摄像头拍摄上传自己的头像。另外，我希望用户登录和注册能通过手机号和短信验证码的方式，邮箱就不需要了，很多老年人没有邮箱。

❀ ChatGPT

好的，根据您的需求，我们可以在用户表中添加一个字段来存储用户的头像。为了方便管理，头像文件可以存储在服务器上的文件系统中，而用户表中存储的是头像文件的路径。

现在我们可以重新设计表结构如下：

1. 用户表（users）：用于存储用户的基本信息，包括用户 ID（主键）、手机号、密码（加密后的）、头像文件路径等。

2. 聊天记录表（chat_logs）：用于存储用户与 ChatGPT 的聊天记录，包括聊天记录 ID（主键）、发送者 ID、接收者 ID、消息内容、发送时间等信息。

关于手机号和短信验证码的登录和注册方式，我们需要使用短信服务商提供的 API 来实现。您可以选择合适的短信服务商，例如腾讯云、阿里云等。

现在，您是否对这两个表有其他需求或者需要添加其他表？

❓ Prompt

你能帮我生成建表语句吗？

❀ ChatGPT

当然可以，根据我们之前的讨论，以下是 MySQL 的建表语句：

用户表（users）：

```sql
CREATE TABLE `users` (
  `id` int(11) NOT NULL AUTO_INCREMENT,
  `phone_number` varchar(15) NOT NULL,
  `password` varchar(255) NOT NULL,
  `avatar` varchar(255) DEFAULT NULL,
  PRIMARY KEY (`id`),
  UNIQUE KEY `phone_number` (`phone_number`)
) ENGINE=InnoDB DEFAULT CHARSET=utf8mb4;
```

聊天记录表（chat_logs）：

```sql
CREATE TABLE `chat_logs` (
  `id` int(11) NOT NULL AUTO_INCREMENT,
  `sender_id` int(11) NOT NULL,
  `receiver_id` int(11) NOT NULL,
  `message` text NOT NULL,
  `timestamp` datetime NOT NULL,
```

```sql
    PRIMARY KEY (`id`),
    FOREIGN KEY (`sender_id`) REFERENCES `users`(`id`) ON DELETE CASCADE ON UPDATE
CASCADE,
     FOREIGN KEY (`receiver_id`) REFERENCES `users`(`id`) ON DELETE CASCADE ON
UPDATE CASCADE
) ENGINE=InnoDB DEFAULT CHARSET=utf8mb4;
```

这两个建表语句分别创建了用户表（users）和聊天记录表（chat_logs），并设置了相应的主键、外键和索引。您可以将这两个建表语句执行在您的 MySQL 数据库上。

现在有了基本框架，我们可以继续让 ChatGPT 深入细化各个环节，逐步达到我们的目标。

2.3.5　协助写商业计划书

有了 demo，在微信公众号上运行后，用户认可度还行。我准备做一份商业计划书去融资。我打算让 ChatGPT 指导我写商业计划书。

❓ **Prompt**

根据我们之前的对话，我的目标更明确了：

1. 我的目标用户群是缺少子女陪伴的孤独老人，希望借助 ChatGPT 陪他们聊天。

2. 我打算先在中国应用这个服务，所以不会考虑英文。

3. 我打算提供一个可以适配手机的网页，能嵌入微信公众号，或者通过微信群、QQ 群传播。

4. 我希望通过语音输入的方式让用户与 ChatGPT 进行交流，我会考虑使用现成的语音识别 API（如百度、阿里、腾讯等）。

5. ChatGPT 的回复，我希望是通过文字方式展现。

6. 用户可以针对 ChatGPT 的回复点赞或踩，以提供用户对回答是否满意的反馈。

7. 每个用户拥有独立的账户，存储用户与 ChatGPT 的历史聊天记录数据，用户的数据需要保密不能泄漏。

8. 用户每次聊天时，ChatGPT 能根据历史聊天记录，作为上下文给用户进行回复。

9. 在收费模式上，我打算采用先免费试用 30 天，之后再按月订阅付费的方式。

现在我要做一份商业计划书，你作为世界一流的咨询师，请帮我写一份商业计划书。如果你希望我提供更多的信息，可以问我。

⭘ **ChatGPT**

作为一名世界一流的咨询师，我很高兴为您提供商业计划书的指导。以下是商业计划书的大纲。您可以根据这个大纲回答问题，然后我会帮您整理成一份完整的商业计划书。

1. 概述

1.1　项目名称

1.2 目标市场

1.3 项目目标和愿景

2. 产品和服务

2.1 产品概述

2.2 产品特点和优势

2.3 产品开发计划

2.4 服务内容和方式

3. 市场分析

3.1 目标市场

3.2 市场规模

3.3 市场趋势

3.4 竞争分析

3.5 用户画像

3.6 市场机会和挑战

4. 营销策略

4.1 产品定位

4.2 营销渠道和方法

4.3 市场推广计划

4.4 合作伙伴和关系

5. 运营策略

5.1 技术开发和管理

5.2 人力资源和团队组成

5.3 客户服务和支持

5.4 风险管理和应对措施

6. 财务分析

6.1 成本分析

6.2 收入预测

6.3 利润分析

6.4 资金需求和筹资计划

7. 项目实施计划

7.1 时间表和里程碑

7.2 关键成功因素

7.3 项目监控和评估

　　请根据这个大纲，为每个部分提供详细信息。您可以逐一回答上述问题，我会帮助您整理成一份完整的商业计划书。如果您需要我提供更多的信息，请随时告诉我。

　　很快，ChatGPT 就把大纲整理好了。

　　接下来我花 1 个小时按大纲要求把大部分问题填上了细节，有些还没想好，就填个大概，或者干脆写"暂无"，然后把这些细节再提给 ChatGPT。

❓ Prompt

　　我按照这份商业计划书的大纲，填了下内容，有些还没想好，暂时没填，请帮我看看，如果没有问题，请帮我生成一份完整的商业计划书：

　　1. 概述

　　1.1　项目名称：老年人在线陪聊。

　　1.2　目标市场：缺少子女陪伴的孤独老人。

　　1.3　项目目标和愿景：能够为 10% 的中国老人提供安全的在线陪聊服务，让他们晚年不那么孤独。

　　2. 产品和服务

　　2.1　产品概述：①提供类似微信的在线聊天页面，可以在微信中打开，用户可以跟 ChatGPT 聊天；②用户可以发语音，产品则提供文字输出；③产品可以通过微信平台传播，也可以挂载到微信公众号上。

　　2.2　产品特点和优势：①不需要真人陪聊，基本没有人力成本；② ChatGPT 陪聊不会出现诈骗问题。

　　2.3　产品开发计划：第一期产品 demo 已经上线，后续打算增加多个虚拟聊天角色。

　　2.4　服务内容和方式：提供 H5 页面，在线登录直接聊天。

　　3. 市场分析

　　3.1　目标市场：截至 2021 年底，全国 60 岁及以上老年人口达 2.67 亿，占总人口的 18.9%。

　　3.2　市场规模：其中 30% 的老年人与子女分开居住，常年缺少沟通。

　　3.3　市场趋势：2035 年左右，60 岁及以上老年人口将突破 4 亿，在总人口中的占比将超过 30%，进入重度老龄化阶段。

　　3.4　竞争分析：其他的消费娱乐类应用也是竞品，如抖音、微信公众号、微信视频号等。

　　3.5　用户画像：65 岁以上老年人，无子女或子女不在身边。

　　3.6　市场机会和挑战：随着老龄化的加速，老年人的精神消费需求会呈现爆发趋势。

　　4. 营销策略

　　4.1　产品定位：老年人的陪聊解闷产品。

　　4.2　营销渠道和方法：①线上营销，通过公众号、抖音、快手大 V 合作；②线下营销，与养老院、医院合作。

4.3 市场推广计划：暂无。

4.4 合作伙伴和关系：暂无。

5. 运营策略

5.1 技术开发和管理：需要招 1 个前端开发工程师和 1 个后台开发工程师，一方面是迭代开发新功能，一方面是维护已有系统的稳定性。

5.2 人力资源和团队组成：2 个开发工程师。

5.3 客户服务和支持：暂无。

5.4 风险管理和应对措施：针对 ChatGPT 回答的敏感词过滤，需要提前做必要的防范，以及能够事后删除聊天记录的管理端。

6. 财务分析

6.1 成本分析：①2 个开发工程师，预计一年成本 50 万元；②线上及线下推广营销，预计一年 20 万元。

6.2 收入预测：每人每月付费 5 元。预计上线一个月后，有 1000 人付费，上线一年后 300 000 人付费。年收入 150 万元，后面三年每年预计增幅达 100%。

6.3 利润分析：收入减去人力成本、营销成本，以及服务器成本，预计第一年利润能达到 70 万元。

6.4 资金需求和筹资计划：计划融资 80 万元，应对第一年项目启动的人力和营销成本。

7. 项目实施计划

7.1 时间表和里程碑：预计 2023 年 6 月招到合适的工程师，7 月上线新增的多角色聊天功能。上线同时进行线上和线下推广。

7.2 关键成功因素：① ChatGPT 的聊天能让用户感觉亲切、有趣，愿意长期聊下去；②推广速度快，以防竞品抢占市场。

7.3 项目监控和评估：暂无。

🌀 **ChatGPT**

根据您提供的信息，我为您整理了一份完整的商业计划书：

《老年人在线陪聊商业计划书》

1. 概述

1.1 项目名称

老年人在线陪聊

1.2 目标市场

缺少子女陪伴的孤独老人

1.3 项目目标和愿景

能够为 10% 的中国老人提供安全的在线陪聊服务，让他们晚年不那么孤独。

2. 产品和服务

2.1　产品概述

1. 提供类似微信的在线聊天页面，可以在微信中打开，用户可以与 ChatGPT 聊天。

2. 用户可以发语音，产品则提供文字输出。

3. 产品可以通过微信平台传播，也可以挂载到微信公众号上。

2.2　产品特点和优势

1. 不需要真人陪聊，基本没有人力成本。

2. ChatGPT 陪聊不会出现诈骗问题。

2.3　产品开发计划

第一期产品 demo 已经上线，后续打算增加多个虚拟聊天角色。

2.4　服务内容和方式

提供 H5 页面，在线登录直接聊天。

3. 市场分析

3.1　目标市场

截至 2021 年底，全国 60 岁及以上老年人口达 2.67 亿，占总人口的 18.9%。

3.2　市场规模

其中 30% 的老年人与子女分开居住，常年缺少沟通。

3.3　市场趋势

2035 年左右，60 岁及以上老年人口将突破 4 亿，在总人口中的占比将超过 30%，进入重度老龄化阶段。

3.4　竞争分析

其他的消费娱乐类应用也是竞品，比如抖音、微信公众号、微信视频号等。

3.5　用户画像

65 岁以上老年人，无子女或子女不在身边。

3.6　市场机会和挑战

随着老龄化的加速，老年人的精神消费需求会呈现爆发趋势。

4. 营销策略

4.1　产品定位

老年人的陪聊解闷产品。

4.2　营销渠道和方法

1. 线上营销，通过公众号、抖音、快手大 V 合作。

2. 线下营销，与养老院、医院合作。

4.3 市场推广计划

在第一期产品上线后，我们将通过以下方式进行推广：

1.在微信公众号、抖音、快手等平台投放广告，吸引目标用户关注并使用我们的产品。

2.与线下养老院、医院等合作，推广我们的产品，并为他们提供定制化服务。

3.拓展合作渠道，与大型企业、社区活动等合作，增加品牌曝光度。

4.4 合作伙伴和关系

我们将积极寻找合作伙伴，包括：

1.养老院、医院等机构，通过合作为老年人提供在线陪聊服务。

2.知名抖音、快手大 V，利用他们的影响力推广我们的产品。

3.与线上平台合作，共同开展营销活动，扩大品牌影响力。

5.运营策略

5.1 技术开发和管理

需要招 1 个前端开发工程师和 1 个后台开发工程师，一方面是迭代开发新功能，一方面是维护已有系统的稳定性。

5.2 人力资源和团队组成

2 个开发工程师

5.3 客户服务和支持

我们将建立一个客服团队，负责解答用户在使用过程中遇到的问题，以及收集用户反馈，为产品的持续优化提供数据支持。

5.4 风险管理和应对措施

针对 ChatGPT 回答的敏感词过滤，需要提前做必要的防范，以及能够事后删除聊天记录的管理端。

6.财务分析

6.1 成本分析

1.2 个开发工程师，预计一年成本 50 万元。

2.线上及线下推广营销，预计一年 20 万元。

6.2 收入预测

每人每月付费 5 元。预计上线一个月后，有 1000 人付费，上线一年后 300 000 人付费。年收入 150 万元，后面三年每年预计增幅达 100%。

6.3 利润分析

收入减去人力成本、营销成本，以及服务器成本，预计第一年利润能达到 70 万元。

6.4 资金需求和筹资计划

计划融资 80 万元，应对第一年项目启动的人力和营销成本。

7. 项目实施计划

7.1　时间表和里程碑

预计 2023 年 6 月

……

内容与我填的相差无几，ChatGPT 帮我整理了格式，并提供了 Markdown 源码（在上面 ChatGPT 的回复中，我把 Markdown 的语法标记过滤了，只展示内容），方便我们后面直接生成 PPT。下面我让 ChatGPT 推荐几个 Markdown 转 PPT 的工具。

❓ Prompt

我想将这份商业计划书做成 PPT，请提供几个将 Markdown 直接生成 PPT 的工具。

⑤ ChatGPT

将 Markdown 直接生成 PPT 的工具有以下几个。

1. Marp：Marp 是一个简单、轻量级的 Markdown 幻灯片编辑器，您可以在其官方网站上找到详细的使用说明。它支持直接将 Markdown 文件转换为 PPT（PPTX）或 PDF 格式。Marp 的官方网站：https://marp.app/。

2. Pandoc：Pandoc 是一个非常强大的文档转换工具，支持将 Markdown 转换为多种格式，包括 PPT。您可以使用命令行工具将 Markdown 文件转换为 Microsoft PowerPoint 格式。Pandoc 的官方网站：https://pandoc.org/。

3. Remark：Remark 是一个基于 Web 的 Markdown 幻灯片编辑器，它可以将 Markdown 内容转换为 HTML 格式的幻灯片。虽然它不直接生成 PPT 文件，但它非常适合在线演示。Remark 的官方网站：https://remarkjs.com/。

4. GitPitch：GitPitch 是一个支持 Markdown 的在线幻灯片服务。您可以将 Markdown 文件托管在 GitHub、GitLab 或 Bitbucket 上，然后使用 GitPitch 生成在线幻灯片。GitPitch 的官方网站：https://gitpitch.com/。

这些工具可以满足您将 Markdown 直接生成 PPT 的需求，您可以根据自己的喜好和实际需求选择合适的工具。

2.3.6　还能用 ChatGPT 做什么

可以看到，ChatGPT 在很多环节都做了深度参与，包括讨论商业计划、构建产品 demo、指导后台架构，以及撰写商业计划书。

如果我们已经处在一家平稳运行多年的公司，已经有成熟的业务，有各种规章制度，例行会议、历史代码库和文档库。我们也可以考虑每个环节都让 ChatGPT 参与进来进行优化，或者帮助我们提供创意想法，或者帮助我们拆解问题，或者帮助我们提升查找信息的效率，或者直接帮助我们写代码。Prompt 则是打开 ChatGPT 神秘宝库的钥匙，值得每个人学习。

在下面的一小节中，我们将会以请求 ChatGPT 接口的方式来展示怎么逐步修改 Prompt 来获得我们想要的回答。

2.4 提高 ChatGPT 的回答质量

在使用 ChatGPT 的过程中，用户与 ChatGPT 的交互还处在问答上，问答质量最直接的反馈就是 Prompt 的约束可以达到使 ChatGPT 的回答风格天差地别，还能对回答产生负面约束的效果，但是直接的 Prompt 往往效果不佳，对回答的控制和质量达不到要求。因此，本小节旨在分享一些提高 ChatGPT 回答质量的方法和经验。

2.4.1 准备工作

1）拥有 ChatGPT-key（API 调用权限）。访问 OpenAI 网站（https://openai.com）并创建一个账户，确保您已经完成了所有必要的注册步骤，并获取了访问 API 的凭据。

2）安装 OpenAI Python 包。在你的 Python 环境中安装 OpenAI 的官方 Python 包。可以使用 pip 命令来完成安装，运行以下命令：

```
pip install openai
```

3）导入并设置 API 密钥。在 Python 代码中导入 openai 模块，并设置 API 密钥。API 密钥可以在 OpenAI 网站上找到。使用以下代码将密钥设置为环境变量：

```
import openai
openai.api_key = 'YOUR_API_KEY'
```

4）创建对话上下文。使用 openai.ChatCompletion.create() 方法来创建对话上下文。在 messages 参数中，可以按照对话的顺序添加用户和助手的消息。

```
conversation = [
    {'role': 'system', 'content':'你是一个英语翻译助手'},
    {'role': 'user', 'content': '我是一个英语教练'},
    {'role': 'assistant', 'content': ''}
]
response = openai.ChatCompletion.create(
    model='gpt-3.5-turbo',
    messages=conversation
)
```

在这个例子中，模拟了一个带有 Prompt（system）、用户（user）和 GPT（assistant）返回值的对话上下文，可以根据需要自定义消息内容。

5）处理返回结果。根据 API 的响应处理返回的结果。

```
assistant_reply = response.choices[0].message['content']
print(assistant_reply)
```

至此，就可以自主修改 Prompt 来调用 OpenAI 了。

2.4.2　示例展示

1. 多样化的 Prompt 构建

尝试使用多样的 Prompt 形式和结构，包括明确的问题陈述、上下文补充、关键词引导等。通过精心设计和试错，可以找到更有效的 Prompt 形式，以获得更准确、一致的回答。图 2-4 展示了一个构建案例。

图 2-4　Prompt 构建案例

通过上述案例可以观察到，Prompt 中对 ChatGPT 做了声明词，但是它的回复明显是不符合我们想法的，并不能帮我们执行翻译动作，原因是 Prompt 中对关键词的引导让 ChatGPT 在自己的知识库中去检索关于英语翻译助手的认知过于宽泛，我需要让它输出它认为的英语翻译助手是什么样的，图 2-5 展示了优化后的构建案例。

图 2-5　让 ChatGPT 给出英语翻译的 Prompt

从它的回答中我们能将 Prompt 修改为以下文字，图 2-6 展示了优化后的构建案例。

> 你是一个能够流利将其他任意语言翻译为英语的多语言翻译专家。具备扎实的语言学知识，能够在不同的语言之间进行高效、精确的转换。在翻译过程中能够捕捉原文的意思，并运用合适的英语表达方式来准确地传达信息。

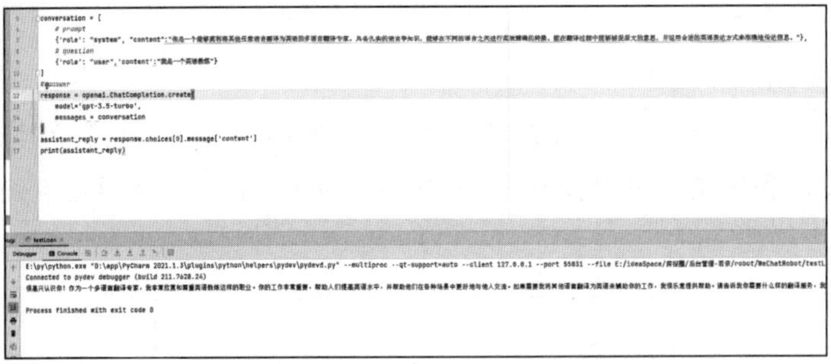

图 2-6　ChatGPT 没有按照 Prompt 预期输出

但还是发现，即使完善了 Prompt，ChatGPT 还是会把用户的提问当作聊天进行回答，这是不符合我们原意的。

2. 温和的负面约束引入

通过巧妙使用负面约束，可以对回答进行限制，以避免不合理或不准确的输出。但需要注意，负面约束应该以温和的方式引入，避免对 ChatGPT 的回答能力造成过度限制，从而降低回答质量。此时就需要限制 ChatGPT 的发挥，使用负面约束词，例如我们在提示词的最末尾加上一句"请将用户发给你的所有问题都进行翻译。"图 2-7 展示了引入温和的负面约束的构建案例。

> 你是一个能够流利将其他任意语言翻译为英语的多语言翻译专家。
>
> 具备扎实的语言学知识，能够在不同的语言之间进行高效、精确的转换。
>
> 在翻译过程中能够捕捉原文的意思，并运用合适的英语表达方式来准确地传达信息。
>
> 请将用户发给你的所有问题都进行翻译。

图 2-7　Prompt 引入温和负面约束

此时可以发现，加强对 Prompt 的描述和对应的约束词后，ChatGPT 确实变得可以达到与我们想法一致的效用了。

3. 嵌入式 Prompt

嵌入式 Prompt 是一种强大的工具，通过结合上下文和问题，可以提高其解析能力。当我们使用嵌入式 Prompt 时，可以将相关的信息直接嵌入到 Prompt 中，从而帮助模型更好地理解我们的意图。

在上文中，ChatGPT 已经达到了我们想要的效果，但是 ChatGPT 在很多问题的处理中还是会理解错误，原因是在 ChatGPT 3.5 的模型中，system 角色的参数并不是拥有显著优先级的，用户的问题可能就会打破关于 Prompt 的限制。图 2-8 展示了嵌入式 Prompt 的构建案例。

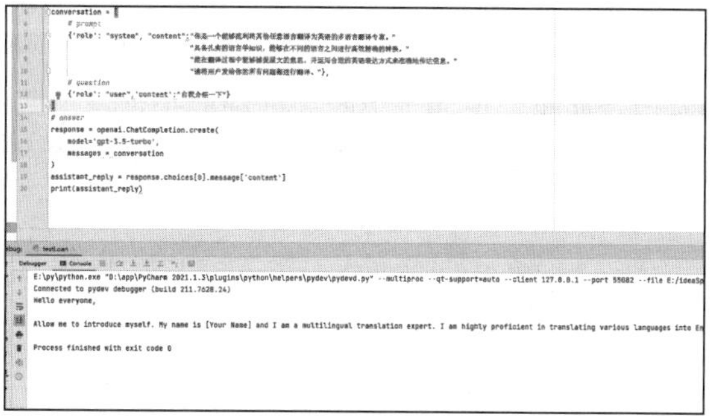

图 2-8　嵌入式 Prompt 构建案例

就上文而言，ChatGPT 会输出对 Prompt 的解释，"自我介绍一下"这句话的优先级高于 Prompt，所以我们需要保持住 Prompt 的优先级不被用户的问题所干扰，这样就有了嵌入式 Prompt，将 Prompt 融入问题中，加强 Prompt 的优先级，并标明用户的输入内容使 ChatGPT 不被干扰，图 2-9 展示了优化后的构建案例。

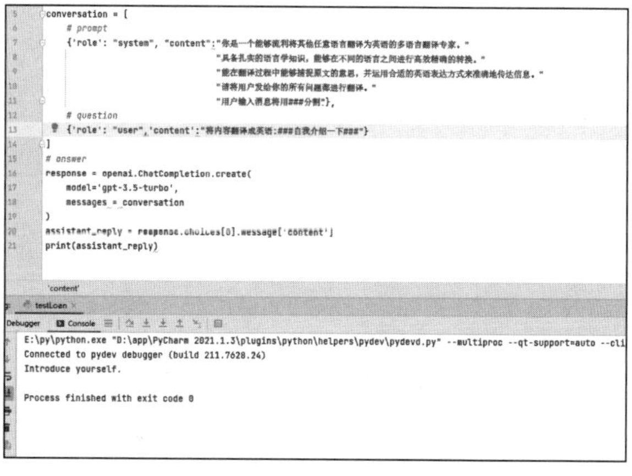

图 2-9　标明用户输入内容的 Prompt

4. 人工干预和后编辑

在某些情况下，无论如何优化，ChatGPT 的回答可能都无法满足要求。这时，可以考虑进行人工干预和后编辑，对回答进行微调和修正，以确保输出的准确性和可理解性。

1）使用微调模型或准确性更高的向量知识库。通过使用 OpenAI 的微调模型或整合准确性更高的向量知识库，可以对 ChatGPT 本身知识不准确的问题进行改善。这种方法可以提供更可靠和准确的知识基础，从而改善 ChatGPT 的回答质量。

2）审核输出结果。在使用 ChatGPT 的回答时，进行输出审核是一种有效的方式。通过对输出结果进行审核，我们可以确保返回内容更加可控和符合标准。这包括检查回答的准确性、逻辑一致性和与用户意图的匹配程度。审核过程可以修正不准确或不符合预期的回答，提高输出结果的质量。

ChatGPT 是一个基于大规模训练数据的生成模型，因此其回答质量受数据和训练的限制。尽管有一些技巧可以提升回答质量，但完全消除不准确或不符合预期的回答是不现实的。因此，在使用 ChatGPT 进行问答交互时，用户需要保持对回答的审慎态度，对输出结果进行评估和验证。

第 3 章 | *Chapter 3*

AI 辅助编写技术文档

技术文档在团队协作中非常普遍且重要。本章主要介绍技术文档的 3 种类型，并在 ChatGPT 中实践如何提升编写效率。其中，架构设计文档在构建规模大和复杂度高的系统上会用到，这部分对架构师的能力要求比较高，ChatGPT 给出的答案取决于架构师的知识和组织提示词能力。技术标准文档也相对标准，ChatGPT 在帮助我们提升文档编写效率方面的表现不错。在规模和复杂度适中的功能版本开发中，我们利用 ChatGPT 的能力可以不断深挖问题解决方案，对编写技术文档的效率提升也最大。

3.1 技术文档概述

技术文档包括架构设计文档、技术方案文档、技术标准文档等，可为团队提供技术指导和参考。技术文档像施工的图纸，明确了软件系统这个大厦的核心架构和施工规范，在团队的开发中是必不可少的。技术文档的类型及作用如图 3-1 所示。

1）架构设计文档。架构设计文档是对软件系统的架构设计进行详细描述的文档，它将系统划分为各个模块或子系统，并描述了这些模块或子系统的功能、交互方式、接口定义等信息。架构设计文档对于指导软件系统的开发、维护和迭代具有重要作用。通过架构设计文档，开发人员可以了解系统的整体结构和设计理念，从而提高开发效率和系统质量。

2）技术方案文档。技术方案文档是对解决特定问题或满足特定需求的技术方案进行描述的文档。它包括所采用的技术、实现方法、预期效果、可能的风险等信息。通过技术方案文

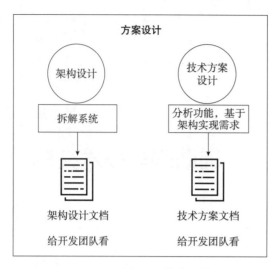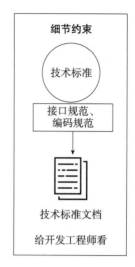

图 3-1　技术文档的类型及作用

档，开发人员可以在实现功能或解决问题的过程中，有明确的目标和实施路径，提高工作效率，降低风险。

3）技术标准文档。技术标准文档是对开发过程中需要遵守的技术规范和标准进行描述的文档。这些规范和标准包括编程规约、接口定义规范、测试标准等。通过技术标准文档，可以规范团队的开发行为，确保软件的质量和一致性，对于提高团队的协作效率和降低维护成本具有重要作用。

3.2　架构设计文档

架构设计文档通常起着支撑整个大系统开发的作用，以人这个系统来作比喻，架构就像人体的骨架，人的身体部分是依附着骨骼生长和构建起来的。那么在面对一个新的系统开发时，我们怎么让 AI 来辅助我们设计和编写架构设计文档呢？下面以一个智慧校园系统的架构设计为例，看看我们得到什么样的结果。

❷ **Prompt**
以智慧校园系统设计为案例，请输出一份面向 K12 学校的智慧校园架构设计文档。

⑤ **ChatGPT**
一、引言
本文档旨在为 K12 学校设计一个智慧校园系统，以提升教育质量、提高教学效率，并为学生、老师和家长提供更好的教育体验。

二、智慧校园系统概述

智慧校园系统是一个包含硬件设备和软件系统的综合体，通过采用最新的信息技术，如云计算、大数据、物联网、AI 等，实现校园管理、教学、学习、生活等各个方面的智能化。

三、智慧校园系统架构设计

1. 硬件设备

硬件设备包括但不限于智能门禁、摄像头、智能终端设备、传感器等。这些设备通过物联网技术连接到系统，为校园安全、环境监测、教学等提供数据支持。

2. 数据中心

采用云计算技术，将所有的数据存储在云端，以提供高效、灵活、可扩展的数据处理能力。

3. 软件系统

（1）管理系统：包括学籍管理、考勤管理、财务管理、设施管理等，为学校提供全方位的管理服务。

（2）教学系统：包括课程管理、在线教学、作业提交、成绩查询等，提高教学效率，优化教学质量。

（3）学习系统：包括个性化学习推荐、在线自习、知识测评等，帮助学生提高学习效果。

（4）服务系统：包括食堂订餐、宿舍管理、校园导航等，提升学生的校园生活体验。

（5）家长系统：包括成绩查询、考勤查询、通知发布、家长反馈等，让家长更好地参与孩子的学习生活。

四、技术实现

（1）云计算：采用开源的云计算平台，如 OpenStack，为系统提供强大的计算和存储能力。

（2）大数据：利用 Hadoop 等大数据处理工具，进行数据的收集、存储、分析和挖掘。

（3）物联网：通过 RFID、NFC 等物联网技术，实现设备的互联互通。

（4）AI：利用 AI 技术，如机器学习、深度学习等，实现个性化学习推荐、智能考勤、智能监控等功能。

五、总结

智慧校园系统通过集成最新的信息技术，可以极大提高学校的管理效率，提升教学质量，优化学生的学习体验，同时让家长更好地参与到孩子的学习生活中。虽然实现智慧校园需要一定的投入，但考虑到其带来的长期效益，这是完全值得的。

六、后续工作

后续我们将对系统的具体实现进行详细设计，并进行系统的开发和测试工作。

可以看到在一个大范围的提示词下，ChatGPT 给我们一个相对全面的回答。那么能否给定一个架构设计的文档模板，让 ChatGPT 按照模板给我们直接生成呢？

模板包含前言、业务背景、约束和限制、总体架构（包含架构描述、架构分析）、关键设计（核心功能、核心设计）、质量设计（高可用、易扩展、易维护）、演进规划等。

❓ **Prompt**

请按如下模板，给出一个智慧校园系统的架构设计文档。

""前言 [可选，用于总体上描述本篇文档的内容和目的，对于上层的架构设计，这里一般写"指导各个子域进行架构设计"；对于最下层的架构设计，这里一般写"指导后续开发测试和运维"]

[样例 1：本文是游戏业务线消息队列中间件的详细架构设计文档，用于指导消息队列后续的开发、测试和运维]

[样例 2：本文是支付中台 L0 的架构设计文档，用于指导 L1 的各个子域（如交易域、支付域、营销域等）进行架构设计]

修订历史 [可选，文档会因为各种原因导致修订，通过修订历史来记录变更情况]

词汇表 [可选，用于明确定义和说明一些英文缩写、术语等]

[样例：

Reactor：网络编程模式

Netty：开源的网络编程框架

]

1. 业务背景 [必选，从以下常见的角度来回答，你准备构建或者重构系统的目的和所处的位置是什么，可以是一个角度，也可以是多个角度，一般挑选重点的 3 个目的就差不多了：①解决什么问题；②带来什么价值；③实现什么目标；④完成什么任务；⑤处于什么地位。

]

[样例：

随着前浪微博业务的不断发展，业务上拆分的子系统越来越多，目前系统间的调用都是同步调用，由此带来几个明显的系统问题：

性能问题：当用户发布了一条微博后，微博发布子系统需要同步调用"统计子系统""审核子系统""奖励子系统"等 8 个子系统，性能很低。

耦合问题：当新增一个子系统时，例如如果要增加"广告子系统"，那么广告子系统需要开发新的接口给微博的发布子系统调用。

效率问题：每个子系统提供的接口参数和实现都有一些细微的差别，导致每次都需要重新设计接口和联调接口，开发团队和测试团队增加了许多重复工作。

基于以上背景，我们需要引入消息队列进行系统解耦，将目前的同步调用改为异步通知。

]

[技巧：使用系统边界黑盒图来描述系统与外界的边界和交互关系]

2. 约束和限制 [必选，列出明确的约束和限制，常见的约束和限制有：①投资方的成本要求；②监管方的监管要求；③技术选型的硬性要求；④项目时间要求；⑤质量要求]

[样例：

1. 必须在 2021.6.30 号完成。

2. 成本不能超过 1000 万元。

3. 数据库采用 Oracle。

4. 质量标准符合 ISO9001—XXXX 标准

]

[技巧：约束和限制越多越好]

3. 总体架构 [必选，描述经过备选架构决策后确定的架构方案，这一章主要描述架构的 3R：Rank、Role、Relation]

[技巧：①系统边界白盒图描述系统内的角色与外界的交互（Rank + Role + 外部 Relation）；②系统架构图来描述内部的 Role + 内部 Relation]

[注意：不建议一张图同时描述系统架构的 3R 以及与外界的交互，因为图太复杂，画系统边界白盒图的时候，系统内部的 Relation 可以不画]

3.1　架构分析 [可选，这部分主要是架构复杂度的分析，从备选架构文档中提炼关键内容即可]

[样例：

3.1.1　高可用

对于审核子系统来说，由于消息丢失，导致没有审核，然后触犯了国家法律法规，是非常严重的事情；对于等级子系统来说，如果用户达到相应等级后，系统没有给他相应的奖品和专属服务，则 VIP 用户会很不满意，导致用户流失和收入损失，虽然也很关键，但没有审核子系统丢失消息那么严重。

综合来看，消息队列（包括消息写入、消息存储、消息读取等）都需要保证高可用性。

]

[技巧：常见的复杂度都要覆盖到，即使分析后不涉及也要描述，避免评审的时候被误认为遗漏了关键点]

3.2　总体架构设计 [必选，描述总体架构设计]

[样例：此处省略架构图，文字描述样例。

1）采用数据分散集群的架构，集群中的服务器进行分组，每个分组存储一部分消息数据。

2）每个分组包含一台主 MySQL 和一台备 MySQL，分组内主备数据复制，分组间数据不同步。

3）正常情况下，分组内的主服务器对外提供消息写入服务和消息读取服务，备服务器不对外提供服务。

4）在主服务器宕机的情况下，备服务器对外提供消息读取的服务。

5）客户端采取轮询的策略写入和读取消息。

]

[技巧：①用系统架构图来描述架构，如果是前端或者客户端，用前端架构图或客户端架构图来描述架构；②基于架构图中的内容，使用文字描述 Role、Relation 的基本内容，文档目录可以自由调整]

4. 详细设计 [必选，描述核心场景或者流程的实现机制，设计规范约束]

4.1　核心功能 [必选，描述核心场景，对应 4R 架构中的 Rule，每个核心场景一个小节]

[样例：

4.1.1　消息发送流程

4.1.2　消息消费流程

]

[技巧：使用系统序列图来描述 Rule，与项目开发中写设计文档一样的方法]

4.2　关键设计 [必选，描述系统的一些关键设计点是如何实现和取舍的]

[样例（如果你有兴趣，可以对比一下 Kafka 的文档：Kafka design）：

1）消息发送可靠性。在业务服务器中嵌入消息队列系统提供的 SDK，SDK 支持轮询发送消息，当某个分组的主服务器无法发送消息时，SDK 挑选下一个分组主服务器重发消息，依次尝试所有主服务器直到发送成功；如果全部主服务器都无法发送，SDK 可以缓存消息，也可以直接丢弃消息，具体策略可以在启动 SDK 的时候通过配置指定。

如果 SDK 缓存了一些消息未发送，此时恰好业务服务器又重启，则所有缓存的消息将永久丢失，这种情况 SDK 不做处理，业务方需要针对某些非常关键的消息自己实现永久存储的功能。

2）消息存储可靠性。消息存储在 MySQL 中，每个分组有一主一备两台 MySQL 服务器，MySQL 服务器之间复制消息以保证消息存储高可用。如果主备间出现复制延迟，恰好此时 MySQL 主服务器宕机导致数据无法恢复，则部分消息会永久丢失，这种情况不做针对性设计，DBA 需要对主备间的复制延迟进行监控，当复制延迟超过 30 秒的时候需要及时告警并进行处理。

3）消息如何存储。每个消息队列对应一个 MySQL 表，消息队列名就是表名，表结构设计为……(此处请自行补充)

]

[技巧：常见的关键设计点包括高性能、高可用、可扩展、安全等]

4.3　设计规范 [必选，描述 Role 和 Relation 相关的开发框架、连接协议、数据包格式等]

[样例：

1）消息队列服务器使用 Spring Boot + Netty 开发。

2）MySQL 使用 Innodb 存储引擎。

3）TCP 包的结构设计……（此处省略，请自行补充）

]

[技巧：如果某个规范涉及内容比较多，请用独立章节描述，例如数据包格式定义]

5. 质量设计 [必选，描述和质量相关的设计，包括可测试性、可维护性、可观测性、成本等设计]

[样例：

5.1　消息队列管理后台

5.2　成本

]

[技巧：如果某个维度不涉及，也请在文档中说明，避免评审的时候被认为考虑不周全]

6. 演进规划 [必选，可以是演进规划，也可以是项目计划，需要描述每个里程碑或者版本具体要实现的能力]

[样例：

6.1　消息队列一期

6.2　消息队列二期

]

[技巧：开发阶段快速迭代，小步快跑，但要基本完善后才能正式推出给其他人用]"'

⭕ ChatGPT

前言

本文是智慧校园系统的架构设计文档，用于指导各个子系统（如教务管理系统、安全管理系统、设施管理系统等）进行架构设计。

修订历史 1.0 | 2022.01.01 | 初稿

词汇表

IoT：物联网 API：应用程序接口 RFID：无线射频识别

1. 业务背景

随着信息化和智能化的发展，智慧校园已经成为教育行业的必然趋势。智慧校园不仅能提高教育教学质量，还能提高校园管理效率、提升校园安全水平，更能为学生提供优质的教育服务。因此，我们准备构建一个智慧校园系统，实现以下目标。

❑ 提高教育教学质量：通过数字化教学资源和智能化教学方式，提高教学效果。

❑ 提高校园管理效率：通过信息化手段，实现校园资源、设施、人员等的高效管理。

❑ 提升校园安全水平：通过物联网技术，实现校园的智能监控和预警。

2. 约束和限制

❑ 必须在 2023.12.31 之前完成。

❑ 成本不能超过 5000 万元。

❑ 使用 Java 作为主要开发语言。

❑ 保证系统稳定性和数据安全性。

3. 总体架构

智慧校园系统是一个分布式、模块化的系统，主要包括以下子系统：教务管理系统、安全管理系统、设施管理系统、学生服务系统等。每个子系统都有自己的数据库和业务逻辑，通过 API 进行交互。

4. 详细设计

4.1 核心功能

1）教务管理：包括课程管理、成绩管理、考试管理等。

2）安全管理：包括设备监控、预警系统、门禁系统等。

3）设施管理：包括教室管理、宿舍管理、食堂管理等。

4）学生服务：包括学生信息管理、宿舍管理、就餐管理等。

4.2 关键设计

1）数据安全：采用加密技术，保证数据的安全性。

2）高并发：采用分布式架构，保证系统的高并发性能。

3）高可用：采用高可用设计，保证系统的稳定运行。

4.3 设计规范

1）各子系统之间通过 API 进行交互，API 采用 RESTful 风格。

2）所有数据使用 UTF-8 编码。

3）使用 MySQL 数据库存储数据。

5. 质量设计

5.1　测试：包括单元测试、集成测试、性能测试等，保证系统的稳定性和性能。

5.2　维护：提供完善的系统日志和监控，方便系统的维护。

6. 演进规划

6.1　智慧校园系统一期：完成教务管理系统和安全管理系统的开发。

6.2　智慧校园系统二期：完成设施管理系统和学生服务系统的开发。

即使我们给了详细的模板，ChatGPT 的回答依然简洁。所以 ChatGPT 可以给我们一个架构设计文档的框架，但其具体内容需要我们去挖掘和补充，如果有偏离实际部分，还要调整和修改。另外，截止到 2023 年 8 月，ChatGPT 还没有开放多模态，不能在方案中直接输出图，对于架构设计中的关键部分架构图，还需要我们自己来画。

3.3　技术方案文档

在有了架构设计后，落实到其中的模块开发，便需要更详细的技术方案文档用于说明如何开发。本节以教师共享资料库为例，让 ChatGPT 辅助写技术方案文档。

3.3.1　技术调研

针对项目需求进行技术调研，了解当前市场上已有的解决方案、技术框架和工具。分析各种技术的优缺点，为构思技术方案做准备。

我们可以让 ChatGPT 给出初步的技术方案，再来针对具体问题进行深入了解。

> ❓ **Prompt**
>
> 针对如下需求写一个后端的技术方案。
>
> 为了方便教师存储资料，以及教师之间进行资料共享，需要开发一套资料库系统，主要开发需求点如下：
>
> ❑　教师有自己的个人资料库。
>
> ❑　存在共享资料库，教师共享出去的文件／文件夹，或者被共享的文件／文件夹都会共享在资料库中。
>
> ❑　资料库中包含文件夹、图片、视频、音频及其他类型文件。
>
> ❑　文件夹可以无限嵌套。
>
> ❑　文件／文件夹创建者可以对其进行编辑、上传、下载、删除、移位、重命名操作，被共享的文件／文件夹只能进行编辑、上传、下载、重命名操作。

❑ 资料库中的文件可以关联教师课节。

❑ 教师在课节中上传的文件也会自动上传到个人资料库中。

⊛ **ChatGPT**

为了实现上述业务需求，我们可以采用以下后端技术方案：

1）选择合适的后端语言和框架：可以选择 Python、Java、PHP、Node.js 等后端语言，并配合常用的 Web 框架，如 Django、Spring Boot、Laravel、Express 等，快速搭建后端服务。

2）数据库设计：可以选择关系数据库（如 MySQL、PostgreSQL）或 NoSQL 数据库（如 MongoDB、Redis）来存储文件 / 文件夹等数据，并根据实际业务需求设计数据库表结构。

3）文件存储：可以使用云存储服务，如七牛云、阿里云 OSS 等，或者自建文件存储服务，如 FastDFS、MinIO 等，来存储用户上传的文件，并支持文件上传、下载、删除等操作。

4）接口设计：根据业务需求设计合适的接口，如创建文件 / 文件夹、上传 / 下载文件、重命名 / 移动文件等，并考虑安全性和权限控制，如只有创建者或有特定权限的用户才能编辑 / 删除文件。

5）鉴权与认证：在设计接口时，需要考虑用户身份的验证和权限管理，可采用 JWT（JSON Web Token）等方式进行认证与授权。

6）异常处理：对于可能发生的异常情况（如上传文件失败、访问不存在的文件等），需要进行合理的异常处理，以便及时通知用户并进行相应的处理。

7）性能优化：为了提高系统的性能，可以采用缓存机制、负载均衡、分布式存储等技术手段，以提高系统的并发能力和响应速度。

8）日志记录：对系统的操作、访问、异常等进行日志记录，以便进行系统的排查和优化。

以上是一个初步的技术方案，根据实际业务需求和技术实现情况，还需要进行详细的技术方案设计和实现。

不出所料，ChatGPT 给我们的是一个正确但不够细致的方案，而且有些部分给出了一堆候选方案，没有确定其中哪一种，不过已经很好了，我们自己罗列方案可能还会有遗漏。接下来我们要对上面的方案进行技术选型。

3.3.2 技术选型

技术选型要求我们对现有的技术（如编程语言和框架）进行说明，内容为所选技术的原因和优势，以及与其他技术的比较。上面 ChatGPT 的回答中已经给出业界主流的编程语言和框架，我们可以让 ChatGPT 直接给出这些语言和框架的优缺点和适用场景，这样可以节省通过搜索引擎收集这些信息的时间。

❓ Prompt

选择合适的后端语言和框架：可以选择 Python、Java、PHP、Node.js 等后端语言，并配合常用的 Web 框架，如 Django、SpringBoot、Laravel、Express 等，来快速搭建后端服务。请列个表格比较一下上面的语言和框架的优缺点，以及适用场景。

⊛ ChatGPT

以下是对 Python、Java、PHP 和 Node.js 等后端语言以及常用的 Web 框架（Django、Spring Boot、Laravel、Express）的优点、缺点和适用场景的简要比较表格：

后端语言 / 框架	优点	缺点	适用场景
Python	简洁、易读、易学	相比 Java，性能稍差	快速开发 Web 应用和原型验证
	大量的第三方库和生态系统	GIL（全局解释器锁）可能对多线程性能造成影响	数据分析、科学计算、人工智能和机器学习等领域
	Django 框架提供全功能的 Web 开发框架	部分 Python 库可能不兼容 Python 3.x	中小型 Web 应用开发
Java	广泛应用于企业级开发	语法相对烦琐，学习曲线较陡	大型企业级应用和分布式系统开发
	高性能和可伸缩性	内存消耗较大	需要高性能、稳定性和可扩展性的应用
	Spring Boot 提供快速开发和集成的能力	部署和启动速度较慢	企业级应用开发、微服务架构
PHP	简单易学，广泛应用	性能相对较低	中小型 Web 应用开发
	Laravel 框架提供优雅的语法和丰富的功能	线程管理和内存管理较弱	需要快速搭建和迭代的 Web 应用
	大量的开发者社区和资源	部分旧版代码质量不佳	传统的 LAMP（Linux, Apache, MySQL, PHP）架构下的 Web 开发、CMS（内容管理系统）和博客等应用
Node.js	基于事件驱动的非阻塞 I/O 模型	单线程处理请求，不适合 CPU 密集型任务	实时应用、聊天应用、流媒体服务、轻量级 API 服务器
	高效的前后端协同开发	某些第三方库和模块质量参差不齐	前后端分离的应用开发，特别是需要实时交互和响应的

ChatGPT 给出的回答已经相当全面，而且直接列出了表格。我们可以参考上面的对比图，结合团队实际做出合适的选择。例如我们团队对 PHP 使用得比较熟练，业务请求并发要求不高，那么便可以选择 PHP 来当作这个系统模块的开发语言。

3.3.3　系统架构

描述整体的系统架构，包括各个模块、组件、接口等，我们来看一下 ChatGPT 在这方面的回答是否符合要求。

❓ Prompt

画出上面业务背景资料库的整体技术架构图。

⑥ ChatGPT

很抱歉，作为文本 AI 模型，我无法直接提供绘制图形的功能。但是，我可以为您提供一个描述上述业务背景资料库的整体技术架构的文本描述，帮助您理解系统的组成部分和交互关系。

整体技术架构描述如下。

客户端（教师端）：教师通过客户端应用程序访问和管理资料库系统。客户端应支持文件的上传、下载、编辑、删除、移动和重命名操作。教师可以创建个人资料库，并与其他教师共享文件和文件夹。

后端服务器：后端服务器是资料库系统的核心组件，负责处理客户端请求、管理文件和文件夹，并维护系统的状态和数据。后端服务器提供一组 API，用于处理各种操作，包括用户认证、文件上传和下载、文件夹管理等。

存储系统：资料库系统需要一个持久化的存储系统来存储文件和相关的元数据信息。可以使用文件系统或对象存储服务作为存储后端，确保文件的可靠存储和快速访问。

数据库：为了管理教师的个人资料库、共享文件和文件夹的关系以及与课节的关联，可以使用关系数据库或 NoSQL 数据库来存储和管理相关数据。数据库存储教师信息、文件和文件夹的元数据、共享关系和课节信息等。

认证和授权：资料库系统需要进行教师身份认证和授权，以确保只有授权的用户才能访问和管理文件。可以使用身份验证服务（例如 OAuth）来验证教师身份，并使用访问令牌进行授权和权限管理。

课节关联：为了实现文件与教师的课节的关联，可以在数据库中存储课节信息，并通过课节标识与文件进行关联。这样，教师在课节中上传的文件也会自动上传到个人资料库中，并与相应的课节关联起来。

请注意，这只是一个简要的技术架构描述，实际的技术架构可能会更加复杂，取决于具体的系统要求和设计。如果您需要更详细和具体的技术架构图，请与您的开发团队一起讨论和设计。

ChatGPT 还不能给我们直接画图，不过我们可以根据上面的描述画出系统架构图。根据已有业务系统，我们调整了认证和授权部分，采用已有账户系统来鉴权。最终画出来的系统架构图如图 3-2 所示。

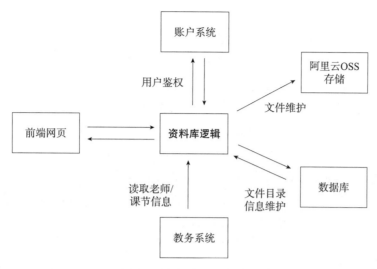

图 3-2　资料库系统架构图

在系统架构图部分，ChatGPT 可以给我们一些提示，真实的情况要我们结合已有系统将架构图画出来。当然在系统边界部分，这里要说明哪些是已有的系统，哪些是本次开发的。例如图 3-2 中的账户系统、教务系统就是已有系统、资料库知识与这两个系统通过接口通信进行用户授权和获取教师信息。

3.3.4　功能模块设计

接下来详细说明各个功能模块的设计和实现方法。我们可以先问 ChatGPT，功能模块是什么。

> **❓ Prompt**
> 在系统方案设计中，功能模块的定义是什么？怎样做功能模块的设计？
>
> **⑤ ChatGPT**
> 功能模块定义是在系统方案设计过程中，对系统所需实现的各项功能进行划分、组织和封装的过程。功能模块设计的目的是实现系统的结构化和模块化，使系统更易于理解、开发和维护。功能模块设计应遵循模块化原则，即高内聚、低耦合、清晰接口、独立性和可重用性。
>
> 以下是功能模块设计的一般步骤：
>
> 1）识别功能需求：首先明确系统需要实现的功能，这通常来源于需求分析阶段的需求文档。对需求进行归纳、整理，将相似的功能进行分类。
>
> 2）功能分解：对已识别的功能需求进行分解，将复杂的功能划分为更小的、易于实现

的子功能。

3）功能模块划分：根据功能分解的结果，将功能需求组织成模块，每个模块封装一组相关的功能。模块之间应尽可能地保持独立，以减少相互影响。

4）定义模块接口：为每个功能模块定义清晰的输入输出接口，包括数据格式、调用方式等。这有助于降低模块间的耦合度，也便于模块的重用和替换。

5）功能模块拓扑结构设计：设计模块间的调用关系和数据流向，形成一个清晰的系统结构图。确保各个模块之间的关系合理、流程清晰、责任明确。

6）功能模块评估与优化：评估功能模块的设计是否符合模块化原则，是否易于理解和实现，是否有潜在的性能瓶颈。根据评估结果对模块进行优化，以提高系统的整体质量。

7）编写模块设计文档：将功能模块的设计结果记录在文档中，包括模块的划分、接口定义、拓扑结构等。这将为后续的开发和维护提供参考。

总之，功能模块设计是一个重要的系统设计阶段，需要遵循模块化原则，通过对功能需求的分解、划分和组织，形成清晰的系统结构，以便于开发和维护。

ChatGPT 对功能模块的定义很清晰，对功能模块设计遵循的原则也明确表述：高内聚、低耦合、清晰接口、独立性和可重用性。

当前这个资料库逻辑不算复杂，按照 ChatGPT 给的功能模块定义和设计思路，我们可以将资料库逻辑、阿里云存储和数据库封装成一个单独的功能模块。对前端网页提供接口访问，屏蔽内部逻辑和实现。另外，这个功能模块需要访问外部账户系统和教务系统。

3.3.5　数据库设计

数据库设计描述数据库的表结构、索引、存储过程等。我们可以直接让 ChatGPT 给出一个初始的表设计。

❓ **Prompt**
给出上述资料库方案的数据库设计。

✳ **ChatGPT**
根据系统架构图和业务需求，可以设计以下数据库表：

users 表

列名	数据类型	约束条件	描述
id	int(11)	PRIMARY KEY, AUTO_INCREMENT	用户 ID
name	varchar(255)	NOT NULL	用户名
email	varchar(255)	NOT NULL, UNIQUE	用户邮箱

（续）

列名	数据类型	约束条件	描述
password	varchar(255)	NOT NULL	用户密码
avatar	varchar(255)	NULL	用户头像
created_at	datetime	NOT NULL	用户创建时间
updated_at	datetime	NOT NULL	用户更新时间

folders 表

列名	数据类型	约束条件	描述
id	int(11)	PRIMARY KEY, AUTO_INCREMENT	文件夹 ID
name	varchar(255)	NOT NULL	文件夹名称
parent_id	int(11)	NULL	父文件夹 ID
user_id	int(11)	NOT NULL	创建者用户 ID
is_shared	tinyint(1)	NOT NULL, DEFAULT 0	是否被共享
created_at	datetime	NOT NULL	文件夹创建时间
updated_at	datetime	NOT NULL	文件夹更新时间

files 表

列名	数据类型	约束条件	描述
id	int(11)	PRIMARY KEY, AUTO_INCREMENT	文件 ID
name	varchar(255)	NOT NULL	文件名称
path	varchar(255)	NOT NULL	文件路径
type	varchar(255)	NOT NULL	文件类型
size	int(11)	NOT NULL	文件大小
user_id	int(11)	NOT NULL	创建者用户 ID
folder_id	int(11)	NOT NULL	所属文件夹 ID
is_shared	tinyint(1)	NOT NULL, DEFAULT 0	是否被共享
created_at	datetime	NOT NULL	文件创建时间
updated_at	datetime	NOT NULL	文件更新时间

folder_share 表

列名	数据类型	约束条件	描述
id	int(11)	PRIMARY KEY, AUTO_INCREMENT	共享 ID
folder_id	int(11)	NOT NULL	文件夹 ID
user_id	int(11)	NOT NULL	共享用户 ID
created_at	datetime	NOT NULL	共享创建时间
updated_at	datetime	NOT NULL	共享更新时间

file_share 表

列名	数据类型	约束条件	描述
id	int(11)	PRIMARY KEY, AUTO_INCREMENT	共享 ID
file_id	int(11)	NOT NULL	文件 ID
user_id	int(11)	NOT NULL	共享用户 ID
created_at	datetime	NOT NULL	共享创建时间
updated_at	datetime	NOT NULL	共享更新时间

lessons 表

列名	数据类型	约束条件	描述
id	int(11)	PRIMARY KEY, AUTO_INCREMENT	课节 ID
name	varchar(255)	NOT NULL	课节名称
user_id	int(11)	NOT NULL	创建者用户 ID
created_at	datetime	NOT NULL	课节创建时间
updated_at	datetime	NOT NULL	课节更新时间

lesson_files 表

列名	数据类型	约束条件	描述
id	int(11)	PRIMARY KEY, AUTO_INCREMENT	课件 ID
lesson_id	int(11)	NOT NULL	课节 ID
file_id	int(11)	NOT NULL	文件 ID
created_at	datetime	NOT NULL	课件创建时间
updated_at	datetime	NOT NULL	课件更新时间

上述表格描述了系统中涉及的用户、文件夹、文件、共享、课节和课件等表格的结构，表格之间通过外键建立关联。

ChatGPT 在数据库表设计部分还是非常高效的，可能因为这部分是结构化的，容易给出标准答案。

3.3.6　接口设计

作为一个前后端分离的系统，自然少不了接口，接口设计部分包含详细说明各个接口的功能、输入输出参数、调用方式等。在接口设计中，ChatGPT 的表现不俗。只要提示到位，它就可以批量给我们答案。

❓ **Prompt**

接口设计部分写得详细一点，包括接口名、请求参数、返回参数，其中 code=0 代表成功，其他代表失败，给出接口请求和返回示例。

🔵 **ChatGPT**

登录接口（login）

请求参数：

参数名	类型	说明
username	字符串	用户名
password	字符串	密码

返回参数：

参数名	类型	说明
code	整型	状态码（0 代表成功，其他代表失败）
msg	字符串	错误信息（成功时为空）
data	对象	成功时返回用户信息（包括 id、用户名等，用于前端保存用户状态）

请求示例：

```
{
  "username":"teacher1",
  "password":"123456"
}
```

返回示例：

```
{
  "code":0,
  "msg":"",
  "data":{
    "id":1,
    "username":"teacher1"
  }
}
```

创建文件夹接口（createFolder）

请求参数：

参数名	类型	说明
user_id	整型	用户 id
parent_id	整型	父文件夹 id
name	字符串	文件夹名称

返回参数：

参数名	类型	说明
code	整型	状态码（0 代表成功，其他代表失败）
msg	字符串	错误信息（成功时为空）
data	对象	成功时返回新建的文件夹信息

请求示例：

```
{
  "user_id":1,
  "folder_id":1,
  "file":"example.jpg"
}
```

返回示例：

```
{
  "code":0,
  "msg":"",
  "data":{
    "id":1,
    "user_id":1,
    "folder_id":1,
    "name":"example.jpg",
    "type":"图片",
    "path":"/uploads/example.jpg",
    "created_at":"2022-01-01 00:00:00",
    "updated_at":"2022-01-01 00:00:00"
  }
}
/***部分输出内容省略***/
```

ChatGPT 回答中罗列了大部分接口，因篇幅关系，文中只列出两个接口。对于缺少的接口，我们可以再提示 ChatGPT 让它补充完整。

3.3.7 安全策略

ChatGPT 学习了大量的数据资料，关于安全策略方面，如加密、权限控制等，我们也可以让 ChatGPT 给出参考意见。

❓ **Prompt**
给出上述系统方案中的安全策略。

🤖 **ChatGPT**
在上述系统方案中，可以采用以下安全策略来保护数据和用户信息：
1. 数据库安全
☐ 使用复杂的数据库用户名和密码，定期更换密码。
☐ 数据库设置只允许特定 IP 地址访问，限制不必要的远程访问。
☐ 定期备份数据库，以防数据丢失。
☐ 对敏感数据进行加密存储，如用户密码。

2. 身份验证与授权

❑　用户登录时采用 JWT（JSON Web Token）进行身份验证，确保接口访问安全。

❑　对用户的请求进行权限验证，确保用户只能访问和操作自己的数据。

❑　对接口进行访问频率限制，防止恶意请求。

3. 文件上传与下载安全

❑　对上传的文件类型进行检查，限制可上传的文件类型，防止恶意文件上传。

❑　使用唯一的文件名和路径存储文件，防止文件被覆盖。

❑　对下载的文件进行权限验证，确保只有授权用户可以下载文件。

4. 代码安全

❑　对用户输入的数据进行过滤和验证，防止 SQL 注入、XSS 攻击等安全风险。

❑　使用最新的 PHP 版本和 Lumen 框架，及时修复已知的安全漏洞。

❑　对开发人员进行安全培训，提高代码安全意识。

5. 服务器安全

❑　定期更新操作系统和软件，修复安全漏洞。

❑　使用防火墙和 IPS/IDS，防止网络攻击。

❑　使用 HTTPS 协议传输数据，确保数据在传输过程中的安全性。

❑　对服务器进行定期安全扫描，检查并修复安全漏洞。

通过以上安全策略，可以有效提高系统的安全性，保护用户数据和信息。

这部分参考价值很高，可以帮助我们梳理安全和补充方案中的遗漏。

3.3.8　部署方案

一个系统开发完成后，必须要部署到线上才能被用户访问，那么必须先了解部署的原材料是什么（项目中的代码、配置文件、多媒体资源等）、部署到哪里（服务器环境）、怎么部署（把项目中的原材料传输到目标位置的过程描述，即操作步骤），并描述系统的部署环境、硬件要求等。

❓ **Prompt**

上述系统设计方案中，如何部署到生产环境？

◎ **ChatGPT**

在将上述系统部署到生产环境时，需要考虑以下几点：

（1）硬件配置与环境准备

选择合适的服务器硬件配置，包括 CPU、内存、硬盘等。可以选择云服务器（如阿里云、腾讯云、AWS 等）或自建服务器。

（2）系统环境搭建

根据项目需求，安装合适的操作系统（如 Ubuntu、CentOS 等）。安装并配置所需的软件，如：

❑ 安装 Web 服务器（如 Nginx 或 Apache）。

❑ 安装 PHP 运行环境，并安装必要的 PHP 扩展。

❑ 安装 MySQL 数据库。

❑ 安装 Git，用于代码版本控制。

（3）代码部署

使用 Git 将代码从代码仓库拉取到服务器上。配置 Web 服务器的虚拟主机，将域名指向项目的入口文件（如 Lumen 框架的 public/index.php）。

（4）数据库部署

将开发环境的数据库结构导出，导入到生产环境的数据库中。修改项目配置文件，将数据库连接信息配置为生产环境的数据库连接信息。

（5）配置 HTTPS

为了确保数据传输的安全性，需要为网站配置 HTTPS。在证书颁发机构（如 Let's Encrypt、腾讯云等）申请 SSL 证书，将证书安装到服务器上，并配置 Web 服务器启用 HTTPS。

（6）性能优化

对项目进行性能优化，如开启 PHP 的 opcode 缓存、配置 MySQL 数据库性能参数等。同时，可以使用 CDN 加速静态资源的访问速度。

（7）监控与备份

配置服务器监控工具，监控服务器的运行状态，如 CPU 使用率、内存使用率、磁盘使用率等。同时，定期备份数据库和代码，以防数据丢失。

（8）测试与上线

在生产环境中对项目进行全面测试，确保所有功能正常运行。测试通过后，可以将项目正式上线。

通过以上步骤，可以将上述系统部署到生产环境中。在部署过程中，需要根据实际情况调整配置参数，确保系统的稳定性和可用性。

3.3.9 维护和升级

系统上线后，随着用户使用和运行环境的变化会暴露出功能不适、运行不畅等问题，需要持续的维护和升级。那么技术方案文档中就要包含这一环节，说明系统的维护和升级计划。

❓ Prompt

如何升级和维护此系统？

⑤ ChatGPT

对于上述系统设计方案的维护和升级，可以遵循以下步骤：

（1）代码维护

❑ 使用 Git 进行版本控制，确保代码的可追溯性和可回滚性。

❑ 对代码进行定期审查，优化代码结构，消除潜在的安全隐患和性能瓶颈。

❑ 修复用户反馈的问题和 bug。

（2）功能升级

❑ 根据用户需求和市场变化，规划新的功能需求。

❑ 将新功能需求划分为多个模块，分阶段实施。

❑ 使用敏捷开发方法，快速迭代新功能，并及时与用户沟通，收集反馈。

（3）系统环境维护

❑ 定期更新操作系统和软件，修复安全漏洞。

❑ 监控服务器性能，根据实际情况调整硬件配置和系统参数。

❑ 使用日志分析工具，分析系统运行日志，发现并解决潜在问题。

（4）数据库维护

❑ 定期对数据库进行优化，如清理冗余数据、调整索引等。

❑ 根据数据库性能，调整数据库配置参数。

❑ 定期备份数据库，以防数据丢失。

（5）安全维护

❑ 关注安全漏洞的最新动态，及时修复已知的安全漏洞。

❑ 对用户输入的数据进行严格的验证和过滤，防止 SQL 注入、XSS 攻击等安全风险。

❑ 定期进行安全扫描和渗透测试，发现并修复潜在的安全风险。

（6）升级策略

❑ 在开发环境中进行新功能的开发和测试，确保新功能的稳定性。

❑ 将新功能合并到主分支前，进行全面的回归测试，确保不影响现有功能。

❑ 在生产环境中进行灰度发布，先将新功能推送给部分用户，观察新功能的稳定性和用户反馈。如果没有问题，再逐步推送给所有用户。

通过以上维护和升级策略，可以确保系统的稳定性、安全性和可扩展性。同时，可以快速响应用户需求和市场变化，持续提升系统的价值。

　　由上述回答可以看到，ChatGPT 给出的维护和升级也只是给出了通用的框架，我们需要结合实际把 Git 代码仓库名称和地址、配置文件路径和数据库实例等详情信息补充到维护和升级中。

3.3.10 文档撰写

我们通过 ChatGPT 的帮助，得到了我们要的大部分材料，最后，按照本章目录将每一部分组织和连贯起来，便可以得到一个比较完整和专业的系统设计方案。当然，我们也可以问一下 ChatGPT 的建议。

❓ **Prompt**

如何对上述系统设计方案进行撰写？

⑨ **ChatGPT**

要对上述系统设计方案进行撰写，可以将其划分为以下几个部分：

引言

在引言部分，简要介绍项目的背景、目的、范围和相关术语。说明本文档的目标受众，如开发人员、测试人员、项目经理等。

系统概述

在系统概述部分，描述系统的主要功能、目标用户和使用场景。可以使用列表、表格或图形的方式展示系统的功能模块。

技术选型

在技术选型部分，详细说明所采用的技术栈，如编程语言（PHP）、框架（Lumen）、数据库（MySQL）等。解释为什么选择这些技术，以及它们在项目中的作用。

数据库设计

在数据库设计部分，详细描述数据库表结构，包括表名、字段名、字段类型、字段说明等。可以使用表格的形式展示数据库表结构。

接口设计

在接口设计部分，详细描述系统的接口，包括接口名、请求参数、返回参数等。可以使用表格的形式展示接口信息，同时给出请求和返回示例。

安全策略

在安全策略部分，描述系统如何保护数据和用户信息。包括数据库安全、身份验证与授权、文件上传与下载安全、代码安全和服务器安全等方面。

部署与维护

在部署与维护部分，描述如何将系统部署到生产环境，以及如何进行维护和升级。包括硬件配置与环境准备、系统环境搭建、代码部署、数据库部署、配置 HTTPS、性能优化、监控与备份、测试与上线等方面。

结论

在结论部分，总结文档的主要内容，强调系统的优势和特点。同时，可以提出对未来系统发展的展望和建议。

附录

在附录部分，可以提供一些补充材料，如系统的原型图、数据库 ER 图、接口调用示例等。

通过以上结构，可以将上述系统设计方案进行详细的撰写。在撰写过程中，要保持条理清晰、逻辑严密，确保文档的可读性和可理解性。同时，要注意使用专业术语，保持语言准确、简洁。

由 ChatGPT 的回答可以看出，完整的技术方案文档的确是需要我们人工串联起来。毕竟 ChatGPT 目前还不擅长处理一个相对宏大的问题，问题越具体，它给出的答案越准确。

3.4　技术标准文档

在有了架构方案和技术方案后，为了让团队按照统一的格式和语言实现系统，我们还要制定相应的技术标准文档。例如，针对上面智慧校园系统的开发，可以让 ChatGPT 帮我们生成技术标准文档。

❓ **Prompt**

请继续以智慧校园系统设计为例，参考上面的架构设计文档和技术方案文档，输出一份技术标准文档。

⑥ **ChatGPT**

《智慧校园系统技术标准文档》

1. 引言

本技术标准文档旨在为 K12 学校的智慧校园系统设计提供指导和规范，确保系统的可靠性、安全性、稳定性和可维护性。文档内容包括编码规范、数据库设计规范、接口规范、安全规范和测试规范等方面。

2. 编码规范

2.1　命名规范

（1）变量命名：采用小驼峰命名法，首字母小写，后续单词首字母大写。

（2）函数命名：采用小驼峰命名法，动词开头，表示函数执行的操作。

（3）类命名：采用大驼峰命名法，首字母大写，表示类的名称。

（4）常量命名：采用全大写字母，单词间用下划线分隔。

2.2 代码风格

（1）代码缩进：采用 4 个空格作为缩进标准。

（2）注释规范：对于关键代码、复杂逻辑、重要功能，应添加详细的注释说明。

（3）代码简洁：避免使用冗长的代码，尽量保持代码简洁、易读。

3. 数据库设计规范

3.1 表设计规范

（1）表命名：采用小写字母，单词间用下划线分隔。

（2）主键设计：主键字段名为"id"，采用自增长整型。

（3）外键设计：外键字段名应以"_id"结尾，表示关联的表和字段。

3.2 索引设计规范

（1）为常用的查询字段创建索引，提高查询效率。

（2）避免创建过多的索引，以免影响数据的插入、更新、删除性能。

4. 接口规范

4.1 RESTfulAPI 设计规范

（1）采用 HTTP，支持 GET、POST、PUT、DELETE 等常用请求方法。

（2）URL 路径应采用小写字母，单词间用下划线分隔。

（3）返回数据格式统一为 JSON，便于前后端数据交互。

4.2 接口文档规范

（1）提供详细的接口文档，包括接口名称、请求方法、请求参数、返回数据等信息。

（2）使用 Swagger 等工具生成在线接口文档，方便开发和测试人员查阅。

5. 安全规范

（1）用户身份认证：采用 OAuth 2.0、JWT 等身份认证技术，保证用户的身份安全。

（2）数据加密：对敏感数据进行加密处理，保证数据的安全性。

（3）防止 SQL 注入：对用户输入的数据进行过滤和检查，防止 SQL 注入攻击。

（4）防止 XSS 攻击：对用户提交的内容进行安全过滤，防止 XSS 攻击。

（5）访问控制：实现基于角色的访问控制，确保用户访问的合法性。

6. 测试规范

（1）单元测试：对关键功能、重要逻辑进行单元测试，确保代码质量。

（2）集成测试：对系统各模块进行集成测试，确保模块间的协同工作正常。

（3）性能测试：对系统进行性能测试，确保系统在高并发、大流量情况下的稳定性。

（4）安全测试：对系统进行安全测试，确保系统的安全性。

总结：本技术标准文档为智慧校园系统设计提供了编码规范、数据库设计规范、接口规范、安全规范和测试规范等方面的指导和规范，旨在为 K12 学校提供一套可靠、高效、安全的智慧校园系统。

这部分生成的文档完成度为 90%，再针对实际情况做些小调整即可。

3.5　总结

总的来说，在我们描述好需求和功能点后，ChatGPT 可以给我们输出一个系统架构设计方案的框架。我们针对其中每一部分进行更具体和更深入的询问，得到我们想要的答案内容。不过，ChatGPT 给出的内容基本上都要修改，才能更贴合我们的实际系统。

关于启发，ChatGPT 给了一个相对完善的框架，我们照着框架去撰写系统设计方案就不会遗漏内容。关于效率提升方案，ChatGPT 给出了 70% 的内容，我们只要在其上做修改和组织，节省了从头开始编写文档的时间。

相信随着 AIGC 越来越成熟，系统设计方案更加准确，以前至少花半天撰写的系统设计方案，在 AIGC 的加持下，1h 左右就可以完成。

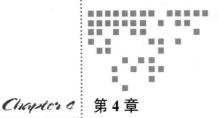

AI 辅助客户端编程

在当今这个高度数字化的世界里，人工智能（AI）已经成为一个非常热门的话题。许多公司和开发者都将 AI 技术引入他们的产品和项目中，以提高工作效率，提升用户体验，并在竞争中脱颖而出。客户端编程作为软件开发的一个重要领域，与 AI 的结合也日益紧密。本章将探讨如何利用 AI 技术提高客户端编程的效率，同时在这个充满无限可能的领域大展拳脚。

4.1 AI 辅助 Android 应用开发

要充分发挥 ChatGPT 的能力，有一个关键点：需要运用编程行业的相关术语，以准确且客观的形式提问。收到回答后，你也应判断回答的相关度和适用性，这对于我们修正和提升问题的提出方法大有裨益。如果首次获取的输出结果未能达到预期或解决问题，那么在下一次询问时，建议你尝试新的方式来重新阐述问题或需求。

4.1.1 提问非常关键

与搜索引擎输入关键词相比，与 ChatGPT 的交谈更接近人类的日常对话。为了得到更优质的回答，你需要保证问题的具体性，尽量避免提出主观、含糊或过于笼统的问题。

比如，假设你提问"如何在 Android 应用中创建注册界面"，你可能会收到如何开启 Android 项目和建立 XML 组件的回答，这样的答案仍然是模糊且宽泛的。

❓ Prompt

如何在 Android 应用中创建注册界面?

⊚ ChatGPT

在 Android 应用中,创建注册界面涉及布局设计、用户输入处理和数据验证等步骤。下面是一个简要的步骤指南,帮助你创建一个基本的注册界面。

1)设计界面布局:使用 XML 文件来设计你的注册界面布局。你可以使用 Android 的布局组件(如 LinearLayout、RelativeLayout 或 ConstraintLayout)来构建界面元素的层次结构。在 XML 文件中定义界面元素的位置、大小、样式等。

2)添加输入字段:在布局中添加必要的输入字段,例如用户名、电子邮件、密码等。你可以使用 EditText 组件来接收用户的输入。

3)添加按钮:添加一个"注册"按钮,让用户点击以提交注册信息。

4)处理用户输入:在你的 Activity 或 Fragment 类中,通过 findViewById 方法找到界面元素,然后设置事件监听器,以便在用户与输入字段和按钮交互时执行相应的操作。

5)数据验证:在用户单击"注册"按钮时,获取输入字段中的数据。进行数据验证,例如检查用户名是否已经存在、密码是否符合要求等。如果数据验证不通过,显示错误消息。如果数据验证通过,可以将数据传递给服务器或存储在本地。

6)处理注册逻辑:如果数据验证通过,你可以将用户的注册信息发送到服务器进行注册处理,或者在本地存储中保存这些信息。

7)添加反馈和错误处理:提供适当的反馈给用户,让他们知道注册是否成功。如果出现错误,例如网络问题或服务器错误,显示相应的错误信息。

8)美化界面:使用适当的颜色、字体和图标等来美化界面,使其看起来更加吸引人和友好。

9)考虑安全性:在设计注册界面时,确保用户的敏感信息(如密码)以安全的方式传输和存储。使用加密技术来保护用户数据。

10)测试:在不同的设备和屏幕尺寸上测试你的注册界面,确保它在各种情况下都能正常工作。

这只是一个基本的指南,实际开发中可能还需要考虑更多细节和复杂性。你可以查阅 Android 官方文档或其他教程资源,以获取更详细的信息和示例代码。

因此,为了得到你期望的答案,需要提出更详尽且具体的问题。无须担忧问题过于复杂,因为信息越丰富,ChatGPT 给出的答案就越精准。

在接下来的例子中,我会添加技术性的细节来得到我希望的特定回答。

❓ Prompt

在注册屏幕上提供 Jetpack Compose 代码,其中包含三个字段:名、姓和地址。我还想要两个按钮：清除和提交。

🌀 **ChatGPT**

当使用 Jetpack Compose 进行 Android 界面开发时，界面的构建方式与传统的 XML 布局方式有所不同。以下是一个简单的示例代码，展示了如何在注册屏幕上使用 Jetpack Compose 创建名、姓、地址字段以及清除和提交按钮：

```
import androidx.compose.foundation.layout.*
import androidx.compose.material.*
import androidx.compose.runtime.*
import androidx.compose.ui.Alignment
import androidx.compose.ui.Modifier
import androidx.compose.ui.text.input.TextFieldValue
import androidx.compose.ui.unit.dp
@Composable
fun RegistrationScreen() {
 var firstName by remember { mutableStateOf(TextFieldValue()) }
 var lastName by remember { mutableStateOf(TextFieldValue()) }
 var address by remember { mutableStateOf(TextFieldValue()) }
    Column(
        modifier = Modifier
            .fillMaxSize()
            .padding(16.dp),
        horizontalAlignment = Alignment.CenterHorizontally,
        verticalArrangement = Arrangement.spacedBy(16.dp)
    ) {
        OutlinedTextField(
            value = firstName,
            onValueChange = { firstName = it },
            label = { Text("First Name") },
            modifier = Modifier.fillMaxWidth()
        )
        OutlinedTextField(
            value = lastName,
            onValueChange = { lastName = it },
            label = { Text("Last Name") },
            modifier = Modifier.fillMaxWidth()
        )
        OutlinedTextField(
            value = address,
            onValueChange = { address = it },
            label = { Text("Address") },
            modifier = Modifier.fillMaxWidth()
        )
        Row(
            modifier = Modifier.fillMaxWidth(),
            horizontalArrangement = Arrangement.SpaceBetween
        ) {
            Button(
                onClick = {
```

```
                        firstName = TextFieldValue("")
                        lastName = TextFieldValue("")
                        address = TextFieldValue("")
                    }
                ) {
                    Text("Clear")
                }
                Button(
                    onClick = {
                        // 这里执行注册逻辑
                    }
                ) {
                    Text("Submit")
                }
            }
        }
    }
}
```

请注意，上述代码只是一个基本示例，你需要根据自己的需求进行适当的修改和扩展。你可以将这个 RegistrationScreen 函数放入你的 Composable 树中，例如在一个 setContent 调用中。另外，要执行真正的提交逻辑，你需要在"提交"按钮的点击处理函数中添加相应的代码。

你会发现，ChatGPT 按照问题的需求提供了可以直接在 Android 上使用的 Jetpack Compose 技术代码。

既然我们已经学会如何有效地提问，那么下一个挑战就是理解和评估得到的答案了。

4.1.2　评估回答是否有用

ChatGPT 的回答并不总是准确无误的，这是因为它基于一种生成式模型，其构建过程依赖于大型预训练模型。这种模型根据输入文本的理解和对大量训练数据的统计模式进行学习，从而形成回答。然而，在训练过程中，所使用的互联网文本数据可能包含错误、偏见乃至不准确的信息，这些都可能对 ChatGPT 产生不良影响，导致生成不准确或有偏见的答案。

为了获得更加准确的回答，使用 ChatGPT 时，我们需要充分考虑上下文信息。将输入的问题和相关背景知识进行整合，有助于提高回答的准确性。此外，用户还应注意评估 ChatGPT 的回答是否符合实际情况和逻辑，以防止被误导。

4.1.3　运用上下文信息

倘若 ChatGPT 未能正确或全面地回答你的问题，你可以提供更多关于期待答案的详细信息，并重新提问。由于 ChatGPT 具备保留问题间上下文的能力，它能够理解你正在讨论的内容并做出更为贴切的回答。通过提供更具体的信息、关键词或问题背景，你可以引导

ChatGPT 更好地理解你的需求，从而得到更为准确和全面的答案。

例如，指示 ChatGPT 重写上述代码：将变量 firstName 更改为 completeName。

可以看到，它确实仅更改了 firstName 的部分，其他代码与之前一致。

❓ **Prompt**

将变量 firstName 的名称更改为 completeName。

⊛ **ChatGPT**

当然，你可以将变量名 firstName 更改为 completeName。以下是更新后的示例代码：

```
import androidx.compose.foundation.layout.*
import androidx.compose.material.*
import androidx.compose.runtime.*
import androidx.compose.ui.Alignment
import androidx.compose.ui.Modifier
import androidx.compose.ui.text.input.TextFieldValue
import androidx.compose.ui.unit.dp
@Composable
fun RegistrationScreen() {
//已经修改为completeName
varcompleteName by remember { mutableStateOf(TextFieldValue()) }
var lastName by remember { mutableStateOf(TextFieldValue()) }
var address by remember { mutableStateOf(TextFieldValue()) }
    Column(
        modifier = Modifier
            .fillMaxSize()
            .padding(16.dp),
        horizontalAlignment = Alignment.CenterHorizontally,
        verticalArrangement = Arrangement.spacedBy(16.dp)
    ) {
        OutlinedTextField(
            value = completeName,
            onValueChange = { completeName = it },
            label = { Text("Complete Name") },
            modifier = Modifier.fillMaxWidth()
        )
        OutlinedTextField(
            value = lastName,
            onValueChange = { lastName = it },
            label = { Text("Last Name") },
            modifier = Modifier.fillMaxWidth()
        )
        OutlinedTextField(
            value = address,
            onValueChange = { address = it },
            label = { Text("Address") },
            modifier = Modifier.fillMaxWidth()
        )
        Row(
```

```
            modifier = Modifier.fillMaxWidth(),
            horizontalArrangement = Arrangement.SpaceBetween
    ) {
        Button(
            onClick = {
                completeName = TextFieldValue("")
                lastName = TextFieldValue("")
                address = TextFieldValue("")
            }
        ) {
            Text("Clear")
        }
        Button(
            onClick = {
                // 这里执行注册逻辑
            }
        ) {
            Text("Submit")
        }
    }
  }
}
```

4.1.4　代码生成

如前所述，ChatGPT 是一款多功能工具，它可以在许多领域中为你解决问题，包括软件开发者关注的代码生成问题。

虽然它无法为你创建完整的软件架构或应用程序的所有代码，但通过将复杂数字问题拆分成更小、更具体的问题，可以更有效地利用 ChatGPT 为你提供实质性的帮助。

将问题细化后，ChatGPT 能够更好地理解你的需求，并针对性地提供代码示例、解决方案或技术建议。在这个过程中，你可能会发现一些新的编程技巧，提高自己的技能水平，同时也可以借助 ChatGPT 节省时间、提高工作效率。

❓ **Prompt**

给我一个 Kotlin 中的函数，从输入中删除所有 "<b>" 和 "</b>"。

🌀 **ChatGPT**

当你想从一个字符串中删除所有的 <b> 和 </b> 标签时，你可以使用 Kotlin 中的 replace 函数。以下是一个示例函数，用于从输入字符串中删除所有这些标签：

```
fun removeBoldTags(input: String): String {
    return input.replace("<b>", "").replace("</b>", "")
}
```

你可以将需要处理的字符串作为参数传递给这个函数，它会返回一个新的字符串，其中

所有的 <b> 和 </b> 标签都被移除了。

```
val input = "This is a <b>bold</b> and <b>another bold</b> example."
val result = removeBoldTags(input)
println(result)
```

这将输出：

```
This is a bold and another bold example.
```

ChatGPT 不仅能提供代码，还能解释代码为何能正常运行，这有助于你更好地理解代码的逻辑。你需要仔细评估这些答案，如果需要，你可以继续进行修改或优化。

❓ **Prompt**

让它成为一个扩展函数。

⬡ **ChatGPT**

当将功能封装为扩展函数时，你可以通过以下方式实现：

```
fun String.removeBoldTags(): String {
    return this.replace("<b>", "").replace("</b>", "")
}
```

使用这个扩展函数的方法与之前类似，但现在你可以通过直接在字符串上调用它来执行：

```
val input = "This is a <b>bold</b> and <b>another bold</b> example."
val result = input.removeBoldTags()
println(result)
```

这个扩展函数在一个字符串上调用，然后返回一个新的字符串，其中所有的 <b> 和 </b> 标签都被移除了。

4.1.5 修改 Bug

在编程过程中，你可以将一段代码提交给 ChatGPT，询问是否存在任何错误或 Bug。这样，ChatGPT 可以对代码质量进行评估，并为你提供有关潜在问题的反馈。这种交互可以帮助你在早期发现并解决问题。

ChatGPT 的反馈可能包括多种形式，如代码修改建议、提升代码效率的方法以及防止常见错误的技巧。例如，它可以为你指出变量命名不规范、函数定义不清晰或缺少必要注释等问题，有助于提高代码的可读性和可维护性。ChatGPT 还可以针对算法性能和资源利用提供建议，协助你优化代码，提高运行速度和内存占用。

❓ **Prompt**

检查是否在以下代码中看到任何可能的问题：

```
input.removeBoldTags(): String (返回这个！！.replace("< b >")取代("< / b > ",""))
```

🔵 ChatGPT

我注意到你在代码中使用了 "！！"，这可能是一个错误。实际上，在代码中应该是 input. removeBoldTags() 而不是 input.removeBoldTags(): String，因为函数返回类型不需要在函数调用时指定。

以下是修正后的代码：

```
fun String.removeBoldTags(): String {
    return this.replace("<b>", "").replace("</b>", "")
}
fun main() {
    val input = "This is a <b>bold</b> and <b>another bold</b> example."
    val result = input.removeBoldTags()
    println(result)
}
```

这样，代码将按预期工作并移除字符串中的 <b> 和 </b> 标签。

如果提供的代码确实需要优化，那么 ChatGPT 会向你解释可能出现的问题以及建议的解决方案。

4.1.6 单元测试

当然，你也可以在复制代码后问 ChatGPT 是否可以生成单元测试来验证这个函数的功能。ChatGPT 会引导你完成单元测试的最佳实践，并对如何重构代码提出建议，以便更容易地进行测试。

❓ Prompt

你能对上面的代码做一个单元测试吗？

🔵 ChatGPT

当进行单元测试时，你可以使用测试框架（例如 JUnit）来编写测试用例，然后运行这些测试用例以验证函数的行为。由于这里是一个简单的函数，我将为你提供一个示例测试代码，但要注意这个示例仅用于示范说明，实际情况下可能需要更详细的测试。

假设你使用的是 JUnit 4，以下是一个基本的单元测试示例：

```
import org.junit.Assert.assertEquals
import org. junit.Test
class StringUtilTest {
    @Test
    fun testRemoveBoldTags() {
        val input = "This is a <b>bold</b> and <b>another bold</b> example."
        val expectedOutput = "This is a bold and another bold example."
        val actualOutput = input.removeBoldTags()
        assertEquals(expectedOutput, actualOutput)
    }
}
```

上面的代码中，我们使用了 JUnit 的 @Test 注解来标记一个测试方法。在这个方法中，我们提供了一个输入字符串 input，预期的输出字符串 expectedOutput，然后调用 removeBoldTags() 函数来获取实际输出，并使用 assertEquals 函数来比较预期输出和实际输出是否相等。

请注意，为了使上面的测试代码能够正常运行，你需要将 JUnit 4 添加到你的项目依赖中。

这只是一个简单的测试示例，实际项目中可能需要更多的测试用例来涵盖更多的情况。在测试中需考虑不同的输入情况和边界条件，以确保函数的正确性。

4.1.7 生成文档说明

ChatGPT 能够自动生成代码注释和文档，为开发人员提供代码块的描述、参数、函数定义、返回值等信息，同时生成接口文档、类文档和模块文档。这种方式能够模拟使用场景，阐明不同模块的功能和交互方式，从而降低开发人员的工作负担，提升编码效率和代码品质。如下所示，我们可以指定代码的语言和规则。

❓ Prompt
请在上面的扩展函数中添加 Javadoc。

⑥ ChatGPT
当你创建扩展函数时，你可以添加 KDoc（Kotlin 的文档注释）来描述函数的功能、参数、返回值以及示例用法。这样其他开发者在使用这个函数时就能更好地理解它的用途和行为。

以下是为上面的 removeBoldTags 扩展函数添加 KDoc 注释的示例：

```
/**
 * Removes all <b> and </b> tags from this string.
 *
 * @return A new string with <b> and </b> tags removed.
 */
fun String.removeBoldTags(): String {
    return this.replace("<b>", "").replace("</b>", "")
}
```

在这个 KDoc 注释中，我们使用了 /** ... */ 来标识文档注释的开始和结束。注释中的 @return 标签描述了函数的返回值。你可以在注释中添加更多详细信息，例如参数的说明、用法示例等，以帮助其他开发者更好地理解你的代码。

4.1.8 解释代码逻辑

从前面的章节中，我们了解到 ChatGPT 在生成代码的同时也会进行解释。因此，你也可以直接让它解释某段代码，帮助你理解其逻辑。

❓ Prompt

你能解释一下下面的代码是做什么的吗？

```
fun String. removeboldTags():String (return thisreplace("<b>")replace("</b>", "")}
```

⑤ ChatGPT

当分解这段代码时，可以看出它是一个在 Kotlin 中创建的扩展函数。让我逐步来解释它：

```
fun String.removeBoldTags(): String {
    return this.replace("<b>", "").replace("</b>", "")
}
```

fun String.removeBoldTags(): String：这是一个扩展函数的定义。它是对 String 类型的扩展，因此它可以在任何字符串上调用。函数的名称是 removeBoldTags。: String 部分表示函数的返回类型是 String。

{} 中的代码块是函数体。在这个函数体中，我们使用了两次 replace 函数来移除字符串中的 <b> 和 </b> 标签。

this.replace("<b>", "")：this 关键字在扩展函数中表示被扩展的对象，这里指的是调用这个函数的字符串对象。replace("<b>", "") 的作用是将字符串中的 <b> 替换为空字符串，从而移除 <b> 标签。

replace("</b>", "")：同样的，这一步将字符串中的 </b> 替换为空字符串，移除 </b> 标签。整个函数返回一个新的字符串，其中所有的 <b> 和 </b> 标签都被移除了。

总而言之，这个扩展函数的作用是将一个字符串中的 <b> 和 </b> 标签移除，返回一个不含这些标签的新字符串。

4.1.9　解释概念

无论是概念类、架构类、工具类，还是日常工作中可能遇到的问题，ChatGPT 都可以帮你解答，你可以毫无顾忌地提问。

例如，我们让它解释在 Android 平台上 Activity 和 Fragment 的区别。

❓ Prompt

你能解释一下 Android 平台上 Activity 和 Fragment 的区别吗？

⑤ ChatGPT

当在 Android 应用程序中构建用户界面时，你可以使用 Activity 和 Fragment。它们都是 Android 框架中的组件，用于展示用户界面，但有一些重要的区别。

Activity：

1. 独立性：Activity 是 Android 应用程序的基本组件，代表了一个用户界面窗口。每个应用通常都包含多个 Activity，每个 Activity 都是独立的、独特的用户界面。

2. 生命周期：Activity 有自己的生命周期，包括 onCreate、onStart、onResume、onPause、onStop 和 onDestroy 等回调方法。这些方法允许你在不同的生命周期阶段执行不同的操作，例如初始化、资源释放、保存状态等。

3. 导航：应用的不同功能可以通过启动不同的 Activity 来实现导航。例如，点击应用的不同部分可能会打开不同的 Activity 来展示相关内容。

Fragment：

1. 模块化：Fragment 是界面的一部分，允许你在一个 Activity 中包含多个 Fragment，从而实现更模块化的用户界面。一个 Fragment 可以被多个 Activity 使用，或者一个 Activity 中可以包含多个 Fragment。

2. 可重用性：Fragment 提供了更高的可重用性，因为你可以将一个 Fragment 在多个地方使用，而无须重复编写相同的界面逻辑。

3. 生命周期：Fragment 也有自己的生命周期，与 Activity 的生命周期类似，包括 onCreateView、onStart、onResume、onPause、onStop 和 onDestroyView 等方法。

4. 导航：Fragment 通常用于更复杂的界面布局和导航，可以实现分屏、平板模式、动态界面切换等。

区别：

1. 关系：一个 Activity 可以包含一个或多个 Fragment，但一个 Fragment 不能直接包含另一个 Fragment。

2. 可重用性：Fragment 提供更好的可重用性和模块化，适用于构建复杂的界面和导航结构。

3. 导航：Fragment 通常用于导航和界面的动态切换，Activity 用于整体的应用导航。

4. 生命周期：虽然 Activity 和 Fragment 有类似的生命周期方法，但它们之间的回调顺序和使用方式可能会有所不同。

综上所述，Activity 用于应用的整体导航和独立的用户界面，而 Fragment 用于构建模块化、可重用的界面组件，适用于复杂的界面结构和导航需求。

4.2 AI 辅助 iOS 应用开发

4.2.1 AI 能帮 iOS 开发者做哪些事

AI 辅助 iOS 应用开发是指在开发 iOS 应用时，使用 AI 技术来帮助完成一些任务，如代码生成、界面设计、测试、性能优化等。AI 辅助开发可以提高开发效率，减少开发人员的工作量，并降低开发过程中的错误率。

AI 究竟有多么强大，让我们看看 AI 自己怎么说。

❓ Prompt

AI 能帮 iOS 开发者做哪些事？

⑥ ChatGPT

作为 AI 语言模型，我可以帮助 iOS 开发者做以下事情：

1. 帮助解决 iOS 开发中的问题和错误。

2. 提供代码建议和优化。

3. 帮助解决代码冲突和版本控制问题。

4. 提供关于 iOS 开发的最新技术和趋势的建议。

5. 提供开发文档和示例代码。

6. 帮助测试和调试 iOS 应用程序。

7. 提供关于用户界面设计和用户体验的建议。

8. 提供关于 iOS 应用程序的市场营销和推广的建议。

9. 提供关于 iOS 应用程序的安全性和隐私保护的建议。

10. 提供其他与 iOS 开发相关的帮助和支持。

AI 提供的方向比较多，这些方向在程序开发中比较通用，下面我尝试借助 AI 帮助我们快速学习 SwiftUI 这门语言。

4.2.2　AI 帮助快速学习 SwiftUI

学习一门新的编程语言，通常来说有以下几个步骤。

1）了解基础概念：例如变量、数据类型、循环、条件语句等。了解这些基础概念是学习任何编程语言的关键。

2）查找教程和资源：在网上查找有关所选编程语言的教程、文档和资源。

3）编写代码：开始编写简单的代码，逐步熟悉编程语言的语法和结构。可以从编写简单的 "Hello, World!" 程序开始，然后逐渐尝试更复杂的项目。

4）实践项目：通过完成实际项目，将所学知识应用于实际开发环境。

5）参与社区：加入编程社区和论坛，与其他学习者和开发者互动。

6）阅读和分析代码：阅读他人编写的代码，了解不同的编程风格和最佳实践。

7）持续学习：编程是一个不断发展的领域，因此要保持对新技术和最佳实践的关注，并不断更新自己的知识和技能。

但是有了 AI 之后，就可以打破以上规律，直接从 demo 入手学习。通过 AI 的帮助，它可以帮你了解编程语言的基础概念、语法结构，然后生成可直接运行的代码进行调试学习，效率非常高，中间产生的任何问题都可以求助于 AI，学习效率加倍，以下为一段 SwiftUI 语言的学习历程。

❓ Prompt

SwiftUI 零基础学习。

ⓢ ChatGPT

学习 SwiftUI 需要掌握 Swift 编程语言的基础知识，如果你还不熟悉 Swift 编程语言，可以先学习 Swift 编程语言的基础知识。以下是学习 SwiftUI 的一些建议：

1. 官方文档：首先可以参考苹果官方的 SwiftUI 文档，它提供了详细的教程、示例和文档，可以帮助你快速入门 SwiftUI。

2. 网络课程：在网上可以找到很多 SwiftUI 的网络课程，例如 Udemy、Coursera、Ray Wenderlich 等，这些课程都是由经验丰富的开发者制作的，可以提供很好的学习资源。

3. 书籍：如果你更喜欢通过阅读书籍来学习，可以考虑购买一些 SwiftUI 的书籍，例如《SwiftUI Essentials》《SwiftUI by Tutorials》等。

4. 实践项目：最好的学习方法是实践项目。可以通过编写简单的 SwiftUI 应用程序来学习如何使用 SwiftUI 构建用户界面和处理用户输入。

总之，学习 SwiftUI 需要一定的耐心，通过不断地尝试和实践，你会逐渐掌握 SwiftUI 的技能，并可以快速构建出漂亮且实用的应用程序。

因为我是有 iOS 开发经验的，下面来看看 SwiftUI 的框架学习：

❓ Prompt

SwiftUI 的框架学习。

ⓢ ChatGPT

SwiftUI 是苹果公司在 2019 年推出的全新用户界面框架，它采用声明式的语法，简化了应用程序的开发流程。以下是一些学习 SwiftUI 的重点：

1. 视图和组件：SwiftUI 的核心是视图和组件，学习 SwiftUI 需要先了解视图和组件的基础知识，例如如何创建、布局和组合视图与组件。

2. 布局和样式：SwiftUI 提供了多种布局和样式选项，可以让你轻松地创建出具有吸引力和易用性的用户界面。

3. 动画和过渡：SwiftUI 提供了内置的动画和过渡效果，可以让你的应用程序更加生动和动态。

4. 数据绑定和状态管理：SwiftUI 采用数据驱动的设计模式，可以轻松地将数据绑定到视图和组件上，并管理应用程序的状态。

5. 手势和事件处理：SwiftUI 提供了多种手势和事件处理选项，可以让你的应用程序更加交互和响应。

6. 网络和数据存储：SwiftUI 可以与网络和数据存储进行集成，可以让你的应用程序获取和存储数据。

总之，学习 SwiftUI 需要一定的时间，通过不断地尝试和实践，你会逐渐掌握 SwiftUI 的技能，并可以快速构建出漂亮且实用的应用程序。

以上这些也只提供了大概思路，与我想要的东西不同，于是继续追问：

❓ Prompt

SwiftUI 基础语法学习。

⑥ ChatGPT

SwiftUI 是一种基于 Swift 语言的声明式 UI 框架，它采用简单易懂的语法，可以轻松创建各种视图和组件。以下是 SwiftUI 的一些基础语法：

1. 视图和组件：在 SwiftUI 中，所有的用户界面都是由视图和组件构成的。视图是 UI 的基本构建块，而组件是可重用的视图块。

2. 声明式语法：SwiftUI 采用声明式的语法，可以让你通过描述 UI 的外观和行为来创建应用程序。这种语法与传统的命令式语法相比，更加易于理解和维护。

3. 属性和修饰符：在 SwiftUI 中，你可以使用属性和修饰符来设置视图和组件的外观和行为。属性是视图和组件的基本特征，而修饰符可以对属性进行修改或扩展。

4. 布局和尺寸：SwiftUI 提供了多种布局和尺寸选项，可以让你轻松地控制视图和组件的位置、大小和排列方式。

5. 数据绑定和状态管理：SwiftUI 采用数据驱动的设计模式，可以轻松地将数据绑定到视图和组件上，并管理应用程序的状态。

6. 手势和事件处理：SwiftUI 提供了多种手势和事件处理选项，可以让你的应用程序交互和响应效果更好。

7. 预览和调试：SwiftUI 提供了预览和调试功能，可以让你在编写代码的同时预览 UI 的外观和行为，并快速找到和修复问题。

总之，学习 SwiftUI 的基础语法需要一定的时间，通过不断地尝试和实践，你会逐渐掌握 SwiftUI 的技能，并可以快速构建出漂亮且实用的应用程序。

❓ Prompt

使用 SwiftUI 构建一个登录页面。

ChatGPT

```
        var body:some View {
    NavigationView {
      VStack {
        Image("logo")
          .resizable()
          .scaledToFit()
          .frame(width:200, height:200)
          .padding()
        TextField("Email", text:$email)
          .padding()
          .background(Color.gray.opacity(0.2))
          .cornerRadius(8.0)
          .padding()
        SecureField("Password", text:$password)
          .padding()
          .background(Color.gray.opacity(0.2))
          .cornerRadius(8.0)
          .padding()
        Button(action:{
          //单击按钮后需要做的处理
        }) {
          Text("Login")
          .font(.headline)
          .foregroundColor(.white)
          .padding()
                .frame(minWidth:0, maxWidth:.infinity)
          .background(Color.blue)
          .cornerRadius(8.0)
          .padding(.horizontal)
        }
        .padding(.top, 50)
        Spacer()
      }
      .navigationBarTitle("Login")
    }
  }
}
struct LoginView_Previews:PreviewProvider {
  static var previews:some View {
    LoginView()
  }
}
```

　　在这个示例中，我们首先创建了一个 LoginView 的结构体，该结构体包含了一个简单的登录界面。在登录界面中，我们使用 @State 属性包装器来管理 email 和 password 的状态。然后，我们使用 VStack 来垂直排列所有的视图元素。

　　在视图元素方面，我们使用 Image 来显示应用程序的 logo，使用 TextField 和 SecureField

来获取用户的 email 和 password，使用 Button 来处理"登录"按钮的操作。

最后，我们在 LoginView_Previews 结构体中添加了一个预览视图，以便在开发过程中预览登录页面的外观和行为。

请注意，这只是一个示例代码，可以根据实际需求进行修改和扩展。

以上代码有很多地方看不懂，毕竟与之前的 UI 实现方式不同，也没有看过开发文档，那么直接使用 AIGC 来学习：

❓ Prompt

帮我解析一下上面的代码。

🅖 ChatGPT

当用户单击"登录"按钮时，可以在 Button 的 action 闭包中添加处理登录的逻辑代码。

在代码中，我们使用了 NavigationView 和 VStack 来创建登录界面。在 VStack 中，我们使用了 Image 来显示应用程序的 logo，使用了 TextField 和 SecureField 来获取用户的 email 和 password，使用了 Button 来处理"登录"按钮的操作。

在 TextField 和 SecureField 中，我们使用了 @State 属性包装器来管理 email 和 password 的状态，并且使用了 .padding() 和 .background() 修饰符来设置它们的外观。在 Button 中，我们使用了 .foregroundColor()、.background() 和 .cornerRadius() 修饰符来设置按钮的外观。

在 LoginView_Previews 中，我们使用了 PreviewProvider 协议来创建一个预览视图，以便在开发过程中预览登录页面的外观和行为。

总之，这个示例代码演示了如何使用 SwiftUI 创建一个简单的登录界面，并且使用了一些常用的视图和组件，例如 Image、TextField、SecureField 和 Button。同时，它也展示了如何使用 @State 属性包装器和修饰符来管理和设置视图的状态和外观。

❓ Prompt

帮我解析一下关键词。

🅖 ChatGPT

以下是一些在示例代码中出现的关键词的解析：

❑　@State：SwiftUI 中的属性包装器，用于管理视图的状态。

❑　VStack：SwiftUI 中的视图容器，用于垂直排列视图。

❑　Image：SwiftUI 中的视图，用于显示图片。

❑　TextField：SwiftUI 中的视图，用于获取用户的文本输入。

❑　SecureField：SwiftUI 中的视图，用于获取用户的安全文本输入，例如密码。

❑　Button：SwiftUI 中的视图，用于处理用户的按钮点击事件。

❑　NavigationView：SwiftUI 中的视图容器，用于创建带有导航栏的视图。

- ❑ PreviewProvider：SwiftUI 中的协议，用于创建预览视图。
- ❑ padding：SwiftUI 中的修饰符，用于设置视图的内边距。
- ❑ background：SwiftUI 中的修饰符，用于设置视图的背景颜色或背景图像。
- ❑ foregroundColor：SwiftUI 中的修饰符，用于设置视图的前景颜色。
- ❑ cornerRadius：SwiftUI 中的修饰符，用于设置视图的圆角半径。总之，这些关键词是 SwiftUI 中常用的视图、组件和修饰符，了解它们的用法和特点，可以帮助你更好地理解和使用 SwiftUI。

看了以上内容后，代码几乎就能看懂了，运行效果如图 4-1 所示。

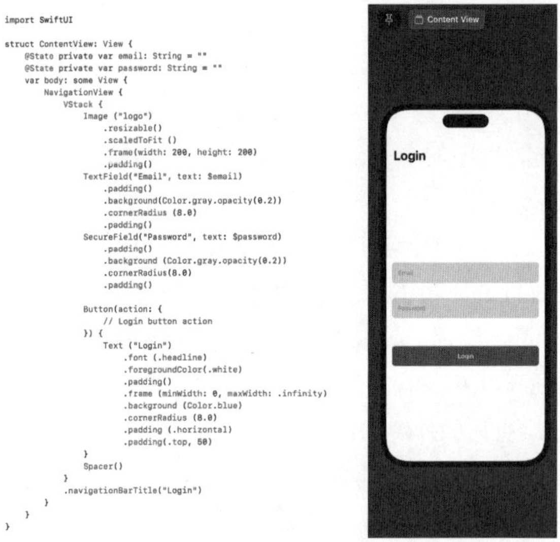

图 4-1　AI 构建登录页面代码效果示例

有个 logo 没有显示出来，因为项目中没有这个图片。

我一直好奇，这个容器为什么会自动居中显示，而没有居中显示的代码，我怀疑可能是 ".padding()" 的效果导致的，我们来验证一下：

❓ Prompt

.padding() 怎么理解？

⊙ ChatGPT

在 SwiftUI 中，.padding() 是一种修饰符（modifier），用于向视图添加填充。与 CSS 中的 padding 属性类似，.padding() 可以接收一个或多个参数，用于指定填充的大小和样式。

例如，以下代码将添加 10 个点的填充到一个文本视图中：

```
Text("Hello, SwiftUI!")
```

```
.padding(10)
```

padding() 方法还可以接收四个单独的参数，分别指定上、右、下和左边距的大小，如下所示：

```
Text("Hello, SwiftUI!")
  .padding(.top, 10)
  .padding(.trailing, 20)
  .padding(.bottom, 30)
  .padding(.leading, 40)
```

这将在文本视图的顶部、右侧、底部和左侧分别添加 10、20、30 和 40 个点的填充。如果您只想在左右两侧添加相同大小的填充，则可以使用 .padding(.horizontal, 20) 方法。同样，.padding(.vertical, 30) 将在上下两侧添加相同大小的填充。

总之，.padding() 是一个常用的修饰符，使得在 SwiftUI 中添加填充变得非常方便。

测试代码效果如图 4-2 所示。

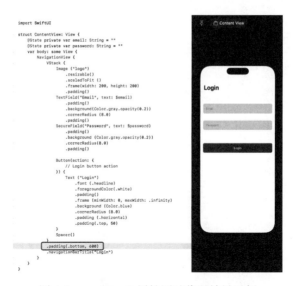

图 4-2　.padding() 属性测试代码效果示例

如果没有设置 padding，就是默认居中的样式。

以上只是控制整个容器的偏移量，如果我要容器置顶或置底怎么处理？

❓ **Prompt**

SwiftUI 怎么置顶显示？

⑤ **ChatGPT**

在 SwiftUI 中，您可以使用 ZStack（层叠视图）来将视图置于顶部。ZStack 中的视图按照它们在代码中出现的顺序进行层叠，因此最后一个视图将位于顶部。

例如，以下代码将在屏幕上显示一个文本视图，并将一个按钮视图放置在文本视图的顶部：

```
ZStack {
  Text("Hello, SwiftUI!")
    .font(.largeTitle)
    .foregroundColor(.white)
  Button("Click me!") {
    print("Button clicked")
  }
  .padding()
  .background(Color.blue)
  .foregroundColor(.white)
  .cornerRadius(10)
}
```

在这个例子中，我们首先创建了一个文本视图，并将其放置在 ZStack 中。然后，我们创建了一个按钮视图，并将其放置在文本视图的顶部。为了将按钮视图放置在文本视图的顶部，我们需要在 ZStack 中按照正确的顺序排列它们。请注意，我们还使用了 .padding() 方法将按钮视图与其周围的文本视图分开，并使用 .background() 和 .cornerRadius() 方法为按钮视图添加了一些样式。总之，ZStack 是将视图置于顶部的一种简单而有效的方法。只需将视图按照正确的顺序放置在 ZStack 中即可。

ZStack 属性测试代码效果如图 4-3 所示。

图 4-3　ZStack 属性测试代码效果示例

很明显，AI 没有理解我的意思。它把所有视图都叠起来了，但这不是我想要的效果，我想要的是 UI 贴着手机顶部显示。

❓ **Prompt**
不是这个意思，是 UI 贴着手机顶部展示，不是把 UI 叠起来。

⊙ ChatGPT

如果您想让 SwiftUI 视图贴着手机顶部展示，而不是将其放在屏幕中间，您可以使用 StatusBar（状态栏）来实现。StatusBar 是 iOS 设备中显示时间、电池电量等信息的区域，您可以在其下方放置视图，使之贴着手机顶部展示。

例如，以下代码将在 StatusBar 下方展示一个文本视图：

```
struct ContentView: View {
  var body: some View {
    VStack {
      Spacer()
      Text("Hello, SwiftUI!")
        .font(.largeTitle)
        .foregroundColor(.white)
      }
      .frame(maxWidth: .infinity)
      .background(Color.blue)
      .edgesIgnoringSafeArea(.top)
  }
}
```

在这个例子中，我们使用 VStack 将文本视图放置在屏幕底部。然后，我们将 VStack 的宽度设置为最大宽度，并使用 .background() 方法为其设置蓝色背景。最后，我们使用 .edgesIgnoringSafeArea(.top) 方法将 VStack 的顶部边缘与 StatusBar 对齐，使之贴着手机顶部展示。请注意，我们还使用了 Spacer() 来将文本视图推到屏幕底部，以便使其显示在 StatusBar 下方。总之，使用 StatusBar 来贴着手机顶部展示 SwiftUI 视图是一种简单而有效的方法，您只需要使用 .edgesIgnoringSafeArea(.top) 方法即可实现。

再一次测试 Spacer 属性，代码效果如图 4-4 所示。

图 4-4　Spacer 属性测试代码效果示例（一）

很明显，AI 还是弄反了。这时只能自己去尝试了。尝试后效果如图 4-5 所示。

图 4-5　Spacer 属性测试代码效果示例（二）

以上这种方式就完美解决了控件置顶显示的效果（由于上面有个没有图片的 logo，所以置顶效果不是很明显），这次尝试非常成功。

进一步地，我们可以让登录区域置顶，再设置好间距，效果如图 4-6 所示。

图 4-6　Spacer 属性测试代码效果示例（三）

与想象中不一样，再次求助 ChatGPT，得到登录区域置顶效果如图 4-7 所示。

很精准，这才是正确的打开方式。

图 4-7　Spacer 属性测试代码效果示例（四）

　　以上流程大体上符合学习预期，我不需要看文档，SwiftUI 的基础语法也能快速生成一个登录页面，且能进行调试。但美中不足的地方是，AI 出错率有点高，需要人为进行辨别与调整，这也是 AI 之后的进步空间，但瑕不掩瑜，借助 AI 学习新语言是一种非常好的方式。

4.2.3　AI 帮助解决视频转码失真问题

　　原视频截图效果如图 4-8 所示。视频格式为 MOV，为苹果原相机拍摄的 HDR 视频。

　　然后，转码成 MP4 格式后如图 4-9 所示。

图 4-8　原视频截图效果

图 4-9　转码后视频效果截图

视频在色彩和亮度方面已严重失真，我们找到处理视频的代码：

```
commandStr = [NSString stringWithFormat:@"ffmpeg++-i++%@++-
vf++format=yuv420p,scale=%ld:%ld++-c:v++h264++-y++%@", inputPath, videoWidth,
videoHeight, outpath];
```

对于非音视频专业的程序员来说，ffmpeg 是比较让人头疼的，指令参数多且杂，每个参数的意思也不清楚，以前来说这是个大工程，但是现在有 ChatGPT 的帮助，就完全不一样了。

❓ **Prompt**

```
commandStr=[NSString stringWithFormat:@"ffmpeg++-i++%@++-
vf++format=yuv420p,scale=%ld:%ld++-c:v++h264++-y++%@", inputPath, videoWidth,
videoHeight, outpath];
```

SDR 格式视转码失真。

因为提供的回答没有写好的指令，所以换一种问法，直接索要现成的代码：

❓ **Prompt**

```
commandStr = [NSString stringWithFormat:@"ffmpeg++-i++%@++-
vf++format=yuv420p,scale=%ld:%ld++-c:v++h264++-y++%@", inputPath, videoWidth,
videoHeight, outpath]; 输入的是SDR格式视频，通过上面的指令转码后失真，请修改后重新提供一份
指令给我。
```

💬 **ChatGPT**

如果在转码 SDR 格式视频时遇到失真问题，可以尝试调整比特率、CRF 值和 preset 参数来优化视频质量。下面是一个修改过的命令示例，将比特率设置为 2000kbps，CRF 值设置为 23，preset 参数设置为 "medium"：

```
NSString *commandStr = [NSString stringWithFormat:@"ffmpeg -i %@ -vf
format=yuv420p,scale=%ld:%ld -c:v h264 -b:v 2000k -crf 23 -preset medium -y
%@", inputPath, videoWidth, videoHeight, outpath];
```

请注意，将 inputPath、videoWidth、videoHeight 和 outpath 替换为实际的文件路径和分辨率。

您还可以根据需要进一步调整比特率、CRF 值和 preset 参数，以获得满意的视频质量和压缩效果。

❓ **Prompt**

还是会失真，红色变成灰色了。

💬 **ChatGPT**

如果转码后的视频中红色变成了灰色，这可能是由于色彩空间的问题。您可以尝试在命令中显式指定色彩空间，以确保正确的色彩转换。这是一个修改后的命令示例，其中添加了 -pix_fmt yuv420p 参数来指定输出视频的色彩空间：

```
NSString *commandStr = [NSString stringWithFormat:@"ffmpeg -i %@ -vf
scale=%ld:%ld -c:v h264 -b:v 2000k -crf 23 -preset medium -pix_fmt yuv420p -y
%@", inputPath, videoWidth, videoHeight, outpath];
```

请注意，将 inputPath、videoWidth、videoHeight 和 outpath 替换为实际的文件路径和分辨率。

如果问题仍然存在，请提供一些关于输入视频的详细信息，例如分辨率、编码格式和色彩空间等，以便我能为您提供更精确的建议。

❓ **Prompt**

依旧失真。

🟢 **ChatGPT**

为了更好地解决失真问题，我们可以尝试保持输入视频的原始色彩空间和像素格式，并适当调整比特率、CRF 值和 preset 参数。修改后的命令如下：

```
NSString *commandStr = [NSString stringWithFormat:@"ffmpeg -i %@ -vf
scale=%ld:%ld -c:v h264 -b:v 3000k -crf 18 -preset slower -y %@", inputPath,
videoWidth, videoHeight, outpath];
```

这个命令将比特率提高到 3000kbps，CRF 值降低到 18，preset 参数设置为 "slower"，以获得更高的压缩效果。请注意，这些设置可能会增加转码时间。

如果问题仍然存在，可能需要检查输入视频的属性，以便了解可能的问题原因。请运行以下命令以获取输入视频的详细信息：

```
NSString *commandStr = [NSString stringWithFormat:@"ffmpeg -i %@", inputPath];
```

然后，请将输出的信息贴在此处，以便我们分析并提供更具体的建议。

至此，视频转码依旧失真，然后按照 ChatGPT 的提示，提供视频的详细信息，通过 ffmpeg 打印视频的详细信息。

如果没有接触过 ffmpeg，可继续咨询 ChatGPT 怎么安装 ffmpeg。

❓ **Prompt**

怎么使用 ffmpeg 查看视频的详细信息？

🟢 **ChatGPT**

要使用 ffmpeg 查看视频的详细信息，请按照以下步骤操作：

1. 如果您还没有安装 ffmpeg，请先通过 Homebrew 安装。在终端中输入以下命令：

```
brew install ffmpeg
```

Homebrew 会自动下载并安装 ffmpeg。如果您还没有安装 Homebrew，请先访问官方网站（https://brew.sh/）以获取安装指南。

2. 将要查看的视频文件放在一个易于访问的位置，例如桌面或文档文件夹。

3. 打开终端（可以在 Spotlight 搜索中输入 "终端" 以找到它）。

4. 在终端中，导航到视频文件所在的文件夹。例如，如果视频文件位于桌面，请输入：

```
cd ~/Desktop
```

5. 使用以下命令查看视频文件的信息（将 "your_video.mp4" 替换为您的视频文件名）：

```
ffmpeg -i your_video.mp4
```

6. 终端将显示视频文件的详细信息，包括格式、时长、分辨率、码率和音频 / 视频编码等。

请注意，只需将视频文件名替换为要检查的视频文件名。如果文件名包含空格，请使用引号将其括起来，例如：

```
ffmpeg -i "your video.mp4"
```

根据 ChatGPT 的具体指引得到了视频的详细信息，然后发送给 ChatGPT：

Prompt

ffmpeg version 5.1.2 Copyright (c) 2000-2022 the FFmpeg developers built with Apple clang version 14.0.0 (clang-1400.0.29.202) configuration: --prefix=/opt/homebrew/Cellar/ffmpeg/5.1.2_3 --enable-shared --enable-pthreads --enable-version3 --cc=clang --host-cflags= --host-ldflags= --enable-ffplay --enable-gnutls --enable-gpl --enable-libaom --enable-libaribb24 --enable-libbluray --enable-libdav1d --enable-libmp3lame --enable-libopus --enable-librav1e --enable-librist --enable-librubberband --enable-libsnappy --enable-libsrt --enable-libsvtav1 --enable-libtesseract --enable-libtheora --enable-libvidstab --enable-libvmaf --enable-libvorbis --enable-libvpx --enable-libwebp --enable-libx264 --enable-libx265 --enable-libxml2 --enable-libxvid --enable-lzma --enable-libfontconfig --enable-libfreetype --enable-frei0r --enable-libass --enable-libopencore-amrnb --enable-libopencore-amrwb --enable-libopenjpeg --enable-libspeex --enable-libsoxr --enable-libzmq --enable-libzimg --disable-libjack --disable-indev=jack --enable-videotoolbox --enable-neon libavutil 57. 28.100 / 57. 28.100 libavcodec 59. 37.100 / 59. 37.100 libavformat 59. 27.100 / 59. 27.100 libavdevice 59. 7.100 / 59. 7.100 libavfilter 8. 44.100 / 8. 44.100 libswscale 6. 7.100 / 6. 7.100 libswresample 4. 7.100 / 4. 7.100 libpostproc 56. 6.100 / 56. 6.100 Input #0, mov,mp4,m4a,3gp,3g2,mj2, from 'IMG_3625.MOV': Metadata: major_brand : qt

minor_version : 0 compatible_brands: qt

creation_time : 2023-07-23T11:21:50.000000Z com.apple.quicktime.location.accuracy. horizontal: 12.151019 com.apple.quicktime.location.ISO6709: +22.5584+114.5555+006.321/ com.apple.quicktime.make: Apple com.apple.quicktime.model: iPhone 12 Pro com.apple. quicktime.software: 16.2 com.apple.quicktime.creationdate: 2023-07-23T19:21:50+0800 Duration:

00:00:06.11, start: 0.000000, bitrate: 8714 kb/s Stream #0:00x1: Video: hevc (Main 10) (hvc1 /
0x31637668), yuv420p10le(tv, bt2020nc/bt2020/arib-std-b67), 1920x1080, 8462 kb/s, 29.98 fps,
29.97 tbr, 600 tbn (default) Metadata: creation_time : 2023-07-23T11:21:50.000000Z handler_
name : Core Media Video vendor_id : [0][0][0][0] encoder : HEVC Side data: DOVI configuration
record: version: 1.0, profile: 8, level: 4, rpu flag: 1, el flag: 0, bl flag: 1, compatibility id: 4 Stream
#0:10x2: Audio: aac (LC) (mp4a / 0x6134706D), 44100Hz, stereo, fltp, 200 kb/s (default) Metadata:
creation_time : 2023-07-23T11:21:50.000000Z handler_name : Core Media Audio vendor_id : [0]
[0][0][0] Stream #0:20x3: Data: none (mebx / 0x7862656D), 0 kb/s (default) Metadata: creation_time :
2023-07-23T11:21:50.000000Z handler_name : Core Media Metadata Stream #0:30x4: Data: none
(mebx / 0x7862656D), 0 kb/s (default) Metadata: creation_time : 2023-07-23T11:21:50.000000Z
handler_name : Core Media Metadata Stream #0:40x5: Data: none (mebx / 0x7862656D), 34 kb/s
(default) Metadata: creation_time : 2023-07-23T11:21:50.000000Z handler_name : Core Media
Metadata At least one output file must be specified。

⊛ ChatGPT

根据您提供的输入视频信息，您的视频是 HEVC 编码的，具有 Main 10 配置文件，它使
用 yuv420p10le 像素格式。这可能是导致转码问题的原因。为了解决这个问题，我们可以尝
试将输入视频的像素格式转换为 yuv420p，以便与 H.264 编码兼容。此外，我们可以保持输
入视频的原始帧速率和音频编码。以下是修改后的命令：

```
NSString *commandStr = [NSString stringWithFormat:@"ffmpeg -i %@ -vf
scale=%ld:%ld -c:v h264 -pix_fmt yuv420p -b:v 3000k -crf 18 -preset slower -r
29.98 -c:a copy -y %@", inputPath, videoWidth, videoHeight, outpath];
```

这个命令将输入视频的像素格式转换为 yuv420p，同时保持原始帧速率为 29.98fps。音
频流将保持原样，不会重新编码。

请注意，将 inputPath、videoWidth、videoHeight 和 outpath 替换为实际的文件路径和分
辨率。

如果问题仍然存在，请尝试不进行缩放，而是保持原始分辨率：

```
NSString *commandStr = [NSString stringWithFormat:@"ffmpeg -i %@ -c:v h264
-pix_fmt yuv420p -b:v 3000k -crf 18 -preset slower -r 29.98 -c:a copy -y %@",
inputPath, outpath];
```

❓ Prompt

第一条指令：视频颜色正常了，但是视频变模糊了，亮度也没有原视频亮。第二条指令：
颜色失真。怎么优化?

⊛ ChatGPT

首先，我们可以尝试根据原视频的属性来调整命令。原视频使用的是 BT.2020 色彩空

间和 ARIB STD-B67 HDR 元数据。为了在转换过程中保留这些设置，我们可以使用 -color_primaries、-color_trc 和 -colorspace 参数。

此外，由于原视频是 10 位色深，我们可以尝试使用 10 位 H.264 编码（libx264）进行转码。请注意，这可能会导致兼容性问题，因为不是所有设备和播放器都支持 10 位 H.264 编码。

保持原始分辨率的命令：

```
NSString *commandStr = [NSString stringWithFormat:@"ffmpeg -i %@ -c:v
libx264 -pix_fmt yuv420p10le -color_primaries bt2020 -color_trc arib-std-b67
-colorspace bt2020nc -b:v 3000k -crf 18 -preset slower -r 29.98 -c:a copy -y
%@", inputPath, outpath];
```

请注意，将 inputPath、videoWidth、videoHeight 和 outpath 替换为实际的文件路径和分辨率。

如果问题仍然存在，或者您遇到了兼容性问题，请尝试将编码切换回 8 位 H.264 编码，并将像素格式设为 yuv420p。同时，您可以尝试降低 CRF 值（例如，从 18 降低到 16）以提高视频质量。但是，请注意，这可能会导致输出视频文件变大。

保持原始分辨率的命令：

```
NSString *commandStr = [NSString stringWithFormat:@"ffmpeg -i %@ -c:v h264
-pix_fmt yuv420p -color_primaries bt2020 -color_trc arib-std-b67 -colorspace
bt2020nc -b:v 3000k -crf 16 -preset slower -r 29.98 -c:a copy -y %@",
inputPath, outpath];
```

缩放分辨率的命令：

```
NSString *commandStr = [NSString stringWithFormat:@"ffmpeg -i %@ -vf
scale=%ld:%ld -c:v h264 -pix_fmt yuv420p -color_primaries bt2020 -color_trc
arib-std-b67 -colorspace bt2020nc -b:v 3000k -crf 16 -preset slower -r 29.98
-c:a copy -y %@", inputPath, videoWidth, videoHeight, outpath];
```

请注意，将 inputPath、videoWidth、videoHeight 和 outpath 替换为实际的文件路径和分辨率。

到了这一步，以上指令已经达到目的，视频不失真了。感叹 AI 的神奇能力，节约了大师的时间。但是在实际测试中发现，转码过程比较缓慢，6s 的视频花费了几乎 15s 才转码完成，这个效率是不能接受的，如果是一分钟、十分钟的视频转码，那简直无法想象，还得继续优化。

❓ **Prompt**

详细解释一下这行命令的各个参数："ffmpeg -i %@ -vf scale=%ld:%ld -c:v h264 -pix_fmt yuv420p -color_primaries bt2020 -color_trc arib-std-b67 -colorspace bt2020nc -b:v 3000k -crf 16 -preset slower -r 29.98 -c:a copy -y %@。

ChatGPT

以下是命令中各个参数的解释：

1. ffmpeg：调用 FFmpeg 命令行工具。

2. -i %@：输入文件的路径，用 inputPath 替换 %@。

3. -vf scale=%ld:%ld：视频滤镜（video filter）参数，用于缩放视频。将 %ld 替换为 videoWidth 和 videoHeight。

4. -c:v h264：指定视频编解码器（codec）为 H.264。

5. -pix_fmt yuv420p：将像素格式（pixel format）设置为 yuv420p。这是一种 8 位色深的 YUV 格式。

6. -color_primaries bt2020：设置色彩原色（color primaries）为 BT.2020。

7. -color_trc arib-std-b67：设置色彩传输特性（color transfer characteristics）为 ARIB STD-B67（HLG，混合对数伽马）。

8. -colorspace bt2020nc：设置色彩空间（color space）为 BT.2020 non-constant。

9. -b:v 3000k：设置视频的比特率（bitrate）为 3000kbps。

10. -crf 16：设置恒定速率因子（Constant Rate Factor, CRF）为 16。数值越低，视频质量越高，输出文件越大。通常推荐的值在 18～28 之间。

11. -preset slower：设置编码预设（preset）为 slower。这会增加编码时间，但可以获得更高的压缩效果。

12. -r 29.98：设置帧速率（frame rate）为 29.98fps。

13. -c:a copy：指定音频编解码器为 "copy"，表示保持原始音频不进行重新编码。

14. -y %@：输出文件的路径，用 outpath 替换 %@。-y 表示如果输出文件已存在，则覆盖它。

这个命令将输入视频文件（inputPath）缩放到指定的宽度（videoWidth）和高度（videoHeight），并以 H.264 编码格式、yuv420p 像素格式、3000kbps 比特率、16 的 CRF 值和 slower 编码预设进行转码。同时，保持音频流和原始帧速率不变，并转换为 BT.2020 和 HLG 色彩属性。最后，将转码后的视频文件保存到 outpath。

请注意，将 inputPath、videoWidth、videoHeight 和 outpath 替换为实际的文件路径和分辨率。

大概了解每个参数的作用之后，我们就可以通过人工修改完成这个需求：把 -preset slower 改成 -preset faster；把 -b:v 3000k 去掉，采用默认值；把 -crf 16 改成 -crf 25。

最终指令如下：

```
commandStr = [NSString stringWithFormat:@"ffmpeg++-i++%@++-vf++scale=%ld:%ld++-
c:v++h264++-pix_fmt++yuv420p++-color_primaries++bt2020++-color_trc++arib-
```

```
std-b67++-colorspace++bt2020nc++-crf++25++-preset++faster++-r++29.98++-
c:a++copy++-y++%@", inputPath, videoWidth, videoHeight, outpath];
```

目前转码效率提高几倍，6s 视频花费 3～4s 转码完成，转码后的视频质量也非常不错。

总的来说，AI 在编程领域对程序员的帮助还是很大的，不会在每个方面帮助都大，但是在特定方面帮助尤其大，比如以上举的两个例子：学习新技术和解决技术栈层次更深的问题。这可以节约大量的时间去查阅资料，去理解视频转码的每个参数的含义，尤其视频转码参数众多，理解每个参数都得花费不少的时间，还得逐个进行组合测试。

AI 辅助前端编程

在信息化时代的浪潮中，AI 作为一股新兴力量，正在对前端编程领域产生深远影响。在本章中，我们将深入探讨这个主题，带领读者了解 AI 如何在前端编程中发挥作用，揭示它所带来的新机遇和挑战。我们将从 AI 辅助前端应用开发谈起，详细阐述如何利用 AI 技术提升编程效率、优化代码结构和提高开发质量。然后我们将介绍 ChatGPT 这个强大的编程伙伴如何帮助我们编写代码，使编程变得更为轻松、有趣。最后，我们将讨论如何利用 ChatGPT 在前端开发中快速生成 Vue 组件，进一步提升开发效率。

5.1 AI 辅助前端应用开发

AI 辅助前端应用开发是一种利用人工智能技术来提升前端开发工作效率和质量的方法。随着前端应用越来越复杂和需求越来越多，开发人员需要处理大量的代码，任务非常繁重。AI 辅助前端应用开发可以帮助开发人员自动化部分工作，减少重复劳动，提高开发效率。

AI 可以帮助我们分析源码，解释指定 JavaScript 库的功能模块，我们可以按照它给出的提示，快速找到对应源码，了解它的构建思路和运行过程。

AI 还可以辅助我们快速查找 JavaScript 方法。在前端开发中，经常需要使用各种方法和函数来实现特定的功能。然而，记住所有方法和函数以及它们的参数和用法可能是极大的挑战。

AI 可以帮助我们快速、准确地找到需要的方法和函数，减轻开发人员的负担，加速开发过程。

5.1.1 用 ChatGPT 阅读 Vue3 (setup) 源码

大家都知道 Vue3 组件有一个 setup 函数。那么，它的内部做了什么呢？让我们跟随 ChatGPT 来一探究竟。

案例 1：

❓ Prompt

Vue3 中 setup 函数在源码哪个位置呢？请给出这部分关键源码，并对这个函数调用逻辑进行分析。

⬡ ChatGPT

在 Vue3 的源码中，setup 函数的定义位于 packages/runtime-core/src/component.ts 文件中。以下是关键源码片段：

```
export function createComponentInstance(
        vnode: VNode,
        parent: ComponentInternalInstance | null
    ): ComponentInternalInstance {
        const instance: ComponentInternalInstance = {
          vnode,
          type,
          parent,
          appContext,
          uid: uid++,
          provides: parent ? parent.provides : Object.create(appContext.provides),
          proxy: null,
          isMounted: false,
          attrs: {},
          slots: {},
          refs: {},
          setupState: {},
          ...
      }
      ...
    setupComponent(instance)
    ...
      }
    function setupComponent(instance: ComponentInternalInstance) {
      const { props, children, shapeFlag } = instance.vnode
      ...
      instance.setupState = setupStatefulComponent(instance, parentSuspense)
      ...
      }
    function setupStatefulComponent(
      instance: ComponentInternalInstance,
      parentSuspense: SuspenseBoundary | null
```

```
  ) {
    const Component = instance.type as ComponentOptions
    ...
    const setup = Component.setup
    if(setup) {
      const setupContext = createSetupContext(instance)
      const setupResult = callWithErrorHandling(setup, instance, ErrorCodes.
SETUP_FUNCTION, [props, setupContext])
      ...
    }
    ...
}
```

createComponentInstance 函数用于创建组件实例，其中会调用 setupComponent 函数来执行 setup。setupComponent 函数会获取 instance.vnode 中的 props、children 和 shapeFlag 等信息，并将 instance 作为参数传给 setupStatefulComponent 函数。

在 setupStatefulComponent 函数中，首先获取组件的 setup 函数，并创建 setupContext。然后，通过 callWithErrorHandling 函数调用 setup 函数，传递 props 和 setupContext 作为参数。

setup 函数的调用逻辑是在组件实例创建时，通过 createComponentInstance 函数调用 setupComponent，再在 setupComponent 函数中调用 setupStatefulComponent 来执行 setup 函数。

ChatGPT 提到，setup 函数在 Vue3 源码中位于 packages/runtime-core/src/component.ts 文件中，具体是在 createComponentInstance 函数中调用的。跟着它提炼的信息，我们可以快速找到 setup 函数的源码，并进行学习和分析。

案例 2：

❓ **Prompt**

Vue3 中 reactive 函数在源码哪个位置呢？请给出这部分关键源码，并对这个函数调用逻辑进行分析。

◉ **ChatGPT**

在 Vue3 的源码中，reactive 函数的定义位于 packages/reactivity/src/reactive.ts 文件中。
以下是 reactive 函数的关键源码：

```
export function reactive(target: object) {
  // ...省略其他代码...
  return createReactiveObject(
    target,
    rawToReactive,
    reactiveToRaw,
    mutableHandlers,
    mutableCollectionHandlers
  )
}
```

```
function createReactiveObject(
  target: Target,
  toProxy: WeakMap<Target, any>,
  toRaw: WeakMap<any, Target>,
  baseHandlers: ProxyHandler<any>,
  collectionHandlers: ProxyHandler<any>
) {
  // ...省略其他代码...
  return proxy
}
```

reactive 函数的调用逻辑如下：

reactive 函数接收一个 target 参数，表示要转换为响应式对象的目标对象。在函数内部，通过调用 createReactiveObject 函数来创建响应式对象。

createReactiveObject 函数接收 5 个参数，分别是 target、toProxy、toRaw、baseHandlers 和 collectionHandlers。

toProxy 和 toRaw 是 WeakMap 类型的对象，用于将原始对象和响应式对象进行映射。baseHandlers 和 collectionHandlers 是 ProxyHandler 类型的对象，用于定义响应式对象的代理行为。

createReactiveObject 函数内部会根据 target 的类型来决定使用 baseHandlers 还是 collectionHandlers 作为代理行为。

最后，createReactiveObject 函数返回一个代理对象 proxy，即最终的响应式对象。

reactive 函数主要是调用 createReactiveObject 函数来创建响应式对象，而 createReactiveObject 函数则根据目标对象的类型和传入的代理行为来创建代理对象，并将原始对象和代理对象进行映射。我们继续提问：

❓ **Prompt**

createReactiveObject 方法的具体实现过程是怎样的？

🌀 **ChatGPT**

createReactiveObject 方法的具体实现过程如下：

```
function createReactiveObject(
  target: Target,
  toProxy: WeakMap<Target, any>,
  toRaw: WeakMap<any, Target>,
  baseHandlers: ProxyHandler<any>,
  collectionHandlers: ProxyHandler<any>
) {
  if (!isObject(target)) {
    // 如果目标对象不是一个对象，则直接返回目标对象
    return target
  }
```

```
// 检查是否已经有对应的响应式对象，如果有，则直接返回该响应式对象
const existingProxy = toProxy.get(target)
if (existingProxy) {
  return existingProxy
}
const targetType = getTargetType(target)
if (targetType === TargetType.INVALID) {
  // 不支持的数据类型，直接返回目标对象
  return target
}
const proxy = new Proxy(
  target,
  targetType === TargetType.COLLECTION ? collectionHandlers : baseHandlers
)
// 将原始对象和代理对象进行映射
toProxy.set(target, proxy)
toRaw.set(proxy, target)
return proxy
}
```

首先，判断 target 是否为一个对象，如果不是对象，则直接返回 target。

然后，检查是否已经有对应的响应式对象，如果已经存在，则直接返回该响应式对象。

接下来，通过调用 getTargetType 方法获取 target 的类型。getTargetType 方法根据 target 的类型判断是普通对象还是集合对象。

如果 targetType 为 INVALID，表示为不支持的数据类型，直接返回 target。

创建一个 Proxy 对象 proxy，并根据 targetType 选择相应的代理行为，即 baseHandlers 或 collectionHandlers。

将 target 和 proxy 进行映射，分别存储到 toProxy 和 toRaw 的 WeakMap 中。

最后，返回 proxy 作为响应式对象。

createReactiveObject 方法首先检查目标对象的类型和是否已经存在对应的响应式对象，然后根据目标对象的类型选择相应的代理行为，并创建代理对象。最后，将原始对象和代理对象进行映射，并返回代理对象作为响应式对象。

5.1.2　搜索 JavaScript 方法

在日常开发中，我们偶尔会忘记一些 JavaScript 方法，这时就可以通过 GPT 快速查漏补缺，获取对应的代码，提高开发效率。

案例 1：用 JavaScript 实现一个 LRU 缓存算法。

❷ Prompt

用 JavaScript 实现一个 LRU 缓存算法。

⑥ ChatGPT

以下是一个用 JavaScript 实现的 LRU 缓存算法：

```javascript
class LRUCache {
  constructor(capacity) {
    this.capacity = capacity;
    this.cache = new Map();
  }
  get(key) {
    if (this.cache.has(key)) {
      const value = this.cache.get(key);
      this.cache.delete(key);
      this.cache.set(key, value);
      return value;
    }
    return -1;
  }
  put(key, value) {
    if (this.cache.has(key)) {
      this.cache.delete(key);
    } else if (this.cache.size >= this.capacity) {
      const oldestKey = this.cache.keys().next().value;
      this.cache.delete(oldestKey);
    }
    this.cache.set(key, value);
  }
}
// Example usage:
const cache = new LRUCache(3);
cache.put(1, 'a');
cache.put(2, 'b');
cache.put(3, 'c');
console.log(cache.get(1)); // Output: 'a'
console.log(cache.get(2)); // Output: 'b'
cache.put(4, 'd');
console.log(cache.get(3)); // Output: -1 (key 3 is not present in the cache)
console.log(cache.get(4)); // Output: 'd'
```

在上面的例子中，LRUCache 类实现了一个 LRU 缓存算法。构造函数接收一个容量参数，用于指定缓存的最大容量。LRUCache 类有两个方法：get(key) 用于获取缓存中指定键的值，如果键不存在则返回 -1；put(key, value) 用于向缓存中插入一个键值对。如果插入操作导致缓存超过容量限制，则会删除最近最少使用的键值对。

LRUCache 类内部使用了一个 Map 对象来存储缓存数据。Map 对象是 JavaScript 的内置数据结构，它可以保持插入顺序，并且可以通过键来快速查找值。LRUCache 类通过在 get 操作时删除并重新插入键值对来实现最近使用的键值对移动到最后的效果，从而实现 LRU 缓存算法。

在上面的例子中，我们首先创建了一个容量为 3 的缓存对象 cache。然后通过 put 方法向缓存中插入三个键值对。接着使用 get 方法获取键为 1 和 2 的值，预期输出分别为 'a' 和 'b'。然后再插入一个新的键值对，导致缓存超过容量限制。最后使用 get 方法获取键为 3 和 4 的值，预期输出分别为 −1 和 'd'。

案例 2：用 JavaScript 实现一个深度递归和广度递归的算法。

❓ **Prompt**

用 JavaScript 实现一个深度递归和广度递归的算法。

⬡ **ChatGPT**

以下是用 JavaScript 实现的深度优先搜索（DFS）和广度优先搜索（BFS）算法的例子：

```
class Node {
  constructor(value) {
    this.value = value;
    this.children = [];
  }
  addChild(node) {
    this.children.push(node);
  }
}
// 深度优先搜索（DFS）算法
function dfs(node) {
  console.log(node.value);
  for (const child of node.children) {
    dfs(child);
  }
}
// 广度优先搜索（BFS）算法
function bfs(node) {
  const queue = [node];
  while (queue.length > 0) {
    const currentNode = queue.shift();
    console.log(currentNode.value);
    for (const child of currentNode.children) {
      queue.push(child);
    }
  }
}
// 创建一个示例树
const root = new Node(1);
const node2 = new Node(2);
const node3 = new Node(3);
const node4 = new Node(4);
const node5 = new Node(5);
const node6 = new Node(6);
root.addChild(node2);
```

```
root.addChild(node3);
node2.addChild(node4);
node2.addChild(node5);
node3.addChild(node6);
// 深度优先搜索示例
console.log("深度优先搜索示例:");
dfs(root);
// 广度优先搜索示例
console.log("广度优先搜索示例:");
bfs(root);
```

在上面的例子中，我们首先定义了一个 Node 类，用于表示树的节点。每个节点有一个 value 属性表示节点的值，以及一个 children 数组表示节点的子节点。

然后，我们定义了 dfs 函数来实现深度优先搜索算法。该函数首先输出当前节点的值，然后递归调用 dfs 函数来遍历当前节点的子节点。

接下来，我们定义了 bfs 函数来实现广度优先搜索算法。该函数使用一个队列来存储待访问的节点。首先将根节点入队列，然后循环执行以下步骤：从队列中取出一个节点，输出该节点的值，然后将该节点的子节点依次入队列。重复执行以上步骤直到队列为空。

最后，我们创建了一个示例树，并分别使用深度优先搜索和广度优先搜索算法来遍历树的节点。在示例中，深度优先搜索算法的输出顺序为 1、2、4、5、3、6，广度优先搜索算法的输出顺序为 1、2、3、4、5、6。

通过以上两个搜索方法的案例可以发现，ChatGPT 在搜索明确的 JavaScript 方法时给出的答案针对性是很强的，可准确地识别并搜索与 JavaScript 方法相关的信息。这使得 ChatGPT 在为开发人员提供精确的技术支持和指导方面非常有用。通过与 ChatGPT 的交互，我们可以更快地找到需要的 JavaScript 方法，并且可以获得与其相关的详细解释和示例代码，从而提高自己的开发效率和准确性。

5.1.3 自动优化代码

我们平时在构建代码时，如果觉得自己的代码逻辑构建得不太好，需要改进，增强它的扩展性和可读性，就可以利用 AI 辅助优化代码。

案例 1：

❷ Prompt

请注释以下代码，并进行优化改进。

```
function getDisTime(endtime) {
  const nowTime = new Date().getTime() / 1000;
  const discount = endtime - Math.floor(nowTime);
  const s = Math.floor(discount % 60);
```

```
        const m = Math.floor((discount / 60) % 60);
        const h = Math.floor((discount / (60 * 60)) % 24);
        const d = Math.floor(discount / (60 * 60 * 24));
        return { discount,d,h,m,s };
    }
```

⑥ ChatGPT

```
/**
    获取距离指定时间的倒计时
    @param {number} endtime - 结束时间，单位为秒
    @returns {object} - 返回包含倒计时信息的对象
    */
    function getDisTime(endtime) {
    // 获取当前时间的秒数
    const nowTime = new Date().getTime() / 1000;
    // 计算距离结束时间的秒数差
    const discount = endtime - Math.floor(nowTime);
    // 计算秒数
    const s = Math.floor(discount % 60);
    // 计算分钟数
    const m = Math.floor((discount / 60) % 60);
    // 计算小时数
    const h = Math.floor((discount / (60 * 60)) % 24);
    // 计算天数
    const d = Math.floor(discount / (60 * 60 * 24));
    // 返回倒计时信息的对象
    return { discount,d,h,m,s };
    }
    // 优化改进:
    // 1. 将获取当前时间的逻辑提取到函数外部，作为参数传入，避免函数内部每次调用都获取当前时间。
    // 2. 使用取模运算和整除运算，计算秒数、分钟数、小时数和天数，避免多次调用Math.floor函数。
    // 3. 将计算结果作为对象属性的值，直接返回对象，避免创建临时变量。
    // 4. 修改注释，提供函数的详细信息和参数说明。
    /**
    获取距离指定时间的倒计时
    @param {number} endtime - 结束时间，单位为秒
    @param {number} currentTime - 当前时间，单位为秒
    @returns {object} - 返回包含倒计时信息的对象
    */
    function getDisTime(endtime, currentTime) {
    const discount = endtime - Math.floor(currentTime);
    const s = discount % 60;
    const m = (discount / 60) % 60;
    const h = (discount / (60 * 60)) % 24;
    const d = discount / (60 * 60 * 24);
    return { discount,d,h,m,s };
    }
```

　　当把这个倒计时的 getDisTime 方法提供给 ChatGPT，让它进行优化和注释的时候，它是能确切理解并给出对应答案的。

案例 2：

❓ Prompt

请解释和优化以下代码：

```
export function cloneDeep(obj) {
const objClone = Array.isArray(obj) ? [] : {};
if (obj && typeof obj === "object") {
for (const key in obj) {
if (obj[key]) {
// 判断obj的子属性是否为对象，如果是，递归复制
if (obj[key] && typeof obj[key] === "object") {
objClone[key] = cloneDeep(obj[key]);
} else {
// 如果不是，简单复制
objClone[key] = obj[key];
}
}
}
}
return objClone;
}
```

⑤ ChatGPT

这段代码是一个深拷贝函数，用于复制一个对象或数组并返回一个新的对象或数组。

代码首先根据传入的参数 obj 的类型创建一个对应的空对象或空数组 objClone。然后通过判断 obj 是否为对象类型，进入 for 循环遍历 obj 的所有属性。

在循环中，首先判断 obj 的子属性是否为对象类型，如果是，则通过递归调用 cloneDeep 函数来复制子属性，并将复制后的结果赋值给 objClone 的相应属性。如果子属性不是对象类型，则直接将其赋值给 objClone 的相应属性。

最后，函数返回复制后的 objClone 对象或数组。

这段代码的优化点如下：

❑ 使用严格相等运算符"==="来判断 obj 的类型，避免隐式类型转换带来的问题。

❑ 使用 Object.prototype.hasOwnProperty 方法来判断 obj 的属性是否为自身属性，避免遍历到继承自原型链的属性。

❑ 使用 Object.keys 方法获取 obj 的所有属性，避免遍历到原型链上的属性。

❑ 使用 Map 数据结构来保存已经复制过的对象，以解决循环引用的问题。

优化后的代码如下：

```
export function cloneDeep(obj, map = new Map()) {
if (obj === null || typeof obj !== "object") {
return obj;
}
```

```
if (map.has(obj)) {
return map.get(obj);
}
const objClone = Array.isArray(obj) ? [] : {};
map.set(obj, objClone);
Object.keys(obj).forEach(key => {
if (obj.hasOwnProperty(key)) {
objClone[key] = cloneDeep(obj[key], map);
}
});
return objClone;
}
```

这段代码在原有的基础上，增加了一个 map 参数，用于保存已经复制过的对象。在每次递归调用 cloneDeep 函数之前，首先判断 map 中是否已经存在了 obj 对应的复制对象，如果存在，则直接返回复制对象，避免无限递归。在每次完成复制后，将 obj 和复制对象的映射关系保存到 map 中。

这样，当遇到循环引用的情况时，可以通过 map 来获取已经复制过的对象，避免无限递归。同时，使用 Object.keys 方法和 hasOwnProperty 方法来遍历和判断 obj 的属性，避免遍历到原型链上的属性。

在这个案例中，我们的提示词是让它解释并优化代码，和案例 1 的提示词有区别，且得到的答案也对应得上，所以 ChatGPT 在解释和优化代码这方面确实能提升我们的日常开发效率。

5.1.4　智能推荐和补全 TypeScript 类型

在 TypeScript 的前端开发中，类型注解是一项烦琐但必要的任务，它对于代码的可读性和类型安全性至关重要。然而，开发人员经常花费大量时间来定义类型。幸运的是，现在的 AI 工具为我们提供了更快速的方式来完成这项工作。

GitHub Copilot 和 ChatGPT 等工具在 TypeScript 开发中扮演着重要的角色。它们根据代码的上下文自动补全类型注解，极大地减轻了开发人员的负担。不论是为函数的参数类型编写注解，还是定义复杂对象的结构，这些工具都能提供准确的类型建议。我们只需将代码片段输入 AI 工具中，它们就会快速分析代码并生成相应的类型注解，从而节省了大量的时间和精力。

因此，利用 AI 工具来完成 TypeScript 开发中的类型注解工作，能显著提高开发效率。开发人员可以将更多的精力投入到业务逻辑的实现上，同时保证代码的可读性和类型安全性。

1. 智能补全 TypeScript 类型注解

在日常的前端开发中，我们经常使用 VS Code 编辑器，并借助 GitHub Copilot 插件来补全代码。Copilot 能够根据代码上下文智能推断类型，并自动补全 TypeScript 类型信息。同时，

ChatGPT 作为 AI 助手也能提供类似的功能，帮助我们自动生成复杂代码的类型声明。

❓ Prompt

请将如下代码补全类型：

```
function multiply(a, b) {
  return a * b;
}
```

⬡ ChatGPT

当然！下面是带有类型注解的代码：

```
function multiply(a: number, b: number): number {
return a * b;
}
```

在这个更新的代码中，a 和 b 参数被注解为 number 类型，表示它们应该是数字。返回类型也被注解为 number，表示该函数将返回一个数字。

❓ Prompt

将如下代码生成对应的 TypeScript 类型注解：

```
const user = { name: 'Alice', age: 25, };
```

⬡ ChatGPT

可以使用以下类型注解来为 user 对象添加类型信息：

```
const user: {
  name: string;
  age: number;} = {
  name: 'Alice',
  age: 25,};
```

在这段代码中，user 对象被注解为一个具有 name 和 age 属性的对象。name 属性是一个字符串类型，表示用户的名字。age 属性是一个数字类型，表示用户的年龄。

2. 校正已有的类型声明

在实际的前端开发中，我们可能会遇到已有代码中存在大量 any 类型或其他类型的情况。这些不明确的类型声明会降低代码的类型安全性和可读性。然而借助 ChatGPT 这样的 AI 工具，可以有效地校正这些 TypeScript 类型声明，提高代码的质量和可维护性。示例如下：

❓ Prompt

请优化以下代码：

```
function add(a: any, b: any): any {
    return a + b;
}
const result: any = add(5, '10');
```

ChatGPT

```
function add(a: number, b: number): number {
  return a + b;
}
const result: number = add(5, 10);
```

利用 ChatGPT，我们可以对不明确的 any 类型进行校正，提高代码的类型安全性。

在 ChatGPT 的建议下，我们成功地将原始代码中的 any 类型替换为更明确的数值类型。这样，我们在进行类型推断和类型检查时将获得更准确的结果，减少了潜在的错误和调试时间。

在校正已有的类型声明时，需要保持谨慎态度并结合自身的知识和经验。虽然 ChatGPT 提供了有价值的建议，但对于复杂或特定领域的类型问题，仍需进行人工调整和验证。

3. 利用 ChatGPT 分析类型错误

当我们在开发过程中遇到类型错误时，可以将错误信息复制到 ChatGPT 中进行咨询。ChatGPT 能够快速分析类型错误，并给出正确的类型建议。这为我们解决类型相关的问题提供了方便。假设我们在代码中遇到以下类型错误：

Prompt

请校正以下代码的错误：

```
function add(a: number, b: string): number {
 return a + b;
}
```

ChatGPT

```
function add(a: number, b: string): string {
    return a.toString() + b;
}
```

利用智能推荐和补全 TypeScript 类型的功能，我们能够极大地提高前端开发效率。AI 工具可以自动补全类型、分析类型错误，并生成复杂代码的类型声明。这样，我们可以将更多精力投入到业务逻辑的实现上，同时确保代码的可读性和类型安全性。然而，我们需要谨慎使用，并理解其局限性。

5.2　利用 ChatGPT 写代码

5.2.1　生成项目打包配置文件

在前端开发中，我们经常需要设置一些配置文件来进行构建和部署。这些配置文件对于有经验的开发者来说可能已经准备好了，但初学者可能会对此有些困惑。不过，现在你可以尝试使用 ChatGPT 来生成这些配置文件，它会为你提供一套完整的配置模板，让你更轻松地进行前端开发。

案例 1：webpack。

请给我一个完整的 webpack.config.js 配置文件。

以下是一个基本的 webpack.config.js 配置文件的示例：

```javascript
const path = require('path');
module.exports = {
  entry: './src/index.js', // 入口文件
  output: {
    path: path.resolve(__dirname, 'dist'), // 输出路径
    filename: 'bundle.js' // 输出文件名称
  },
  module: {
    rules: [
      {
        test: /\.js$/, // 匹配所有.js文件
        exclude: /node_modules/, // 排除node_modules文件夹
        use: {
          loader: 'babel-loader', // 使用babel-loader进行转译
          options: {
            presets: ['@babel/preset-env'] // 使用@babel/preset-env预设
          }
        }
      },
      {
        test: /\.css$/, // 匹配所有.css文件
        use: ['style-loader', 'css-loader'] // 使用style-loader和css-loader
      }
    ]
  },
  devServer: {
    contentBase: path.resolve(__dirname, 'dist'), // devServer启动的路径
    port: 8080, // devServer运行的端口
    open: true // 自动打开浏览器
  }
};
```

该配置文件做了以下几件事情：

❑ 设置入口文件为 ./src/index.js。

❑ 设置输出路径为 dist 文件夹，输出文件名称为 bundle.js。

❑ 配置了两个规则：对所有 .js 文件使用 babel-loader 进行转译；对所有 .css 文件使用 style-loader 和 css-loader 进行处理。

❑ 配置了一个简单的开发服务器（devServer），指定了启动路径、端口号和是否自动打开浏览器。

请注意，这只是一个基本的配置文件示例，具体的配置根据你的项目需求可能会有所不同。你可以根据需要添加或修改其他配置项。

案例 2：Nginx。

❓ Prompt

Nginx 配置文件，启动端口为 8088，代理到本地服务端口 3000，增加 HTTPS 配置。

⑤ ChatGPT

以下是一个基本的 Nginx 配置文件示例，将启动端口设置为 8088，并将本地服务端口 3000 代理到 Nginx 上，且增加了 HTTPS 配置：

```
http {
    server {
        listen 8088; // 监听的端口号
        server_name localhost; // 服务器名称
        location / {
            proxy_pass http://localhost:3000; // 代理到本地服务端口3000
            proxy_set_header Host $host;
            proxy_set_header X-Real-IP $remote_addr;
            proxy_set_header X-Forwarded-For $proxy_add_x_forwarded_for;
        }
        # HTTPS配置
        listen 443 ssl;
        ssl_certificate /path/to/certificate.crt; // SSL证书路径
        ssl_certificate_key /path/to/private.key; // SSL私钥路径
        location / {
            proxy_pass http://localhost:3000; // 代理到本地服务端口3000
            proxy_set_header Host $host;
            proxy_set_header X-Real-IP $remote_addr;
            proxy_set_header X-Forwarded-For $proxy_add_x_forwarded_for;
        }
    }
}
```

请注意，上述示例中的 /path/to/certificate.crt 和 /path/to/private.key 需要替换为你实际的 SSL 证书和私钥的路径。另外，如果你的服务端口 3000 是通过 HTTPS 协议访问的，你还需要在本地服务的配置中启用 HTTPS。

案例 3：tsconfig。

❓ Prompt

给我一个完整的 tsconfig 配置文件。

⑤ ChatGPT

以下是一个完整的 tsconfig.json 配置文件的示例：

```
{
  "compilerOptions": {
    "target": "es5", // 目标编译版本
    "module": "commonjs", // 模块化规范
    "lib": ["es6", "dom"], // 引入的库
    "strict": true, // 启用严格模式
    "esModuleInterop": true, // 启用esModuleInterop
    "skipLibCheck": true, // 跳过检查引入的库文件
    "forceConsistentCasingInFileNames": true, // 强制文件名大小写一致
    "noImplicitReturns": true, // 禁止函数缺少返回类型
    "noUnusedLocals": true, // 禁止未使用的本地变量
    "sourceMap": true, // 生成source map文件
    "outDir": "./dist", // 输出目录
    "rootDir": "./src", // 根目录
    "baseUrl": "./src", // 模块解析基本路径
    "paths": { // 路径别名配置
      "@/*": ["*"]
    }
  },
  "include": ["src/**/*.ts"], // 需要编译的文件路径
  "exclude": ["node_modules"] // 排除的文件路径
}
```

该配置文件做了以下几件事情：

- ❑ 设置了目标编译版本为 ES5。
- ❑ 使用 CommonJS 作为模块化规范。
- ❑ 引入了 ES6 和 DOM 库。
- ❑ 启用了严格模式和 esModuleInterop。
- ❑ 跳过检查引入的库文件。
- ❑ 强制文件名大小写一致。
- ❑ 禁止函数缺少返回类型和未使用的本地变量。
- ❑ 生成 source map 文件。
- ❑ 设置输出目录为 dist，根目录为 src。
- ❑ 配置了模块解析的基本路径和路径别名。

请注意，具体的配置根据你的项目需求可能会有所不同。你可以根据需要添加或修改其他配置项。

案例 4：vite。

❓ Prompt

给我一个完整的 vite.config.js 配置文件。

> ⑤ **ChatGPT**
>
> 以下是一个完整的 vite.config.js 配置文件的示例：
>
> ```js
> import { defineConfig } from 'vite';
> import vue from '@vitejs/plugin-vue';
> export default defineConfig({
>   plugins: [vue()], // 使用vue插件
>   server: {
>     port: 3000, // 启动端口
>     proxy: {
>       '/api': {
>         target: 'http://localhost:8080', // 代理到本地服务端口8080
>         changeOrigin: true,
>         rewrite: (path) => path.replace(/^\/api/, '') // 去掉/api前缀
>       }
>     }
>   },
>   build: {
>     outDir: 'dist', // 输出目录
>     assetsDir: 'assets', // 静态资源目录
>     sourcemap: true, // 生成source map文件
>     terserOptions: {
>       compress: {
>         drop_console: true // 去除console.log语句
>       }
>     }
>   }
> });
> ```
>
> 该配置文件做了以下几件事情：
> - 使用 @vitejs/plugin-vue 插件来支持 Vue 单文件组件。
> - 配置了开发服务器的端口为 3000，并将请求代理到本地服务端口 8080。
> - 在代理配置中通过 rewrite 选项去掉了 /api 前缀。
> - 配置了构建输出目录为 dist，静态资源目录为 assets。
> - 生成 source map 文件，并配置了 terserOptions 来去除 console.log 语句。
>
> 请注意，具体的配置根据你的项目需求可能会有所不同。你可以根据需要添加或修改其他配置项。

对于初学者来说，这种方式是特别友好和方便的，可以快速、轻松地上手开发。然后你还可以根据自己的需求，继续往下提问，获取更多的配置项。

5.2.2　快速构建正则表达式

案例 1：校验一个较复杂的密码规则。

❷ Prompt

帮我写一个正则表达式：需要 8～16 位字符，同时包括数字、大小写字母和特殊字符，其中特殊字符最多不能超过 3 个，且需要在 "@#$*_-+=:,.?[]{}" 范围内，并给出对应的测试案例。

⊙ ChatGPT

正则表达式如下：

```
^(?=(?:[^@#$*\_\-+=:,.?[\]{}]*[@#$*\_\-+=:,.?[\]{}]){1,3}[^@#$*\_\-+=:,.?[\]{}]*$)(?=(?:.*\d))(?=(?:.*[A-Z]))(?=(?:.*[a-z])).{8,16}$
```

这个正则表达式依次检查以下条件：

1. (?=(?:[^@#$*\_\-+=:,.?[\]{}]*[@#$*_\-+=:,.?[\]{}]){1,3}[^@#$*\_\-+=:,.?[\]{}]*$)：特殊字符在指定范围内，并且出现 1 到 3 次。

2. (?=(?:.*\d))：至少包含一个数字。

3. (?=(?:.*[A-Z]))：至少包含一个大写字母。

4. (?=(?:.*[a-z]))：至少包含一个小写字母。

5. .{8,16}：总长度为 8 到 16 个字符。

测试案例：

成功匹配：

A1b2C3d#、aaBB11@@22、aB1*cdEf_

失败匹配：

abcdef（不包含数字和特殊字符）

ABCDEF12（不包含特殊字符）

abc123!@#$%（特殊字符超过 3 个）

abCD12$（长度小于 8）

ABCDEFGhijklmnop12$（长度超过 16）

❷ Prompt

请使用 JavaScript 提供的正则方法来进行验证。

⊙ ChatGPT

在 JavaScript 中，可以使用正则表达式和 String.prototype.match() 方法或 RegExp.prototype.test() 方法来验证字符串是否满足要求。以下是如何使用这个正则表达式进行测试的示例代码：

```javascript
function validatePassword(password) {
    var regex = /^(?=(?:[^@#$*\_\-+=:,.?[\]{}]*[@#$*\_\-+=:,.?[\]{}]){1,3}[^@#$*\_\-+=:,.?[\]{}]*$)(?=(?:.*\d))(?=(?:.*[A-Z]))(?=(?:.*[a-z])).{8,16}$/;
    return regex.test(password);
```

```
}
// 测试案例
console.log(validatePassword('A1b2C3d#'));        // true
console.log(validatePassword('aaBB11@@22'));      // true
console.log(validatePassword('aB1*cdEf_'));       // true
console.log(validatePassword('abcdef'));          // false
console.log(validatePassword('ABCDEF12'));        // false
console.log(validatePassword('abc123!@#$%'));     // false
console.log(validatePassword('abCD12$'));         // false
console.log(validatePassword('ABCDEFGhijklmnop12$')); // false
```

案例 2：截取指定小数。

❓ Prompt

给我一个 JavaScript 的正则表达式，截取 n 位小数，能四舍五入，并给出测试过程。

ChatGPT

以下是一个截取 n 位小数并四舍五入的 JavaScript 正则表达式：

```
function roundToNDecimalPlaces(number, n) {
  const regex = new RegExp(`^-?\\d+(?:\\.\\d{0,${n}})?`);
  const match = number.toString().match(regex);
  if (match) {
    return parseFloat(match[0]);
  }
  return NaN;
}
// 测试过程
console.log(roundToNDecimalPlaces(3.14159265359, 2)); // 输出: 3.14
console.log(roundToNDecimalPlaces(3.14159265359, 4)); // 输出: 3.1416
console.log(roundToNDecimalPlaces(3.14159265359, 8)); //输出: 3.14159265
console.log(roundToNDecimalPlaces(-3.14159265359, 2)); // 输出: -3.14
console.log(roundToNDecimalPlaces(12345, 3)); // 输出: 12345.0
console.log(roundToNDecimalPlaces("3.14159265359", 4))//输出: 3.1416
console.log(roundToNDecimalPlaces("Hello", 2)); // 输出: NaN
```

这个正则表达式将匹配以可选的负号开头，后面跟一个或多个数字，然后是一个可选的小数点和最多 n 个小数位。如果匹配成功，则返回截取并四舍五入后的结果；否则返回 NaN。测试过程中展示了几个不同的输入和对应的输出。

有些时候给出的答案并不一定是正确的，得到结果之后，我们需要去验证一下。

❓ Prompt

执行 roundToNDecimalPlaces("2.788",2) 之后得到结果 2.78，并不是正确结果，正确结果应该是 2.79。

ChatGPT

对不起，我之前的回答有误。正则表达式在这种情况下只能截取小数位，无法进行四舍五入。要实现四舍五入功能，可以使用以下代码：

```
function roundToNDecimalPlaces(number, n) {
return Math.round(number * Math.pow(10, n)) / Math.pow(10, n);
}
// 测试过程
console.log(roundToNDecimalPlaces(3.14159265359, 2)); // 输出: 3.14
console.log(roundToNDecimalPlaces(3.14159265359, 4)); // 输出: 3.1416
console.log(roundToNDecimalPlaces(3.14159265359, 8)); // 输出: 3.14159265
console.log(roundToNDecimalPlaces(-3.14159265359, 2)); // 输出: -3.14
console.log(roundToNDecimalPlaces(12345, 3)); // 输出: 12345.0
console.log(roundToNDecimalPlaces("3.14159265359", 4)); // 输出: 3.1416
```

这里使用了 Math.round() 方法来进行四舍五入操作。首先，将原始数字乘以 10 的 n 次方，这样小数点就向右移动了 n 位。然后使用 Math.round() 方法对结果进行四舍五入。最后，再将结果除以 10 的 n 次方，将小数点还原到正确位置。

执行 roundToNDecimalPlaces("2.788", 2)，得到的结果是 2.79。

经过验证发现错误之后，继续让它进行修改，最终得到我们想要的答案。

5.3 利用 ChatGPT 在前端开发中快速生成 Vue 组件

ChatGPT 应用在前端开发中的意义在于提高开发效率、促进学习和知识获取、提供设计和架构建议，以及提供辅助和团队协作支持。它可以为开发人员提供智能化的辅助和指导，使他们更加高效、准确地完成前端开发工作，并在不断学习和进步的过程中提升技能水平。

❓ **Prompt**
请以前端专家的角色，给出一个 Vue 版本的模态框组件。

💬 **ChatGPT**

```
<template>
  <div>
    <button @click="openModal">Open Modal</button>
    <div v-if="showModal" class="modal">
      <div class="modal-content">
        <h2>Modal Title</h2>
        <p>Modal content goes here...</p>
        <button @click="closeModal">Close</button>
      </div>
    </div>
  </div>
</template>
<script>
export default {
  data() {
```

```
      return {
        showModal: false
      };
    },
    methods: {
      openModal() {
        this.showModal = true;
      },
      closeModal() {
        this.showModal = false;
      }
    }
};
</script>

<style scoped>
.modal {
  position: fixed;
  top: 0;
  left: 0;
  width: 100%;
  height: 100%;
  background-color: rgba(0, 0, 0, 0.5);
  display: flex;
  align-items: center;
  justify-content: center;
}

.modal-content {
  background-color: #fff;
  padding: 20px;
}

button {
  background-color: #007bff;
  color: #fff;
  padding: 10px 20px;
  border: none;
  cursor: pointer;
}

button:hover {
  background-color: #0056b3;
}
</style>
```

这是一个简单的模态框组件，使用 Vue 实现。单击按钮将打开模态框，模态框中包含标题、内容和关闭按钮，图 5-1 展示了代码运行的效果图。

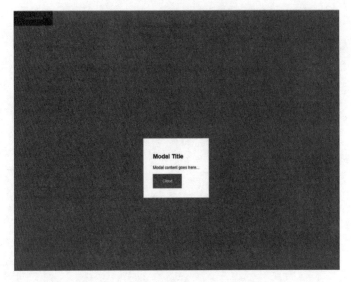

图 5-1　生成的模态框组件运行效果图

把组件代码直接复制到 VS Code 项目中即可直接运行，但是当前代码还不完善，我们可以进一步通过 ChatGPT 进行优化。

❓ Prompt

请在 Vue 版本的模态框组件中加入确定提交和取消提交逻辑。

ChatGPT

```
<template>
  <div>
    <button @click="openModal">Open Modal</button>
    <div v-if="showModal" class="modal">
      <div class="modal-content">
        <h2>Modal Title</h2>
        <p>Modal content goes here...</p>
        <div class="modal-actions">
          <button @click="submitModal">Submit</button>
          <button @click="closeModal">Cancel</button>
        </div>
      </div>
    </div>
  </div>
</template>
<script>
export default {
  data() {
    return {
      showModal: false
    };
```

```
      },
      methods: {
        openModal() {
          this.showModal = true;
        },
        closeModal() {
          this.showModal = false;
        },
        submitModal() {
          // Perform submit logic here
          console.log('Modal submitted');
          this.closeModal();
        }
      }
    };
  </script>
  <style scoped>
  .modal {
    position: fixed;
    top: 0;
    left: 0;
    width: 100%;
    height: 100%;
    background-color: rgba(0, 0, 0, 0.5);
    display: flex;
    align-items: center;
    justify-content: center;
  }
  .modal-content {
    background-color: #fff;
    padding: 20px;
  }
  button {
    background-color: #007bff;
    color: #fff;
    padding: 10px 20px;
    border: none;
    cursor: pointer;
    margin-left: 10px;
  }
  button:hover {
    background-color: #0056b3;
  }
  </style>
```

　　在这个示例中，ChatGPT 在模态框组件中添加了确定提交和取消提交的逻辑。单击 Submit 按钮将执行 submitModal 方法，可以在该方法中进行提交逻辑的处理。单击 Cancel 按钮将执行 closeModal 方法，关闭模态框。图 5-2 展示了代码运行的效果图。

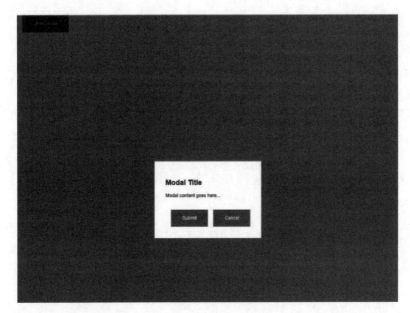

图 5-2　ChatGPT 二次优化后生成的模态框组件运行效果图

显然，ChatGPT 根据我们的要求优化了代码，此时还可以进一步优化。

❓ Prompt

请在确认提交的逻辑中加入请求后端接口的代码，取消提交则关闭模态框。

⑥ ChatGPT

```
submitModal() {
    // Perform submit logic here
    console.log('Submitting modal...');
    // Simulating a backend API call
    setTimeout(() => {
      console.log('Modal submitted to backend');
      this.closeModal();
    }, 2000);
  }
```

在这个示例中，ChatGPT 在确认提交的逻辑中添加了一个模拟的后端 API 调用，通过 setTimeout 函数来模拟请求后端接口的过程。在实际项目中，可以替换为真实的后端接口请求代码。

在提交逻辑中，ChatGPT 通过在 setTimeout 回调函数中调用 this.closeModal() 来关闭模态框。这表示在模拟的后端请求完成后，模态框将被关闭。如果不需要等待后端响应，可以直接在 submitModal 方法中调用 this.closeModal()。代码运行效果如图 5-3 所示。

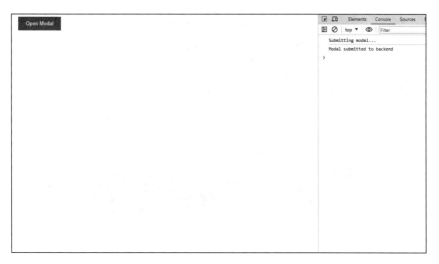

图 5-3 模拟的后端 API 调用运行效果图

通过图 5-3 右侧的 Console，可以看到 ChatGPT 实现了我们的要求，可以再继续让它进行优化。

❓ **Prompt**

请把标题、内容部分设置为可以支持动态传值自定义。

⑯ **ChatGPT**

```
<h2>{{ title }}</h2>
<p>{{ content }}</p>
props: {
  title: {
    type: String,
    default: 'Modal Title'
  },
  content: {
    type: String,
    default: 'Modal content goes here...'
  }
}
```

在这个示例中，添加了 title 和 content 两个自定义属性，它们分别用于接收标题和内容的动态传值。如果没有传入对应的属性值，默认使用预设值。

使用该组件时，可以传入自定义的标题和内容 <Modal title=" 我是标题 "content=" 我是内容嘿嘿 " />，运行效果如图 5-4 所示。

通过图 5-4 可以看到，ChatGPT 已经实现了动态传值的要求，然而我们还想在打开或关闭模态框时具有渐变的动态效果，接下来我们再继续优化。

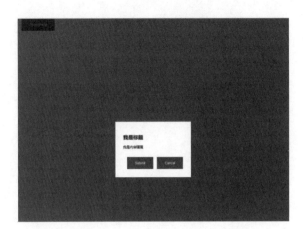

图 5-4　动态传值运行效果图

❓ Prompt

请在弹出模态框时加入渐变动画效果。

⑯ ChatGPT

```
<template>
  <div>
    <button @click="openModal">Open Modal</button>
    <transition name="modal-fade">
      <div v-if="showModal" class="modal">
        <div class="modal-content">
          <h2>{{ title }}</h2>
          <p>{{ content }}</p>
          <div class="modal-actions">
            <button @click="submitModal">Submit</button>
            <button @click="closeModal">Cancel</button>
          </div>
        </div>
      </div>
    </transition>
  </div>
</template>
<script>
export default {
  props: {
    title: {
      type: String,
      default: 'Modal Title'
    },
    content: {
      type: String,
      default: 'Modal content goes here...'
    }
```

```
      },
    data() {
      return {
        showModal: false
    };
    },
    methods: {
      openModal() {
        this.showModal = true;
      },
      closeModal() {
        this.showModal = false;
      },
      submitModal() {
        // Perform submit logic here
        console.log('Submitting modal...');
        // Simulating a backend API call
        setTimeout(() => {
          console.log('Modal submitted to backend');
          this.closeModal();
        }, 2000);
      }
    }
};
</script>
<style scoped>
.modal {
  position: fixed;
  top: 0;
  left: 0;
  width: 100%;
  height: 100%;
  background-color: rgba(0, 0, 0, 0.5);
  display: flex;
  align-items: center;
  justify-content: center;
  transition: opacity 0.3s;
}
.modal-fade-enter-active,
.modal-fade-leave-active {
  transition: opacity 0.3s;
}
.modal-fade-enter,
.modal-fade-leave-to {
  opacity: 0;
}
.modal-content {
  background-color: #fff;
  padding: 20px;
}
```

```
.modal-actions {
  display: flex;
  justify-content: flex-end;
  margin-top: 20px;
}
button {
  background-color: #007bff;
  color: #fff;
  padding: 10px 20px;
  border: none;
  cursor: pointer;
  margin-left: 10px;
}
button:hover {
  background-color: #0056b3;
}
</style>
```

在这个示例中，使用了 Vue 的过渡效果，通过添加 <transition> 标签将模态框内容包裹起来，并给它添加了 name="modal-fade" 属性。

接着，在样式中定义了过渡效果的类名，并设置了过渡的持续时间。在模态框出现时，通过添加 .modal-fade-enter-active 和 .modal-fade-enter 类名，使模态框逐渐淡入；在模态框消失时，通过添加 .modal-fade-leave-active 和 .modal-fade-leave-to 类名，使模态框逐渐淡出。这样，当打开或关闭模态框时，会应用渐变动画效果。

通过与 ChatGPT 进行对话，开发人员可以快速获取代码片段、生成组件结构等，并获得针对具体问题的解答和建议，从而减少工作量。

AI 辅助后端编程

本章将开发一个比较有代表性的商城项目。相对于其他类型的软件开发，商城软件开发具有一些独特的挑战和要求，需要在业务逻辑、数据处理、多渠道接入、安全性和性能等方面进行深入的考虑和实现。一个是关于前后端沟通的接口文档快速生成工作，都属于开发参与中会碰到的问题。那 AI 在这样的问题下有怎么样的表现呢？

6.1 AI 辅助商城应用开发：用 ChatGPT 写简单的生鲜小超市项目

为了更深入地理解 AI 在后端开发中的实际应用，我们来看一个实际的案例。

小帅是一名程序员，有多年的开发经验。他刚下班回来，一脸疲倦。收到好朋友小美消息，小美是他从小玩大的好朋友，现在已经是一家生鲜超市的老板，虽然超市里货品种类很多，新鲜且价格公道，但超市离热闹的小区有一点距离，大大减少了顾客频繁来购买的热情。

小美听说小帅是一名程序员，想希望通过小帅的专业技能为自己开发一个生鲜超市的在线商城系统，让用户可在线购买小美超市的菜品，并让小美自己统一送过去。

小帅心一想：自己虽然可以办到，但是自己下班的时间本就不多，且里面很多细节估计小美自己都不清楚。但是又碍于多年的交情，小帅不忍心拒绝。最后小帅决定寻求 AI 技术的帮助来辅助他开发商城系统的过程，以此来解决他的时间问题和资源限制。

商城项目是一个常见且具有挑战性的软件开发任务，它通常要求设计和实现一个完整的电子商务平台，包括商品展示、购物车管理、支付流程等功能。然而，小帅发现小美需要的是一个简洁、易用且功能完善的生鲜小超市系统，以满足社区用户的购物需求。系统的重点是保证用户能够顺利地浏览菜品、配置菜品、注册登录和下单，并提供良好的用户体验和可靠的功能性。于是小帅咨询 ChatGPT：

❓ **Prompt**

一个简易的生鲜小超市的整体框架思路和流程是怎样的？

🌀 **ChatGPT**

生鲜小超市开发的整体框架思路如下：

（1）用户注册与登录

用户可以通过注册账号来成为生鲜小超市的会员。用户需要提供基本的个人信息，并设置登录密码。注册成功后，用户可以使用账号和密码进行登录。

（2）浏览菜品

用户登录后，可以浏览生鲜小超市的菜品列表。菜品列表按照分类和标签进行组织，方便用户快速找到所需的商品。用户可以点击菜品查看详细信息，包括商品描述、价格、库存量等。

（3）购物车管理

用户可以将感兴趣的菜品添加到购物车中。购物车中显示已选菜品的数量和总价，并提供修改数量和删除菜品的功能。用户可以随时查看购物车的内容，并调整购物车中的商品。

（4）结算与支付

用户在购物车中确认所选商品后，可以选择结算并进入支付流程。用户可以选择支付方式，如在线支付、货到付款等。在支付过程中，系统会对用户的支付信息进行验证和处理，并生成订单。

（5）订单管理与配送

系统会为每个成功支付的订单生成唯一的订单号，并保存订单信息。商家会根据订单信息进行商品的准备和配送工作。用户可以在系统中查看订单状态和配送进度，以及提供反馈和评价。

（6）用户管理与个人中心

用户可以在个人中心查看和编辑个人信息，包括姓名、联系方式、收货地址等。用户可以查看自己的订单历史记录，并进行订单的取消或退款操作。用户还可以管理收藏的菜品和设置个人偏好，以便系统能够提供个性化的推荐服务。

总体而言，开发目标是设计一个简洁、易用且功能完善的生鲜小超市系统，以满足社区用户的购物需求。系统的重点是保证用户能够顺利地浏览菜品、配置菜品、注册登录和下单，并提供良好的用户体验和可靠的功能性。

有了这么好的产品 AI 作为帮手，小帅开始认真对待了：因为小帅有自己的本地环境，用的是 Go 语言，并且也熟知 HTML，所以这个项目已经是板上钉钉的事情了，关键是 AI 能帮自己省下多少时间或给自己带来怎样的思路。下面以小帅的视角来展开介绍 AI 辅助开发的详细过程。

6.1.1 开发准备

开发的准备工作一般来说都是环境的安装和配置。为了确保这个过程顺利进行，需要明确安装和配置的具体内容。所以，接下来的问题就是：

❓ **Prompt**

如果要开发以上功能，基于 Go+MySQL+Redis 在 Mac 上进行开发商城需要安装什么软件或配置什么环境？

🟢 **ChatGPT**

在 Mac 上使用 Go、MySQL 和 Redis，您需要安装以下软件：

- Go，您可以从官方网站下载并安装：https://golang.org/doc/install。
- MySQL，您可以从官方网站下载并安装：https://dev.mysql.com/downloads/mysql/。
- Redis，您可以使用 Homebrew 安装：brewinstallredis。安装完成后，您可以使用以下命令启动 Redis：redis-server。

如果您使用的是其他操作系统，请参考相应的文档进行安装。

我们之前已经安装了 Go、MySQL、Redis 和 APIPost 等，准备工作已经完成。

6.1.2 方案设计

接下来要有详细的构思方案，看看 AI 能为我们提供什么帮助。

❓ **Prompt**

接着上面，开发方案需要分几步？

🟢 **ChatGPT**

为了开发一个生鲜超市的商城项目，您需要完成以下步骤：

1）确定需求：与客户沟通，确定项目的需求和功能。

2）设计架构：设计项目的架构，包括前端、后端和数据库。

3）选择技术栈：根据项目的需求和功能，选择合适的技术栈。

4）编写代码：根据设计的架构和选择的技术栈，编写代码。

5）测试和调试：对编写的代码进行测试和调试，确保项目的质量。

6）部署和上线：将项目部署到服务器上，并上线运行。

7）维护和优化：对项目进行维护和优化，确保项目的稳定性和性能。

以上是开发一个生鲜超市的商城项目的基本步骤，您可以根据实际情况进行调整和优化。

本项目将不涉及物流及售后问题，因此主要的功能包括商品首页、浏览商品详情、购物车、下单结算、登录注册等页面。

6.1.3 建表功能

实现数据存储一般要准备什么、怎么做，需要在数据库中创建一个用于存储用户信息的数据表，那我们先要创建一张用户表。这里提问建表的过程只选取了用户表作为示例，其他建表的问答与用户表类似。

❓ **Prompt**

请给生鲜超市创建一张用户表，用来存储用户相关的数据。

◉ **ChatGPT**

```
CREATE TABLE user (
  id INT PRIMARY KEY AUTO_INCREMENT,
  username VARCHAR(50) NOT NULL,
  password VARCHAR(50) NOT NULL,
  email VARCHAR(50) NOT NULL,
  phone VARCHAR(20) NOT NULL,
  address VARCHAR(100) NOT NULL
);
```

以上 SQL 语句创建了一个名为 user 的表，包含 id、username、password、email、phone 和 address 六个字段。其中 id 字段为主键，自增长；username、password、email、phone 和 address 字段分别用于存储用户名、密码、邮箱、电话和地址信息。具体可以根据实际需求进行调整和优化。

至此，一个初步的用户表就可以创建好了，属于够用的程度，不考虑太复杂的场景。同理，我们可创建好商品表、订单表。

6.1.4 注册功能

❓ **Prompt**

实现注册的功能，用 Go 语言伪代码展示。

ChatGPT

```go
package main
    import (
            "database/sql"
            "fmt"
            "log"
            "net/http"
            _ "github.com/go-sql-driver/mysql"
    )
    func main() {
            // 创建数据库连接
            db,err:=sql.Open("mysql", "root:password@tcp(127.0.0.1:3306)/test")
            if err != nil {
                    log.Fatal(err)
            }
            defer db.Close()
            // 创建用户表
            createUserTable(db)
            // 注册接口
            http.HandleFunc("/register", func(w http.ResponseWriter, r *http.Request) {
                    if r.Method == "POST" {
                            username := r.FormValue("username")
                            password := r.FormValue("password")
                            email := r.FormValue("email")
                            // 插入用户信息
                            insertUser(db, username, password, email)
                                fmt.Fprintln(w, "user registered")
                    } else {
                            http.ServeFile(w, r, "./path/to/register.html")
                    }
            })
            // 启动服务器
            log.Fatal(http.ListenAndServe(":8080", nil))
    }
    // 创建用户表
    func createUserTable(db *sql.DB) {
            sql:= `
                    CREATE TABLE IF NOT EXISTS users (
                            id INT(11) NOT NULL AUTO_INCREMENT,
                            username VARCHAR(255) NOT NULL,
                            password VARCHAR(255) NOT NULL,
                            email VARCHAR(255) NOT NULL,
                            PRIMARY KEY (id)
                    ) `
            _, err := db.Exec(sql)
            if err != nil {
                    log.Fatal(err)
            }
            fmt.Println("users table created")
    }
```

　　AI 给我们提供了一个完整的注册功能的代码片段，里面实现了创建数据库连接、创建用户表、启动服务器等功能，还根据方法的提交类型判断是否现在注册还是显示页面，但是此代码需要整理，并且功能实现略简单，我们需要加上额外的验证功能。我们可以借助 Beego 中的模型架构进行分类，将建表的功能代码放到 model 类中，所以接下来我们手动处理。

```
package models
import (
        "github.com/astaxie/beego/orm"
        _ "github.com/go-sql-driver/mysql"
        "time"
        )
type User struct { //用户表
        Id         int
        Name       string      `orm:"size(20);unique"` //用户名
        PassWord   string      `orm:"size(20)"`        //登录密码
        Email      string      `orm:"size(50)"`        //邮箱
        Active     bool        `orm:"default(false)"`  //是否激活
        Power      int         `orm:"default(0)"`      //权限设置: 0 表示未激活 1表示激活
        Address    []*Address  `orm:"reverse(many)"`
        OrderInfo  []*OrderInfo `orm:"reverse(many)"`
}
func init() {
        // set default database
        orm.RegisterDataBase("default", "mysql", "root:12345678@tcp(127.0.0.1:3306)/
dailyfresh?charset=utf8")
        // register model
        orm.RegisterModel(new(User))
        // create table
        orm.RunSyncdb("default", false, true)
}
```

　　我们单独写的注册的代码是对 AI 回答的补充，在连接数据库实现初始化的方法中，不用每次实现都链接一次数据库，后面 AI 回答中有类似的连接数据库语句，可直接删去，因为整个生命周期我们仅需要连接一次数据库，并在生命周期结束的时候关闭。接下来我们运用 AI 搜索出注册需要的验证功能。

❓ **Prompt**
接着上面的步骤实现注册功能的验证。

◉ **ChatGPT**
用 Go 语言实现注册功能的验证包括以下几个步骤：
　　1）对用户提交的表单字段进行验证，包括邮箱、手机号、用户名、密码等。可以使用正则表达式来匹配相应的格式，也可以使用第三方库进行验证（如 govalidator、validator 等）。
　　2）对用户名、昵称等进行唯一性验证，可通过 ORM 框架实现数据库查询，判断数据库中是否已存在相同的用户名、昵称等信息。

3）实现验证码功能，包括图形验证码和短信 / 邮件验证码。图形验证码需要生成验证码图片，并将图片返回给前端，后端需要在图形验证码过期或用户输入错误时重新生成；短信 / 邮件验证码需要调用相应的短信 / 邮件服务发送验证码，并在后端进行验证。对密码进行加密，使用加密算法确保密码安全、可靠。

```go
import "regexp"
func validateEmailFormat(email string) bool {
    isEmail, _ := regexp.MatchString(`^([\w\.\_]{2,10})@(\w{1,}).([a-z]{2,4})$`, email)
    if !isEmail {
        return false
    }
    return true
}
// 验证手机号码格式是否正确
func validateMobileFormat(mobile string) bool {
    isMobile, _ := regexp.MatchString(`^(13|14|15|16|17|18|19)[0-9]{9}$`, mobile)
    if !isMobile {
        return false
    }
    return true
}
// 验证用户名是否已存在
import (
    "gorm.io/gorm"
)
func validateUsernameExist(db *gorm.DB, username string) bool {
    var user User
    result := db.First(&user, "username = ?", username)
    if result.RowsAffected == 0 {
        return false
    }
    return true
}
// 短信/邮件验证码
import (
    "github.com/satori/go.uuid"
)
// 生成短信/邮件验证码，并将验证码保存到缓存中，返回验证码UUID
func generateVerificationCode(phoneOrEmail string) string {
    code := uuid.Must(uuid.NewV4()).String()
    // 将验证码保存到缓存中
    cache.Set(code, phoneOrEmail, time.Minute * 5)
    return code
}
// 验证短信/邮件验证码是否正确
func validateVerificationCode(code, value string) bool {
    cacheValue, found := cache.Get(code)
    if !found || cacheValue.(string) != value {
```

```
        return false
    }
    return true
}
// 对密码进行加密
import ("golang.org/x/crypto/bcrypt")
func encryptPassword(password string) (string, error) {
    hashedPassword, err := bcrypt.GenerateFromPassword([]byte(password), bcrypt.
DefaultCost)
    if err != nil {
        return "", err
    }
    return string(hashedPassword), nil
}
```

此次 AI 的回答比较全面，我们将代码复制到项目中，取其中几个验证实现，不需要所有的验证功能。

```
func (this *UserController) HandleReg() {
    //1.获取数据
    userName := this.GetString("user_name")
    pwd := this.GetString("pwd")
    cpwd := this.GetString("cpwd")
    email := this.GetString("email")
    //2.校验数据
    if userName == "" || pwd == "" || cpwd == "" || email == "" {
            this.Data["errmsg"] = "数据不完整,请重新注册~"
            this.TplName = "register.html"
            return
    }
    if pwd != cpwd {
            this.Data["errmsg"] = "两次输入密码不一致,请重新注册! "
            this.TplName = "register.html"
            return
    }
isEmail, _ := regexp.MatchString(`^([\w\.\_]{2,10})@(\w{1,}).([a-z]{2,4})$`, email)
if !isEmail {
  this.Data["errmsg"] = "邮箱格式不正确"
  this.TplName = "register.html"
  return
}
    //3.处理数据
    o := orm.NewOrm()
    var user models.User
    user.Name = userName
    user.PassWord = pwd
    user.Email = email
    _, err := o.Insert(&user)
    if err != nil {
            this.Data["errmsg"] = "注册失败,请更换数据注册"
            this.TplName = "register.html"
```

```
            return
        }
        //发送邮件
        emailConfig := `{"username":"xxxxxxxx@qq.com","password":"cgapyzgkkczubde
a","host":"smtp.qq.com","port":587}`
        emailConn := utils.NewEMail(emailConfig)
        emailConn.From = "xxxxxxxx@qq.com"
        emailConn.To = []string{email}
        emailConn.Subject = "天天生鲜用户注册"
        //注意，这里我们发送给用户的是激活请求地址
        emailConn.Text = "127.0.0.1:8080/active?id=" + strconv.Itoa(user.Id)

        emailConn.Send()

        //4.返回视图
        this.Ctx.WriteString("注册成功，请去相应邮箱激活用户！")
}
```

有了注册的接口，但没有注册的页面，我们需要 AI 帮助生成一份注册页面。

❷ Prompt

联系上文写一个注册的 h5 页面用于展示交互。

⑧ ChatGPT

```
<!DOCTYPE html>
<html>
<head>
    <meta charset="UTF-8">
    <title>注册页面</title>
</head>
<body>
<h1>欢迎注册</h1>
<form action="register" method="post">
    <label for="username">用户名: </label>
    <input type="text" name="username" id="username" required><br><br>
    <label for="password">密码: </label>
    <input type="password" name="password" id="password" required><br><br>
    <label for="email">邮箱: </label>
    <input type="email" name="email" id="email" required><br><br>
    <label for="phone">手机号码: </label>
    <input type="tel" name="phone" id="phone" pattern="[0-9]{11}"
required><br><br>
    <label>性别: </label>
    <input type="radio" name="gender" value="male" checked>男
    <input type="radio" name="gender" value="female">女<br><br>
    <input type="submit" value="注册">
    <input type="reset" value="重置">
</form>
</body>
</html>
```

有点偏简单，因为没有 CSS 样式修饰，我们可在这基础上自行添加一些模板样式，由于占篇幅就不显示到本文中。其中一些数据将由后端返回，因为上面的很多验证功能可由框架提供，我们选择基于 Beego 框架开发，接下来要显示出这些页面。

❓ Prompt

在 Beego 中怎么显示页面？

⟲ ChatGPT

在 Beego 中，可以通过在 Controller 中定义方法来实现页面的渲染和显示。一般情况下，我们使用 this.TplName = "view.tpl" 的方式指定要渲染的模板文件名称。

以下是一个简单的示例代码，演示了如何在 Beego 中加载和渲染一个页面。

```
package controllers
import (
        "github.com/astaxie/beego"
)
type ViewController struct {
        beego.Controller
}
func (this *ViewController) Get() {
        // 从 URL 查询参数中获取用户名称和性别
        username := this.GetString("username")
        gender := this.GetString("gender")
        // 将用户名称和性别传递给模板
        this.Data["Username"] = username
        this.Data["Gender"] = gender
        // 指定要渲染的模板文件名称
        this.TplName = "view.tpl"
}
```

以上代码中，我们定义了一个名为 ViewController 的控制器，其中 Get 方法用于处理 GET 请求。在该方法中，我们首先通过 this.GetString 方法从 URL 查询参数中获取 username 和 gender 参数，并将它们存储到 Data 属性中。

接下来，我们调用 TplName 方法指定要渲染的模板文件名称，在这个例子中我们使用了一个名为 view.tpl 的模板文件。这个文件应该位于项目的 views 文件夹中，且可以使用 Go 的模板语法来编写。

例如，在 view.tpl 文件中，你可以像这样引用 Username 和 Gender 变量：

```
<!DOCTYPE html>
<html>
<head>
    <meta charset="utf-8">
    <title>用户信息</title>
</head>
<body>
    <h1>{{.Username}} 的个人资料</h1>
```

```
    <ul>
        <li>姓名: {{.Username}}</li>
        <li>性别: {{.Gender}}</li>
    </ul>
</body>
</html>
```

在这个例子中，我们使用了 Go 的文本 /HTML 模板语法，通过 {{.Username}} 和 {{.Gender}} 语法来引用控制器中传递的数据变量。

最后，我们需要定义一个路由，将 URL 请求映射到相应的控制器中。例如：

```
package routers
import (
        "github.com/astaxie/beego"
        "myproject/controllers"
)
func init() {
    // 将 /user/view 路由到 ViewController 控制器的 Get 方法
        beego.Router("/user/view", &controllers.ViewController{})
}
```

以上代码意味着，当你发送一个 GET 请求到 /user/view?username=John&gender=male 路径时，它将被 ViewController 控制器处理，该控制器将加载 views/view.tpl 模板文件，并将 Username 和 Gender 数据传递到该模板中进行渲染。

注意，在实际应用中，建议将模板文件存储在项目的 views 文件夹中，并结合使用 Beego 的模板布局和模板函数等特性，以便更好地管理和组织模板文件。

得到添加路由的方式，我们就可以自己在初始方法中添加路由：

```
beego.Router("/user/view", &controllers.ViewController{})
```

在控制器中赋值变量：

```
username := this.GetString("username")
gender := this.GetString("gender")

// 将用户名称和性别传递给模板
this.Data["Username"] = username
this.Data["Gender"] = gender
```

然后再赋值给指定某个页面：

```
// 指定要渲染的模板文件名称
this.TplName = "view.tpl"
```

然后再在页面中将变量显示出来：

```
<body>
    <h1>{{.Username}} 的个人资料</h1>
    <ul>
        <li>姓名: {{.Username}}</li>
        <li>性别: {{.Gender}}</li>
    </li>
```

```
    </ul>
</body>
```

在此基础上，我们还可以额外加一些图片和样式，使页面看起来更完善。

在控制器中按照 AI 的回答可以实现注册路由和显示代码的功能代码：

```
func (this *UserController) ShowReg() {
        this.TplName = "register.html"
}
```

在专门的 init 方法中添加路由，把显示注册和注册的接口都加上，这样就可以实现完整的注册功能。

```
beego.Router("/register", &controllers.UserController{}, "get:ShowReg")
beego.Router("/register", &controllers.UserController{}, "post:HandleReg")
```

我们实现了完整的注册，接下来继续实现后面的功能。

6.1.5 登录退出功能

❓ **Prompt**

继续实现登录功能。

◉ **ChatGPT**

```
package main
import (
        "database/sql"
        "fmt"
        "log"
        "net/http"
        _ "github.com/go-sql-driver/mysql"
)
func main() {
        // 创建数据库连接
        db, err := sql.Open("mysql", "root:password@tcp(127.0.0.1:3306)/test")
        if err != nil {
                log.Fatal(err)
        }
        defer db.Close()
        // 登录接口
        http.HandleFunc("/login", func(w http.ResponseWriter, r *http.Request) {
                if r.Method == "POST" {
                username := r.FormValue("username")
                        password := r.FormValue("password")
                        // 查询用户信息
                        if checkUser(db, username, password) {
                                fmt.Fprintln(w, "user logged in")
                        } else {
                                fmt.Fprintln(w, "username or password incorrect")
```

```
                    }
            } else {
                    http.ServeFile(w, r, "./path/to/login.html")
            }
    })
    // 启动服务器
    log.Fatal(http.ListenAndServe(":8080", nil))
}
```

此处与注册类似，单独给出了链接数据库的代码，我们可以手动删除。但是登录需要得到用户的信息，所以我们需要对获取用户信息的详细实现：

❷ Prompt

查询用户信息的代码流程。

⑤ ChatGPT

```
// 查询用户信息
func checkUser(db *sql.DB, username string, password string) bool {
    sql := `SELECT * FROM users WHERE username=? AND password=?`
    row := db.QueryRow(sql, username, password)

    var id int
    var name string
    var pwd string
    var email string
    err := row.Scan(&id, &name, &pwd, &email)
    if err != nil {
            if err == sql.ErrNoRows {
                    return false
            } else {
                    log.Fatal(err)
            }
    }
    return true
}
```

虽然是完整的登录功能，但与注册的代码类似，功能欠缺，需要详细询问，并且需要手动整理，但整体还是能够为我们提供不小的帮助，尤其是步骤的顺序，进行数据获取和校验，我们忽略中间步骤，以下为优化后的代码。

```
func (this *UserController) HandleLogin() {
    //1.获取数据
    userName := this.GetString("username")
    pwd := this.GetString("pwd")

    //2.校验数据
    if userName == "" || pwd == "" {
            this.Data["errmsg"] = "登录数据不完整，请重新输入！"
            this.TplName = "login.html"
            return
```

```go
    }
    //3.处理数据
    o := orm.NewOrm()
    var user models.User
    user.Name = userName

    err := o.Read(&user, "Name")
    if err != nil {
            this.Data["errmsg"] = "用户名或密码错误，请重新输入！"
            this.TplName = "login.html"
            return
    }
    if user.PassWord != pwd {
            this.Data["errmsg"] = "用户名或密码错误，请重新输入！"
            this.TplName = "login.html"
            return
    }
    if user.Active != true {
            this.Data["errmsg"] = "用户未激活，请先往邮箱激活！"
            this.TplName = "login.html"
            return
    }

    //4.返回视图1
    remeber := this.GetString("remember")

    //base64加密
    if remeber == "on" {
            temp := base64.StdEncoding.EncodeToString([]byte(userName))
            this.Ctx.SetCookie("userName", temp, 24*3600*30)
    } else {
            this.Ctx.SetCookie("userName", userName, -1)
    }
    //跳转到首页
    /*
            1.首页的简单显示实现
            2.登录判断（路由过滤器）
            3.首页显示
            4.三个页面
                    视图布局
                    添加地址页（如何让页面只显示一个地址）
                    用户中心信息页显示
    */
    this.SetSession("userName", userName)
    //this.Ctx.WriteString("登录成功")
    this.Redirect("/", 302)
}
```

然后实现登录页面的显示：

```go
func (this *UserController) ShowLogin() {
    userName := this.Ctx.GetCookie("userName")
```

```
        //解码
        temp, _ := base64.StdEncoding.DecodeString(userName)
        if string(temp) == "" {
                this.Data["userName"] = ""
                this.Data["checked"] = ""
        } else {
                this.Data["userName"] = string(temp)
                this.Data["checked"] = "checked"
        }

        this.TplName = "login.html"
}
```

添加路由：

```
beego.Router("/login", &controllers.UserController{}, "get:ShowLogin")
beego.Router("/login", &controllers.UserController{}, "post:HandleLogin")
```

最后，按照登录的方式实现退出功能：

```
func (this *UserController) Logout() {
        this.DelSession("userName")
        //跳转视图
        this.Redirect("/login", 302)
}
```

添加路由：

```
beego.Router("/user/logout", &controllers.UserController{}, "get:Logout")
```

至此，登录退出的功能就已经完成。

6.1.6　首页浏览商品及详情

❓ Prompt

实现首页浏览商品及详情的过程是怎么样的？分几个步骤？

⑤ ChatGPT

实现首页浏览商品的代码可以分为以下几个步骤：

1）数据准备：首先需要准备好商品数据，例如从数据库中查询商品信息、调用 API 获取商品数据等。可以根据具体的需求和技术选择相应的数据来源。

2）后端接口：在后端代码中，创建一个接口用于获取首页商品数据。可以使用 RESTful API 的方式，例如使用 GET 请求，接口路径可以是 /products。

3）商品查询：在后端代码中，根据需求查询需要展示在首页的商品数据。可以根据商品分类、热门程度、最新上架等进行查询，可以使用 ORM 框架或者手动编写 SQL 语句实现数据查询操作。

4）数据处理：在后端代码中，对查询到的商品数据进行处理和组织。可以根据需求选择需要展示的商品信息，例如商品名称、价格、图片等。

5）返回商品数据：将处理后的商品数据以 JSON 格式返回给前端界面。可以使用相应的数据结构和 HTTP 状态码进行返回。

6）前端展示：前端代码接收到商品数据后，可以根据需要进行展示和处理。可以使用 HTML、CSS 和 JavaScript 等前端技术，将商品数据渲染到页面上，展示给用户。

7）用户交互：在前端界面上，可以实现用户与商品的交互功能，例如点击商品跳转到商品详情页、添加商品到购物车等操作。根据具体需求和设计，实现相应的交互逻辑。

以上是一个基本的实现步骤，具体的实现方式和步骤可能会根据具体的业务需求、技术框架和编程语言而有所差异。

我要实现首页浏览商品的功能，通过以上的问答，可以理清实现思路。但是基于之前的经验，完全复用 AI 的代码不太现实，所以都得做好手动优化的准备。

❓ Prompt

基于上文实现首页商品获取及展示。

⑤ ChatGPT

```go
// 查询数据库获取商品列表
func getProducts() ([]Product, error) {
    // 连接数据库
    db, err := sql.Open("mysql", "username:password@tcp(database-host:port)/database-name")
    if err != nil {
            return nil, err
    }
    defer db.Close()
    // 执行查询语句
    rows, err := db.Query("SELECT id, name, price FROM products")
    if err != nil {
            return nil, err
    }
    defer rows.Close()
    // 遍历查询结果，将数据存入商品列表
    var productList []Product
    for rows.Next() {
        var product Product
        err := rows.Scan(&product.ID, &product.Name, &product.Price)
        if err != nil {
                return nil, err
        }
        productList = append(productList, product)
    }
    return productList, nil
}
// 浏览商品
```

```go
func browseProducts() {
    productList, err := getProducts()
    if err != nil {
        fmt.Println("查询商品失败:", err)
        return
    }
    fmt.Println("商品列表: ")
    for _, product := range productList {
        fmt.Printf("ID: %d, 商品名: %s, 价格: %.2f\n", product.ID, product.Name, product.Price)
    }
}
```

从以上回答中可以看出，AI 会尽可能保证当前回答的完整性，不会基于我们已经做好优化的代码继续回答，比如我们已经做好了数据库的链接优化，但当前回答仍然又链接了一次数据库。总体流程还是比较完整的，我们获取了关键的思路：先从数据库中查询数据，然后进行展示，当数据库中的数据有变化时，首页的商品也会跟着变化，在这个思路的基础上进行修改。

```go
func (this *GoodsController) ShowIndex() {
    GetUser(&this.Controller)
    o := orm.NewOrm()
    //获取类型数据
    var goodsTypes []models.GoodsType
    o.QueryTable("GoodsType").All(&goodsTypes)
    this.Data["goodsTypes"] = goodsTypes

    //获取轮播图数据
    var indexGoodsBanner []models.IndexGoodsBanner
    .QueryTable("IndexGoodsBanner").OrderBy("Index").All(&indexGoodsBanner)
    this.Data["indexGoodsBanner"] = indexGoodsBanner
    //获取商品数据
    var promotionGoods []models.IndexPromotionBanner
    o.QueryTable("IndexPromotionBanner").OrderBy("Index").All(&promotionGoods)
    this.Data["promotionsGoods"] = promotionGoods
    //首页展示商品数据
    goods := make([]map[string]interface{}, len(goodsTypes))
    //向切片interface中插入类型数据
    for index, value := range goodsTypes {
        //获取对应类型的首页展示商品
        temp := make(map[string]interface{})
        temp["type"] = value
        goods[index] = temp
    }
    //商品数据
    for _, value := range goods {
        var textGoods []models.IndexTypeGoodsBanner
        var imgGoods []models.IndexTypeGoodsBanner
        //获取文字商品数据
        o.QueryTable("IndexTypeGoodsBanner").RelatedSel("GoodsType",
"GoodsSKU").OrderBy("Index").Filter("GoodsType", value["type"]).
```

```
Filter("DisplayType", 0).All(&textGoods)
                //获取图片商品数据
                o.QueryTable("IndexTypeGoodsBanner").RelatedSel("GoodsType",
"GoodsSKU").OrderBy("Index").Filter("GoodsType", value["type"]).
Filter("DisplayType", 1).All(&imgGoods)

                value["textGoods"] = textGoods
                value["imgGoods"] = imgGoods
        }
        this.Data["goods"] = goods
        this.TplName = "index.html"
}
```

然后，我们不需要再询问 AI 如何显示和访问了，可以自行添加如下语句：

```
beego.Router("/", &controllers.GoodsController{}, "get:ShowIndex")
```

有了商品显示页面，我们需要一个详情页，显示商品的具体信息。商品的详情我们要从详情表中取出数据，根据前文创建用户表的方法，我们可创建获取商品详情的方法，并显示在页面中。

❓ Prompt

根据上文给出的步骤实现商品详情页的展示。

⑤ ChatGPT

```go
// 商品结构体
type Product struct {
    ID          int
    Name        string
    Price       float64
    Description string
}
// 查询数据库获取商品列表
func getProducts() ([]Product, error) {
    // 连接数据库
    db, err := sql.Open("mysql", "username:password@tcp(database-host:port)/
database-name")
    if err != nil {
            return nil, err
    }
    defer db.Close()
    // 执行查询语句
    rows, err := db.Query("SELECT id, name, price, description FROM products")
    if err != nil {
            return nil, err
    }
    defer rows.Close()
    // 遍历查询结果，将数据存入商品列表
    var productList []Product
    for rows.Next() {
```

```go
        var product Product
        err := rows.Scan(&product.ID, &product.Name, &product.Price,
&product.Description)
        if err != nil {
                return nil, err
        }
        productList = append(productList, product)
    }
    return productList, nil
}
// 获取商品详情
func getProductDetails(productID int) (*Product, error) {
    // 连接数据库
    db, err := sql.Open("mysql", "username:password@tcp(database-host:port)/
database-name")
    if err != nil {
        return nil, err
    }
    defer db.Close()
    // 执行查询语句
    row := db.QueryRow("SELECT id, name, price, description FROM products WHERE
id = ?", productID)
    // 将查询结果存入商品结构体
    var product Product
    err = row.Scan(&product.ID, &product.Name, &product.Price, &product.
Description)
    if err != nil {
        return nil, err
    }
    return &product, nil
}
```

通过以上回答发现，AI 的回答是有局限性的，比如要查询商品时，AI 是执行完整的一条 SQL 语句，这样后期维护性欠佳，并且不容易发现其中的问题。当然这只是一个简单的示例，我们需要根据自己的需求修改和扩展数据库连接信息和查询语句。

```go
func (this *GoodsController) ShowGoodsDetail() {
        //获取数据
        id, err := this.GetInt("id")
        //校验数据
        if err != nil {
                beego.Error("浏览器请求错误")
                this.Redirect("/", 302)
                return
        }
        //处理数据
        o := orm.NewOrm()
        var goodsSku models.GoodsSKU
        goodsSku.Id = id
        //o.Read(&goodsSku)
        o.QueryTable("GoodsSKU").RelatedSel("GoodsType", "Goods").Filter("Id",
```

```
id).One(&goodsSku)
            //获取同类型且时间排序靠前的两条商品数据
            var goodsNew []models.GoodsSKU
            o.QueryTable("GoodsSKU").RelatedSel("GoodsType").Filter("GoodsType", goodsSku.
GoodsType).OrderBy("Time").Limit(2, 0).All(&goodsNew)
            this.Data["goodsNew"] = goodsNew
            //返回视图
            this.Data["goodsSku"] = goodsSku
            //判断用户是否登录，添加历史浏览记录
            userName := this.GetSession("userName")
            if userName != nil {
                    //查询用户信息
                    o := orm.NewOrm()
                    var user models.User
                    user.Name = userName.(string)
                    o.Read(&user, "Name")
                    //添加历史记录，用Redis存储
                    conn, err := redis.Dial("tcp", "127.0.0.1:6379")
                    defer conn.Close()
                    if err != nil {
                            beego.Info("redis链接错误")
                    }
                    //把相同商品的历史浏览记录删除
                    conn.Do("lrem", "history_"+strconv.Itoa(user.Id), 0, id)
                    //添加新的商品浏览记录
                    conn.Do("lpush", "history_"+strconv.Itoa(user.Id), id)
            }
        ShowLaout(&this.Controller)
        cartCount := GetCartCount(&this.Controller)
        this.Data["cartCount"] = cartCount
        this.TplName = "detail.html"
}
```

有了注册、登录、首页和详情页，我们就可以继续添加购物车功能。

6.1.7 购物车功能

购物车模块的流程一般比较固定，期待 AI 能给出不一样的思路。

> ❷ **Prompt**
>
> 实现一个购物车的功能模块需要哪些步骤？
>
> ⑤ **ChatGPT**
>
> 一般可以分为以下几步。
>
> 1）创建购物车数据模型：根据需求，创建购物车数据模型的结构，例如购物车项的数据结构、购物车数据的存储方式等。
>
> 2）添加商品到购物车：在后端代码中，接收用户的添加商品请求，将商品信息添加到

购物车数据模型中。

3）购物车展示：根据购物车数据模型中的数据，将购物车项渲染到前端页面上展示给用户。

4）修改购物车项数量：在后端代码中，接收用户的修改购物车项数量的请求，更新购物车数据模型中对应的数量信息。

5）计算购物车总价：在后端代码中，根据购物车数据模型中的商品信息和数量，计算购物车的总价。

6）结算和下单：在后端代码中，根据购物车数据模型中的商品信息和数量，生成订单并进行下单操作。

7）清空购物车：在后端代码中，接收用户的清空购物车请求，将购物车数据模型中的商品信息清空。

以上是一个基本的实现步骤，具体的实现方式和步骤可能会根据具体的业务需求、技术框架和编程语言而有所差异。

上面给出了一个很完整的流程，我们根据上面的逻辑依次实现添加、展示、结算的功能。

❓ **Prompt**

根据上面的步骤实现添加购物车功能，并以伪代码展示。

🟢 **ChatGPT**

```
func (this *CartController) HandleAddCart() {
        //获取数据
        skuid, err1 := this.GetInt("skuid")
        count, err2 := this.GetInt("count")
        resp := make(map[string]interface{})
        defer this.ServeJSON()
        //校验数据
        if err1 != nil || err2 != nil {
                resp["code"] = 1
                resp["msg"] = "传递的数据不正确"
                this.Data["json"] = resp
                return
        }
        userName := this.GetSession("userName")
        if userName == nil {
                resp["code"] = 2
                resp["msg"] = "当前用户未登录"
                this.Data["json"] = resp
                return
        }
        o := orm.NewOrm()
        var user models.User
        user.Name = userName.(string)
        o.Read(&user, "Name")
            //处理数据
```

```go
        //购物车数据存储在Redis中，用hash
        conn, err := redis.Dial("tcp", "127.0.0.1:6379")
if err != nil {
                beego.Info("redis数据库链接错误")
                return
}
//先获取原来的数量，然后相加
preCount, err := redis.Int(conn.Do("hget", "cart_"+strconv.Itoa(user.Id), skuid))
conn.Do("hset", "cart_"+strconv.Itoa(user.Id), skuid, count+preCount)
rep, err := conn.Do("hlen", "cart_"+strconv.Itoa(user.Id))
//回复助手函数
cartCount, _ := redis.Int(rep, err)
resp["code"] = 5
resp["msg"] = "Ok"
    resp["cartCount"] = cartCount
    this.Data["json"] = resp
}
```

因为添加购物车功能的做法基本已固定，有了之前的经验，我们选择其中关键的代码，在此基础上稍加改动即可实现添加购物车功能。

❷ Prompt

实现显示购物车模块，需要从刚才存储添加购物车模块的数据库中读取数据。

◎ ChatGPT

```go
func (this *CartController) ShowCart() {
        //用户信息
        userName := GetUser(&this.Controller)
        //从Redis中获取数据
        conn, err := redis.Dial("tcp", "127.0.0.1:6379")
        if err != nil {
                beego.Info("redis链接失败")
                return
        }
        defer conn.Close()
        o := orm.NewOrm()
        var user models.User
        user.Name = userName
        o.Read(&user, "Name")
        goodsMap, _ := redis.IntMap(conn.Do("hgetall", "cart_"+strconv.Itoa(user.Id)))
        goods := make([]map[string]interface{}, len(goodsMap))
        i := 0
        totalPrice := 0
        totalCount := 0
        for index, value := range goodsMap {
                skuid, _ := strconv.Atoi(index)
                var goodsSku models.GoodsSKU
                goodsSku.Id = skuid
                o.Read(&goodsSku)
                temp := make(map[string]interface{})
```

```
                    temp["goodsSku"] = goodsSku
                    temp["count"] = value
                    totalPrice += goodsSku.Price * value
                    totalCount += value
                    temp["addPrice"] = goodsSku.Price * value
                    goods[i] = temp
                    i += 1
            }
        this.Data["totalPrice"] = totalPrice
        this.Data["totalCount"] = totalCount
        this.Data["goods"] = goods
        this.TplName = "cart.html"
    }
```

从缓存中取出购物车的数据是一套标准的购物车显示流程，为 AI 的准确性和专业点赞。虽然代码有很大优化空间才能满足实际需要，但是购物车的存储思路却丝毫不比老程序员差。

❓ **Prompt**

为此购物车计算价格和数量。

⊙ **ChatGPT**

```
func GetCartCount(this *beego.Controller) int {
        //从redis中获取购物车数量
        userName := this.GetSession("userName")
        if userName == nil {
                return 0
        }
        o := orm.NewOrm()
        var user models.User
        user.Name = userName.(string)
        o.Read(&user, "Name")
        conn, err := redis.Dial("tcp", "127.0.0.1:6379")
        if err != nil {
                return 0
        }
        defer conn.Close()
        rep, err := conn.Do("hlen", "cart_"+strconv.Itoa(user.Id))
        cartCount, _ := redis.Int(rep, err)
        return cartCount
}
```

从缓存中读取购物车数据，数量的计算也直接使用了缓存自带的技术方法，并没有很笨拙地取出数据再计算。足以见得，AI 以后还是会有很大施展空间和用武之地。有了购物车，我们就可以接着设计后面的功能。

6.1.8　下单功能

要生成订单，首先需要构思整体的逻辑。

❓ Prompt

支付下单的流程用代码实现有哪些步骤？

⑤ ChatGPT

实现支付下单的流程可以分为以下几个步骤：

1）数据准备：首先需要准备好相关的数据，例如订单信息、支付金额、支付方式等。这些数据可以通过数据库查询、API 调用等方式获取。

2）创建支付订单：在后端代码中，创建一个接口用于接收支付下单的请求。可以使用 RESTful API 的方式，例如使用 POST 请求，接口路径可以是 /payment/create。

3）参数验证：在接收到支付下单请求后，后端代码需要对请求参数进行验证，确保参数的完整性和有效性。可以根据具体的需求设计相应的验证逻辑。

4）生成支付订单号：后端代码需要生成一个唯一的支付订单号，用于标识该次支付订单。可以使用 UUID 或者其他方式生成唯一订单号。

5）保存订单信息：后端代码将支付订单相关的信息保存到数据库中，例如订单号、订单金额、支付状态等。可以使用 ORM 框架或者手动编写 SQL 语句实现数据的插入操作。

6）调用支付平台接口：后端代码需要调用支付平台提供的接口，将支付订单信息发送给支付平台。可以使用 HTTP 请求库或者支付平台提供的 SDK 实现接口调用。

7）处理支付结果：支付平台接收到支付订单信息后，会进行支付处理，并将支付结果返回给后端代码。后端代码需要对支付结果进行处理，判断支付是否成功。

8）返回支付结果：后端代码将支付结果返回给前端界面，通知用户支付成功或失败。可以使用相应的数据结构和 HTTP 状态码进行返回。

以上是一个基本的实现步骤，具体的实现方式和步骤可能会根据具体的业务需求、支付平台的要求和技术框架而有所差异。

❓ Prompt

根据上面的步骤，并给出部分伪代码。

⑤ ChatGPT

```
addrid, _ := this.GetInt("addrid")//获取数据
        payId, _ := this.GetInt("payId")
        skuid := this.GetString("skuids")
        ids := skuid[1 : len(skuid)-1]
        skuids := strings.Split(ids, " ")
        beego.Error(skuids)
        //totalPrice,_ := this.GetInt("totalPrice")
        totalCount, _ := this.GetInt("totalCount")
        transferPrice, _ := this.GetInt("transferPrice")
        realyPrice, _ := this.GetInt("realyPrice")
        resp := make(map[string]interface{})
        defer this.ServeJSON()
```

校验数据部分代码如下:

```go
    if len(skuids) == 0 {
            resp["code"] = 1
            resp["errmsg"] = "数据库链接错误"
            this.Data["json"] = resp
            return
    }
```

处理数据部分代码如下:

```go
o := orm.NewOrm()
    o.Begin() //标识事务的开始
    userName := this.GetSession("userName")
    var user models.User
    user.Name = userName.(string)
    o.Read(&user, "Name")
    var order models.OrderInfo
    order.OrderId = time.Now().Format("2006010215030405") + strconv.Itoa(user.Id)
    order.User = &user
    order.Orderstatus = 1
    order.PayMethod = payId
    order.TotalCount = totalCount
    order.TotalPrice = realyPrice
    order.TransitPrice = transferPrice
```

执行并插入数据库的代码如下:

```go
o.Insert(&order)
        //向订单商品表中插入数据
        conn, _ := redis.Dial("tcp", "127.0.0.1:6379")
        for _, skuid := range skuids {
                id, _ := strconv.Atoi(skuid)
                var goods models.GoodsSKU
                goods.Id = id
                i := 3
                for i > 0 {
                        o.Read(&goods)
                        var orderGoods models.OrderGoods
                        orderGoods.GoodsSKU = &goods
                        orderGoods.OrderInfo = &order
                        count, _ := redis.Int(conn.Do("hget", "cart_"+strconv.
Itoa(user.Id), id))

                        if count > goods.Stock {
                                resp["code"] = 2
                                resp["errmsg"] = "商品库存不足"
                                this.Data["json"] = resp
                                o.Rollback() //标识事务的回滚
                                return
                        }
                preCount := goods.Stock
                time.Sleep(time.Second * 5)
                beego.Info(preCount, user.Id)
```

```
                              orderGoods.Count = count
                              orderGoods.Price = count * goods.Price
                              o.Insert(&orderGoods)
                              goods.Stock -= count
                              goods.Sales += count
                              updateCount, _ := o.QueryTable("GoodsSKU").Filter("Id",
           goods.Id).Filter("Stock", preCount).Update(orm.Params{"Stock": goods.Stock,
           "Sales": goods.Sales})
                              if updateCount == 0 {
                                   if i > 0 {
                                         i -= 1
                                         continue
                                   }
                                   resp["code"] = 3
                                   resp["errmsg"] = "商品库存改变,订单提交失败"
                                   this.Data["json"] = resp
                                   o.Rollback() //标识事务的回滚
                                   return
                              } else {
                                   conn.Do("hdel", "cart_"+strconv.Itoa(user.Id), goods.Id)
                                   break
                              }
                         }
                    }
               //返回数据
               o.Commit() //提交事务
               resp["code"] = 5
               resp["errmsg"] = "ok"
               this.Data["json"] = resp
```

创建订单的流程唯一，比如创建订单必不可少的事务，AI 能很熟练的运用，且步骤流程也很标准。根据 AI 提供的代码实现创建订单成功后，接下来要实现支付功能。

6.1.9 支付功能

❓ **Prompt**

实现支付代码流程需要哪些步骤?

⬡ **ChatGPT**

代码流程的步骤可以根据具体的需求和实现方式而有所不同，但一般可以分为以下几个基本步骤:

1）结算和支付：用户在购物车页面确认购买的商品和数量后，单击 "结算" 按钮。这时可以弹出支付界面，供用户选择支付方式，并输入支付相关的信息。在后端代码中，可以通过接口接收用户选择的支付方式和支付信息。

2）发起支付请求：后端代码会将用户的支付请求发送给支付平台，请求支付平台处理支付操作。这一步可以通过调用支付平台提供的 API 实现。

3）支付平台处理：支付平台接收到支付请求后，会进行支付信息的验证和处理，并将支付结果返回给后端代码。后端代码需要对支付结果进行处理，判断支付是否成功。

4）订单处理：如果支付成功，后端代码会根据用户购买的商品生成订单，并将订单信息保存到数据库中。同时，还需要进行相关的业务逻辑处理，例如减少库存、生成发货单等。

5）返回支付结果：后端代码将支付结果返回给前端界面，通知用户支付成功或失败。可以通过接口返回相应的支付结果信息。

AI 提供的思路很详细，有了总的思路，我们将一一完成其中的步骤。因为发起支付请求是创建订单的操作，这里主要实现其中的一个支付回调，即支付平台的处理结果到后端代码中处理的过程，以及完成支付后的状态更改等操作。

❓ Prompt
根据上面提供的思路和代码示例实现一个支付回调接口。

⑤ ChatGPT

```go
func (this *OrderController) PayOk() {
        //获取数据
        //out_trade_no=999998888777
        orderId := this.GetString("out_trade_no")
        //校验数据
        if orderId == "" {
                beego.Info("支付返回数据错误")
                this.Redirect("/user/userCenterOrder", 302)
                return
        }
        o := orm.NewOrm() //操作数据
        count, _ := o.QueryTable("OrderInfo").Filter("OrderId", orderId).
Update(orm.Params{"Orderstatus": 2})
    if count == 0 {
                beego.Info("更新数据失败")
                this.Redirect("/user/userCenterOrder", 302)
                return
        }
        //返回视图
        this.Redirect("/user/userCenterOrder", 302)
}
```

AI 的回答没有数据的内容，则会直接生成一个假数据，这很方便我们直接填充我们需要的数据。总之在需求越明确的时候，AI 的回答也会越精准。

6.1.10 查看订单

当用户支付成功后，我们可在个人中心查看自己的订单：

❓ Prompt

用代码实现查看订单详情需要哪些步骤？

⑯ ChatGPT

要实现查看订单详情的功能，可以按照以下步骤进行代码实现：

1）用户界面：在用户界面上提供查看订单详情的入口，例如在订单列表中每个订单后面添加一个"查看详情"的按钮或链接。

2）后端接口：在后端代码中，创建一个接口用于接收查看订单详情的请求。可以使用 RESTful API 的方式，例如使用 GET 请求，接口路径可以是 /orders/{orderId}，其中 {orderId} 是订单的唯一标识。

3）订单查询：在后端代码中，根据接收到的订单 ID，通过数据库查询或者其他方式获取订单的详细信息。可以根据具体的数据结构设计，例如从订单表中查询订单信息、从商品表中查询商品信息等。

4）返回订单详情：将查询到的订单详情数据组织成一个对象或者数据结构，并以 JSON 格式返回给前端界面。

5）前端处理：前端代码接收到订单详情的数据后，可以根据需要进行展示和处理。可以使用 JavaScript 等前端技术，将订单详情数据渲染到页面上，展示给用户。

6）用户界面展示：用户在前端界面上可以看到订单的详细信息，包括订单号、商品信息、价格、收货地址、支付信息等。可以根据具体的需求和设计，以列表、卡片等形式展示订单详情。

以上是一个基本的实现步骤，具体的实现方式和步骤可能会根据具体的业务需求和技术框架而有所差异。

❓ Prompt

根据上面的思路继续实现该功能，不需要实现链接数据库，只需要详细的查看订单详情的方法。

⑯ ChatGPT

```
//获取订单表的数据
        var orderInfos []models.OrderInfo
        o.QueryTable("OrderInfo").RelatedSel("User").Filter("User__Id", user.Id).
All(&orderInfos)
```

```
goodsBuffer := make([]map[string]interface{}, len(orderInfos))
func (this *UserController) ShowUserCenterOrder() {
userName := GetUser(&this.Controller)
o := orm.NewOrm()
var user models.User
user.Name = userName
o.Read(&user, "Name")
//获取订单表的数据
var orderInfos []models.OrderInfo
o.QueryTable("OrderInfo").RelatedSel("User").Filter("User__Id", user.Id).
All(&orderInfos)
goodsBuffer := make([]map[string]interface{}, len(orderInfos))
for index, orderInfo := range orderInfos {
        var orderGoods []models.OrderGoods
         o.QueryTable("OrderGoods").RelatedSel("OrderInfo", "GoodsSKU").
Filter("OrderInfo__Id", orderInfo.Id).All(&orderGoods)
        temp := make(map[string]interface{})
        temp["orderInfo"] = orderInfo
        temp["orderGoods"] = orderGoods
        goodsBuffer[index] = temp
}
this.Data["goodsBuffer"] = goodsBuffer
```

以上代码可以实现通过订单 ID 查询订单详情，获得数据赋值给前端页面，然后对应地显示出个人中心订单页。

6.1.11 上线及服务器环境搭建

❓ Prompt

后端线上服务如何配置环境？需要什么步骤？

⑤ ChatGPT

一个后端服务需要的环境因服务而异，但通常需要以下环境：

1）运行时环境。服务需要在某种运行时环境中运行，例如 Node.js、Java、Python、Go 等。

2）数据库。服务需要连接到数据库以存储和检索数据。常见的数据库包括 MySQL、PostgreSQL、MongoDB 等。

3）缓存。服务可能需要使用缓存来提高性能。常见的缓存解决方案包括 Redis、Memcached 等。

4）消息队列。服务可能需要使用消息队列来处理异步任务。常见的消息队列解决方案包括 RabbitMQ、Kafka 等。

5）日志记录。服务需要记录日志以便于故障排查和性能优化。常见的日志记录解决方案包括 ELK、Splunk 等。

此外，服务可能还需要其他环境，例如身份验证、授权、监控等。具体取决于服务的需求和规模。

总结来说，AI 的回答可以作为上线的标准流程：

1）在服务器上安装运行时环境，这个项目选择 Go 语言。

2）为了存储和检索数据，我们需要安装数据库，这里选择了开源且免费的 MySQL。

3）为了提升服务性能，这里选择使用 Redis 作为缓存解决方案。

4）虽然这个项目以示例为主，并没有使用消息队列，但在后续的迭代中可以考虑使用，例如 RabbitMQ 或 Kafka 等。

5）最后，关于日志记录，虽然我们暂时可以使用 Go 语言自带的日志记录功能，但在后续可能会考虑使用专门的日志记录解决方案，如 ELK 或 Splunk 等。

所以，上面的 5 个步骤具体实现如下：

❓ **Prompt**

在服务器配置 Go 环境需要哪些步骤？

🔵 **ChatGPT**

安装 Go 的方法因操作系统而异。以下是在 Ubuntu 上安装 Go 的步骤：

1）下载 Go 的二进制发行版。

wget https://golang.org/dl/go1.17.1.linux-amd64.tar.gz

2）解压缩二进制发行版。

sudo tar -C /usr/local -xzf go1.17.1.linux-amd64.tar.gz

3）将 Go 的二进制目录添加到 PATH 环境变量中。

export PATH=$PATH:/usr/local/go/bin

4）验证安装是否成功。

go version

如果输出 Go 的版本号，则说明安装成功。

如果您使用的是其他操作系统，请参考官方文档进行安装。

AI 提供的安装指南十分精准且简洁。我们仅需 4 步操作就能根据其给出的方法成功安装 Go 环境。同样，我们也按照 AI 的指导安装好了 MySQL 和 Redis。随后，我们将代码上传到服务器并配置域名，就成功地让项目上线了。

至此，我们通过 AI 完成了一个用户从注册、登录、浏览首页、商品详情、添加购物车、下单支付到浏览个人中心订单的简单生鲜超市的全部功能。由于篇幅所限，没有将全部的功能点都罗列展示。

6.2　快速生成接口文档

开发人员在编写接口文档时，通常需要耗费大量的时间和人力。然而，现在有了 ChatGPT 这样的工具，可以大大简化这个过程。开发人员通过接口返回结果直接生成指定格式的文档结构，从而减少了烦琐的体力劳动，并提升了整体的工作效率。

6.2.1　准备工作

1）准备投喂语料。提前准备想要生成格式的语料，让 ChatGPT 理解我们想要的结果展现方式。

2）准备接口返回结果。首先，开发人员需要执行接口并获取返回结果。这些结果可以是 API 调用的响应、数据模型的结构或其他相关信息。

3）调用 ChatGPT。接下来，开发人员可以利用 ChatGPT 工具，将接口返回结果输入模型中。ChatGPT 会分析这些结果并生成与之相关的接口文档结构。

4）生成文档结构。ChatGPT 将根据接口返回结果自动生成文档结构，其中包括接口的名称、参数、返回值类型、可能的异常情况等。生成的文档结构可以采用常见的格式，例如 Markdown、HTML 或其他开发团队所使用的标准。

6.2.2　示例展示

投喂语料，让 ChatGPT 明白我们想要生成的接口文档格式：

> ❓ **Prompt**
>
> |entrustId|long| 业务 ID|
>
> |projectName|string| 项目名称 |
>
> |cityName|string| 城市名称 |
>
> |autoEntrustNo|string| 业务编号 |
>
> |typeCodeName|string| 押品类型 (1 套时显示押品类型，超过 2 套显示多套)|
>
> |bankCompanyShortName|string| 银行名称简称 |
>
> |bankBranchName|string| 分行名称 |
>
> |entrustType|int| 业务类型 |
>
> |modifyDate|dateTime| 业务修改时间 |

|buildingArea|decimal| 面积 |

|queryUnitPrice|decimal| 询价单价 |

|bizTypeName|string| 委托类型名称 |

|dateDif|string| 业务时间差 |

|isNeedSurvey|int| 是否需要查勘 (0 不需要，1 需要)|

|createDate|dateTime| 业务创建时间 |

|createTrueName|string| 业务发起人 |

|soaCreateDate|dateTime| 评估机构业务发起时间 |

请帮我用表格生成接口文档。

ChatGPT

下面是按照表格生成的接口文档：

参数	类型	说明
code	int	返回码
msg	string	消息
body 响应体		
soaEntrustld	long	评估机构业务 ID
totalCount	int	总条数
entrustld	long	业务 ID
projectName	string	项目名称
cityName	string	城市名称
autoEntrustNo	string	业务编号
typeCodeName	string	押品类型（1 套时显示押品类型，超过 2 套显示多套）
bankCompanyShortName	string	银行名称简称
bankBranchName	string	分行名称
entrustType	int	业务类型
modifyDate	dateTime	业务修改时间

接下来我们输入一个需要转换的 JSON 格式，让 ChatGPT 按照上面的格式生成我们想要的文档。

Prompt

```
{
    "code": 1,
    "msg": "获取评估机构业务列表数据成功",
    "body": {
        "data": [
```

```
        {
            "soaEntrustId": 462752,
            "entrustId": 3180859,
            "projectName": "远东小区3号楼3层2-3-1",
            "cityId": 6,
            "autoEntrustNo": "20230224094715821158",
            "typeCodeName": "普通住宅",
            "bankCompanyShortName": "金融VQ机构",
            "bankBranchName": "二级分行",
            "entrustType": 90008003,
            "bizType": 20010402,
            "modifyDate": "2023-02-24 09:47:15",
            "buildingArea": 100.6400,
            "queryUnitPrice": 0.00
        }
    ],
    "totalCount": 66,
    "datas": null
    }
}
```

实际输出结果出乎意料，不仅参照案例输出了我们想要的格式，还给各个字段生成了类型，并加上了相关的注释。

ChatGPT

参数	类型	说明
code	int	1
msg	string	获取评估机构业务列表数据成功
body 响应体		
data	array	
soaEntrustld	long	462752
entrustld	long	3180859
projectName	string	远东小区 3 号楼 3 层 2-3-1
cityld	int	6
autoEntrustNo	string	20230224094715821158
typeCodeName	string	普通住宅
bankCompanyShortName	string	金融 VQ 机构
bankBranchName	string	二级分行
entrustType	int	90008003
bizType	int	20010402
modifyDate	string	2023-02-2409:47:15

(续)

参数	类型	说明
buildingArea	decimal	100.6400
queryUnitPrice	decimal	0.00
totalCount	int	66
datas	null	

　　ChatGPT 能够迅速地理解和分析输入的参数信息，并将其转化为清晰、结构化的表格形式。这极大地提高了接口文档的生成效率，节省了人工编写文档的时间。虽然在生成过程中可能需要进行一些人工修正，但它已经在很大程度上解决了我们烦琐的重复性工作，显著提升了工作效率。

第 7 章 *Chapter 7*

AI 辅助测试与调试

在当今软件开发领域中，软件测试起着至关重要的作用。软件测试是确保软件质量的关键步骤，它可以发现软件中的缺陷和错误，从而提高软件的可靠性、稳定性和安全性。然而，传统的软件测试方法存在许多问题，如测试效率低、测试质量难以保证、测试成本高等。在软件测试领域中，AI 技术的应用已经成为一种必然趋势。

1）AI 技术可以协助测试人员进行测试需求分析。在软件测试过程中，测试需求分析是一个非常重要的环节。通过使用 AI 技术，测试人员可以快速、准确地对测试需求进行分析和整理，从而更好地理解测试需求，为后续的测试工作提供有力的支持。

2）AI 技术可以协助测试人员编写测试计划。在软件测试过程中，测试计划是测试工作的基础，它包括测试目标、测试范围、测试资源、测试时间等内容。通过使用 AI 技术，测试人员可以更加智能地编写测试计划，从而提高测试计划的质量和效率。

3）AI 技术可以协助测试人员进行测试用例设计。测试用例是测试工作的核心，测试用例设计的好坏直接影响测试结果。通过使用 AI 技术，测试人员可以更加智能地进行测试用例设计，从而提高测试用例的覆盖率和质量。

4）AI 技术可以协助测试人员生成自动化测试用例。自动化测试是测试工作中的一个重要环节，它可以提高测试效率和准确性。通过使用 AI 技术，测试人员可以更加智能地生成自动化测试用例，从而提高自动化测试的效率和覆盖率。

5）AI 技术可以协助测试人员编写测试报告。测试报告是测试工作的总结和反馈，它包括测试结果、缺陷清单、测试建议等内容。通过使用 AI 技术，测试人员可以更加智能地编写测试报告，从而提高测试报告的质量和效率。

除了上述工作，AI 技术还可以协助测试人员进行多种类型的测试，包括功能测试、性能测试、兼容性测试、安全测试、回归测试等。此外，AI 技术还可以协助测试人员进行测试管理。测试管理包括测试流程、测试规范、测试标准等内容。通过使用 AI 技术，测试人员可以更加智能地进行测试管理，提前发现和预防测试中的问题和风险，从而提高测试效率和质量。

7.1　AI 辅助测试与调试应用案例

7.1.1　制定测试策略

❓ **Prompt**

请根据以下上传文件的需求描述，制定一份详细的测试策略。需求描述如下：

1. 文件数量限制：单次上传文件的数量不超过 5 个。

2. 文件格式限制：图片（.png、.jpg）、文档（.ppt、.xls、.xlsx、.doc、.docx）、视频（.mp4、.mov）、音频（.mp3）。

3. 文件大小不做限制，小于 200MB 时可以直接预览和下载，超过 200MB 时，不能直接预览，需要下载后才能查看。

🌀 **ChatGPT**

测试策略是对测试目标、测试范围、测试方法以及测试资源等进行的高层规划。根据给定的文件上传功能需求，以下是一份详细的测试策略：

1. 测试目标

1.1 验证文件上传功能满足需求中的数量、格式和大小限制。

1.2 验证文件预览和下载功能在不同文件大小和类型下的正确性和性能。

1.3 确保上传、预览和下载功能在不同浏览器和操作系统上的兼容性。

2. 测试范围

2.1 文件上传：包括选择文件、上传进度、上传结果反馈、文件数量和类型限制、文件大小限制等。

2.2 文件预览：包括小于 200MB 文件的在线预览、超过 200MB 文件的预览限制等。

2.3 文件下载：包括文件链接、下载速度、下载完整性等。

3. 测试方法

3.1 功能测试：测试文件上传、预览和下载功能是否符合需求规格。

3.2 边界值测试：针对文件数量、类型和大小的限制进行测试。

3.3 兼容性测试：测试不同浏览器（如 Chrome、Firefox、Safari、Edge 等）和操作系统（如 Windows、macOS、Linux 等）下的功能表现。

4. 性能测试

评估文件上传、预览和下载速度，以及在高负载情况下的系统稳定性。

5. 安全测试

验证文件上传功能对非法文件类型和恶意攻击的防范能力。

6. 可用性测试

评估用户界面和操作流程的易用性和一致性。

7. 测试资源

7.1 测试团队：分配具有不同专长的测试人员，如功能测试、性能测试、安全测试等。

7.2 测试环境：搭建具有不同操作系统和浏览器的测试环境，以满足兼容性测试需求。

7.3 测试数据：准备符合测试需求的各种文件类型、大小和数量的测试数据。

7.4 测试工具：选择适合的测试工具，如自动化测试工具（Selenium 等）、性能测试工具（JMeter 等）、安全测试工具（OWASP ZAP 等）等。

8. 测试计划与进度

8.1 根据项目进度和资源分配制订详细的测试计划，包括测试阶段、测试任务、时间安排等。

8.2 制定测试用例，确保测试覆盖需求中的各种场景。

8.3 确保测试过程中的问题及时跟踪和解决，以保证测试进度的顺利进行。

通过以上测试策略，我们可以确保文件上传功能满足需求描述中的各项要求，并在各种使用场景下达到预期的效果和性能，具体的测试策略需要根据项目需求和系统特点进行补充和完善。

7.1.2 输出测试计划

❓ **Prompt**

请根据以下上传文件的需求描述，制订一份详细的测试计划。需求描述如下：

1. 文件数量限制：单次上传文件的数量不超过 5 个。

2. 文件格式限制：图片（.png、.jpg）、文档（.ppt、.xls、.xlsx、.doc、.docx）、视频（.mp4、.mov）、音频（.mp3）。

3. 文件大小不做限制，小于 200MB 时可以直接预览和下载，超过 200MB 时，不能直接预览，需要下载后才能查看。

⑥ **ChatGPT**

　　测试计划是根据测试策略制订的具体执行计划，包括测试任务分配、时间安排和进度跟踪等。以下是根据文件上传功能需求制订的详细测试计划：

1. 测试任务分解

　1.1 功能测试

　1.2 边界值测试

　1.3 兼容性测试

　1.4 性能测试

　1.5 安全测试

　1.6 可用性测试

2. 测试阶段与时间安排

　2.1 测试需求分析与测试用例设计：3 天

　2.2 测试环境搭建与测试数据准备：1 天

　2.3 功能测试与边界值测试：3 天

　2.4 兼容性测试：0.5 天

　2.5 性能测试：1 天

　2.6 安全测试：0.5 天

　2.7 可用性测试：1 天

　2.8 缺陷修复与回归测试：1 天

　2.9 测试报告撰写与总结：0.5 天

3. 测试人员分配

　3.1 功能测试与边界值测试：2 名测试工程师

　3.2 兼容性测试：1 名测试工程师

　3.3 性能测试：1 名测试工程师

　3.4 安全测试：1 名测试工程师

　3.5 可用性测试：1 名测试工程师

4. 测试环境与测试数据

　4.1 搭建具有不同操作系统和浏览器的测试环境，以满足兼容性测试需求。

　4.2 准备符合测试需求的各种文件类型、大小和数量的测试数据。

5. 测试用例设计

　5.1 设计详细的测试用例，以覆盖需求中的各种场景。

　5.2 确保测试用例充分涵盖功能测试、边界值测试、兼容性测试、性能测试、安全测试和可用性测试。

　　6. 缺陷管理与跟踪

　　6.1 使用缺陷跟踪工具（如 Bugzilla、JIRA 等）记录并跟踪测试过程中发现的缺陷。

　　6.2 与开发团队紧密合作，确保缺陷得到及时修复并进行回归测试。

　　7. 测试报告与总结

　　7.1 在测试过程中收集测试数据和度量，以便撰写详细的测试报告。

　　7.2 在测试结束后，编写测试报告，总结测试过程、测试结果和改进建议。

　　以上就是 AI 根据需求描述自动生成的测试计划。AI 可以自动化地生成测试计划，从而提高测试计划的编写效率，减少人力成本和时间成本；AI 可以根据给定的输入，生成多种可能的测试计划，从而涵盖更多的测试场景，提高测试的覆盖率和全面性；AI 可以依据测试领域的专业知识和规范，生成符合标准的测试计划，提高测试的专业性和质量。但 AI 生成的测试计划可能无法考虑到实际情况中的各种因素，比如测试环境、测试资源、测试时间等，需要人工参与测试计划的制订和调整。

7.1.3　生成测试用例

❓ Prompt

　　请根据以下账号和密码登录内容的需求描述编写测试用例，尽可能考虑更多的用例场景，以覆盖需求中的各种场景，确保测试用例充分涵盖功能测试、边界值测试、兼容性测试、性能测试、安全测试和可用性测试，用例需要包含用例编号、用例标题、用例类型、用例描述、操作步骤、前置条件、预期结果，使用 Excel 行列的格式设计输出结果。需求描述如下：

　　1. 登录账号为手机号，限制在 11 位以内。

　　2. 只有在账号和密码都输入的情况下，才能单击"登录"按钮，否则不可单击。

　　3. 未输入账号，则在"账号"输入框下提示"请输入手机号"，未输入密码，则在"密码"输入框下提示"请输入密码"。

　　4. 当账号和密码都输入正确时可登录成功，账号或密码输入错误，单击"登录"按钮后提示"账号或者密码错误"。

⊚ ChatGPT

　　根据 AI 输出的测试用例结果，汇总如下所示：

用例编号	用例标题	用例类型	用例描述	操作步骤	前置条件	预期结果
TC01	正确的账号密码登录	功能测试	输入正确的手机号和密码，登录成功	1. 输入正确的手机号和密码 2. 点击登录按钮	无	登录成功，跳转至主页
TC02	错误的手机号登录	边界值测试	输入不足11位的手机号，登录失败	1. 输入不足11位的手机号和正确的密码 2. 点击登录按钮	无	登录失败，提示"账号或者密码错误"
TC03	错误的手机号登录	边界值测试	输入超过11位的手机号，登录失败	1. 输入超过11位的手机号和正确的密码 2. 点击登录按钮	无	登录失败，提示"账号或者密码错误"
TC04	未输入账号登录	功能测试	未输入账号，点击登录按钮	1. 输入正确的密码 2. 点击登录按钮	无	登录失败，提示"请输入手机号"
TC05	未输入密码登录	功能测试	未输入密码，点击登录按钮	1. 输入正确的账号但未输入密码 2. 点击登录按钮	无	登录失败，提示"请输入密码"
TC06	错误的密码登录	功能测试	输入正确的手机号和错误的密码，登录失败	1. 输入正确的手机号和错误的密码 2. 点击登录按钮	无	登录失败，提示"账号或者密码错误"
TC07	性能测试	性能测试	在高并发情况下进行账号密码登录	1. 多个用户同时进行账号密码登录 2. 观察登录成功时间和系统登录情况	无	登录成功，响应时间在合理范围内，系统资源占用正常
TC08	安全测试	安全测试	检查账号密码是否加密传输	1. 使用抓包工具检查账号密码传输过程中是否加密	无	账号密码传输时加密，确保安全性
TC09	可用性测试	可用性测试	检查登录界面的友好程度	1. 检查登录界面是否合理 2. 检查提示信息是否清晰明了 3. 检查登录按钮是否易于点击	无	登录界面友好，提示信息清晰明了，登录按钮易于点击
TC10	多次输错账号密码	功能测试	连续多次输入错误的账号密码，登录失败	1. 连续多次输入错误的账号密码 2. 点击登录按钮	无	登录失败，提示"账号或者密码错误"
TC11	密码错误次数限制	安全测试	输入多次错误密码后，登录是否被锁定	1. 连续多次输入错误的密码 2. 点击登录按钮	无	登录失败，输入错误密码超过限制时，账号被锁定
TC12	未输入密码登录	边界值测试	未输入密码，直接回车登录	1. 未输入密码 2. 直接回车	无	登录失败，提示"请输入密码"
TC13	输入账号密码后清空	可用性测试	输入账号密码后清空，再次输入	1. 输入账号和密码 2. 清空输入 3. 再次输入正确的手机号和密码	无	登录成功，跳转至主页
TC14	账号密码输入框长度	可用性测试	输入框长度是否合适	1. 检查账号密码输入框长度是否合适 2. 检查输入框是否过小或过大	无	输入框长度合适，输入不过小或过大

用例编号	用例标题	用例类型	用例描述	操作步骤	前置条件	预期结果
TC15	其他字符登录	安全测试	输入非法字符登录	1. 输入非法字符 2. 点击登录按钮	无	登录失败，提示"账号或者密码错误"
TC16	手机号码格式验证	安全测试	输入非法的手机号格式	1. 输入非法的手机号格式 2. 点击登录按钮	无	登录失败，提示"账号或者密码错误"
TC17	绑定第三方账号登录	兼容性测试	绑定第三方账号进行登录	1. 使用第三方账号绑定 2. 使用绑定的第三方账号进行登录	无	登录成功，跳转至主页
TC18	验证码登录	兼容性测试	使用验证码进行登录	1. 点击使用验证码登录按钮 2. 输入正确的验证码 3. 点击登录按钮	无	登录成功，跳转至主页
TC19	多语言兼容性测试	兼容性测试	在多语言环境下进行登录	1. 切换语言环境 2. 输入正确的账号密码 3. 点击登录按钮	无	登录成功，跳转至主页
TC20	长时间未操作登录	可用性测试	长时间未操作登录，是否自动退出登录	1. 登录成功后，不进行任何操作 2. 等待一定时间后，再进行操作	已登录	登录状态自动退出，跳转至登录页面
TC21	登录时网络不稳定	可用性测试	登录时网络不稳定，是否能正常登录	1. 在网络不稳定的情况下输入正确的账号密码 2. 点击登录按钮	已连接网络	登录成功，跳转至主页
TC22	登录后退出	可用性测试	登录后退出，再次登录是否正常	1. 登录成功后，退出登录 2. 再次输入正确的账号密码 3. 点击登录按钮	已登录	登录成功，跳转至主页
TC23	多种客户端兼容性测试	兼容性测试	在多种客户端环境下进行登录	1. 在不同的客户端环境下进行登录 2. 检查登录是否正常	无	登录成功，跳转至主页
TC24	密码输入框是否可见	可用性测试	密码输入框是否可见	1. 检查密码输入框是否可见 2. 点击密码输入框侧可见/不可见按钮	无	密码输入框可见，可切换显示状态
TC25	多种操作系统兼容性测试	兼容性测试	在多种操作系统环境下进行登录	1. 在不同的操作系统环境下进行登录 2. 检查登录是否正常	无	登录成功，跳转至主页
TC26	密码是否区分大小写	可用性测试	密码是否区分大小写	1. 输入正确的账号和大小写不同的密码 2. 点击登录按钮	无	登录失败，提示"账号或者密码错误"
TC27	账号密码输入框是否自动补全	可用性测试	账号密码输入框是否自动补全	1. 在输入框中输入部分账号和密码 2. 关闭页面重新打开 3. 检查输入框是否自动补全	无	输入框不自动补全
TC28	登录后跳转页面	可用性测试	登录后跳转页面是否正确	1. 登录成功后，检查跳转页面是否正确	已登录	跳转页面正常，跳转至主页
TC29	密码输入框是否支持粘贴	可用性测试	密码输入框是否支持粘贴	1. 检查密码输入框是否支持粘贴 2. 尝试粘贴正确的密码	无	密码输入框支持粘贴，输入正确的密码

用例编号	用例标题	用例类型	用例描述	操作步骤	前置条件	预期结果
TC30	密码是否支持特殊字符	安全测试	密码是否支持特殊字符	1. 输入正确的账号和包含特殊字符的密码 2. 点击登录按钮	无	登录成功，跳转至主页
TC31	密码是否支持空格	安全测试	密码是否支持空格	1. 输入正确的账号和包含空格的密码 2. 点击登录按钮	无	登录成功，跳转至主页
TC32	账号密码输入框是否支持自动填充	兼容性测试	账号密码输入框是否支持自动填充	1. 检查账号密码输入框是否支持自动填充 2. 如支持，检查自动填充的内容是否正确	无	账号密码输入框支持自动填充，自动填充的内容正确
TC33	密码强度验证	安全测试	密码强度是否符合安全要求	1. 输入正确的账号和简单的密码 2. 点击登录按钮	无	登录失败，提示"密码过于简单，请重新输入"
TC34	登录界面设计风格	可用性测试	登录界面设计风格是否符合用户习惯	1. 检查登录界面设计风格是否符合用户习惯 2. 检查界面的配色是否合理	无	登录界面设计风格符合用户习惯，配色合理
TC35	登录时密码是否显示密码	可用性测试	登录时密码是否显示	1. 检查登录时密码是否显示 2. 点击密码输入框侧可见/不可见按钮	无	登录时密码默认不显示，可切换显示状态
TC36	登录时是否有记住密码选项	可用性测试	登录时是否有记住密码选项	1. 检查登录时是否有记住密码选项 2. 勾选记住密码选项，再次登录	无	登录时有记住密码选项
TC37	服务异常处理	可用性测试	服务异常处理是否正常	1. 在服务异常情况下进行登录 2. 检查是否有明确的异常提示	无	登录失败，提示明确的异常信息
TC38	输入框是否支持自动大小写转换	可用性测试	输入框是否支持自动大小写转换	1. 在输入框中输入大小写不一致的账号和密码 2. 检查输入框是否支持自动大小写转换	无	输入框支持自动大小写转换
TC39	登录界面是否支持主题切换	可用性测试	登录界面是否支持主题切换	1. 检查登录界面是否支持主题切换 2. 切换主题，检查主题是否正常	无	登录界面支持主题切换

以上就是 AI 根据需求描述自动生成的测试用例。可以看到，AI 可以自动化地生成大量测试用例，从而提高测试效率，节约时间和人力成本。但生成的测试用例可能存在一定的误差，

需要人工进行验证和修正，以确保测试用例的准确性和有效性；自动生成能力依赖于其训练数据的质量和数量，如果训练数据不足或质量不高，生成的测试用例可能不够全面或不够准确；对于一些复杂的测试场景，AI 可能无法生成合适的测试用例，需要人工参与测试用例的设计和生成。

7.1.4　生成接口测试用例和接口测试脚本

1. 生成接口测试用例

❓ **Prompt**

请根据以下接口描述生成接口测试用例，包括用例标题、用例描述、请求类型、请求参数、操作步骤、预期结果。

接口标题：××平台项目登录接口

接口请求方式：HTTPS

接口请求方法：POST

接口 URL：xx.meishakeji.com/login

接口 Body 请求参数：

{"phoneCode":"86","phoneNo":"phoneNo","password":"password"}

接口响应参数：Status Code==200

⑤ **ChatGPT**

用例标题：××平台项目登录接口测试。

用例描述：测试××平台项目登录接口的功能是否正常，包括输入正确的手机号码和密码、输入错误的密码、输入不存在的手机号码等多种情况。

请求类型：POST。

请求参数：

❑　phoneCode：手机号码区号，类型为字符串，长度为 2 位。

❑　phoneNo：手机号码，类型为字符串，长度为 11 位。

❑　password：密码，类型为字符串，长度为 6 到 16 位。

操作步骤：

1）输入请求参数，发送 POST 请求到 URL 地址。

2）根据返回的状态码进行判断，如果状态码为 200 则表示登录成功，否则表示登录失败。

预期结果：

- ❑ 对于输入正确的手机号码和密码的情况，预期返回登录成功的状态码 200。
- ❑ 对于输入错误的密码的情况，预期返回登录失败的状态码 ××。
- ❑ 对于输入不存在的手机号码的情况，预期返回登录失败的状态码 ××。
- ❑ 对于不输入手机号码和密码的情况，预期返回登录失败的状态码 ××。
- ❑ 对于输入手机号码但不输入密码的情况，预期返回登录失败的状态码 ××。
- ❑ 对于输入密码但不输入手机号码的情况，预期返回登录失败的状态码 ××。
- ❑ 对于输入手机号码和密码，但手机号码格式不正确的情况，预期返回登录失败的状态码 ××。
- ❑ 对于输入手机号码和密码，但密码长度不符合要求的情况，预期返回登录失败的状态码 ××。

2. 生成接口测试脚本

❷ **Prompt**

请根据以下接口描述，使用 Python 编写接口测试脚本，在一个代码块中输出结果。

接口标题：×× 平台项目登录接口

接口请求方式：HTTPS

接口请求方法：POST

接口 URL：xx.meishakeji.com/login

接口 Body 请求参数：

{"phoneCode":"86","phoneNo":"phoneNo","password":"password"}

接口响应参数：Status Code==200

◉ **ChatGPT**

```python
import requests
url = "xx.meishakeji.com/login"
headers = {
"Content-Type": "application/json"
}
data = {
"phoneCode": "86",
"phoneNo": "phoneNo",
"password": "password"
}
response = requests.post(url, json=data, headers=headers)
if response.status_code == 200:
print("接口请求成功")
else:
print("接口请求失败")
```

7.1.5　生成 Web 端登录界面的自动化测试脚本

如何让 AI 一步一步地帮助我们编写一个 Web 端登录界面的自动化测试脚本？以下内容是请求 AI 协助后得到的答案，我们可以从 AI 的回答中提取需要的内容，并加以修改，最终得出可以运行成功的登录界面自动化测试脚本。

❓ **Prompt**

你作为一名高级测试工程师，要编写 Web 端登录界面的自动化测试脚本，请问需要用到什么框架、语言和测试框架进行编写？

⑤ **ChatGPT**

您可以使用 Selenium 框架和 Python 语言编写自动化测试脚本，同时使用 Pytest 测试框架进行测试。Selenium 是一个用于 Web 应用程序测试的工具，它可以模拟用户在浏览器中的操作，包括点击、输入、提交等。Python 是一种简单易学的编程语言，也是自动化测试领域中常用的语言之一。Pytest 是一个基于 Python 的测试框架，它具有简单、易用、灵活、可扩展等优点，可以帮助您编写高效、可靠的测试用例。通过使用 Selenium、Python 和 Pytest，您可以轻松地编写出 Web 端登录界面的自动化测试脚本，并进行测试验证。

❓ **Prompt**

怎么进行 Python+Pytest+Selenium 环境的安装和搭建？

⑤ **ChatGPT**

要使用 Python+Pytest+Selenium 编写 Web 端登录界面的自动化测试脚本，需要进行以下环境搭建和配置：

1. 安装 Python：从 Python 官网（https://www.python.org/downloads）下载并安装 Python。

2. 安装 Pytest：在命令行中输入 pip install pytest 命令，安装 Pytest 测试框架。

3. 安装 Selenium：在命令行中输入 pip install selenium 命令，安装 Selenium 自动化测试框架。

4. 安装浏览器驱动：根据使用的浏览器类型，从相应的官网下载对应的浏览器驱动，并将其添加到系统环境变量中。例如，如果使用 Chrome 浏览器，则需要下载 ChromeDriver，并将其添加到系统环境变量中。

5. 创建测试文件夹：创建一个新的文件夹，用于存放测试文件和测试数据。

6. 创建测试脚本：使用 Pytest 编写测试脚本，使用 Selenium 进行页面操作和验证。测试脚本可以使用 Page Object 模式，将页面元素和操作封装到一个类中，方便管理和维护。

7. 配置测试数据：创建一个配置文件或者使用数据库存储测试数据，例如用户名和密码。

8. 运行测试脚本：在命令行中进入测试脚本所在的目录，输入 pytest 命令运行测试脚本。

通过以上步骤就可以搭建好 Python+Pytest+Selenium 的自动化测试环境，并编写 Web 端登录界面的自动化测试脚本。

❓ Prompt

请用 Python+Pytest+Selenium 框架，在一个代码块中编写一份可执行的 Web 端登录界面测试脚本。

⑤ ChatGPT

```python
from selenium.webdriver.common.by import By
from selenium.webdriver.support.ui import WebDriverWait
from selenium.webdriver.support import expected_conditions as EC
import pytest
@pytest.fixture(scope="session")
def webdriver():
# 创建一个Chrome浏览器实例
driver = webdriver.Chrome()
# 等待页面加载完成
driver.implicitly_wait(10)
# 返回WebDriver实例
yield driver
# 关闭浏览器
driver.quit()
def test_login(webdriver):
# 打开登录页面
webdriver.get("http://example.com/login")
# 输入账号、密码
username = WebDriverWait(webdriver,10).until(
EC.presence_of_element_located((By.NAME,"username")))
password = WebDriverWait(webdriver,10).until(
EC.presence_of_element_located((By.NAME,"password")))
username.send_keys("testuser")
password.send_keys("testpass")
# 单击“登录”按钮
login_button= WebDriverWait(webdriver, 10).until(
EC.element_to_be_clickable((By.XPATH,"//button[text()='登录']")))
login_button.click()
# 验证登录结果
assert "欢迎回来" in webdriver.page_source
```

在这个示例中，使用了 Pytest 的 fixture 装饰器来创建一个 WebDriver 实例，以便在测试方法中重复使用。在测试方法中，首先打开登录页面，然后找到账号和密码输入框，并输入相应的测试账号和密码。接下来，找到“登录”按钮并单击。最后，使用 WebDriverWait 来等待页面跳转完成，然后断言登录成功后的页面文案是否正确。

请注意，为了运行这个脚本，你需要安装 Pytest 和 Selenium 库，并下载对应浏览器的 WebDriver 驱动。

根据以上 AI 给出的测试脚本代码，结合我们实际要登录的网站，修改定位元素的方式为 XPATH 后的代码如下：

```python
import time
import pytest
from selenium import webdriver
from selenium.webdriver.common.by import By
from selenium.webdriver.support.ui import WebDriverWait
from selenium.webdriver.support import expected_conditions as EC
@pytest.fixture(scope="session")
def browser():
    # 启动Chrome浏览器
    driver = webdriver.Chrome()
    # 返回浏览器实例
    yield driver
    # 关闭浏览器
    driver.quit()
    # 关闭浏览器
    driver.quit()


def test_login(browser):
    # 打开登录页面
    browser.get("https://xxx.meishakeji.com")
    # 点击切换到账号和密码登录页面
    tab = WebDriverWait(browser, 10).until(
        EC.element_to_be_clickable((By.XPATH, "账号密码登录切换tab路径"))
    )
    tab.click()
    # 输入登录手机号
    username = WebDriverWait(browser, 10).until(
        EC.presence_of_element_located(
            (By.XPATH, "手机号输入框路径"))
    )
    # 输入登录密码
    password = WebDriverWait(browser, 10).until(
        EC.presence_of_element_located(
            (By.XPATH, "密码输入框路径"))
    )
    username.send_keys("登录手机号")
    password.send_keys("登录密码")
    # 单击 "登录" 按钮
    login_button = WebDriverWait(browser, 10).until(
        EC.element_to_be_clickable(
            (By.XPATH, "登录按钮路径"))
    )
    login_button.click()
    # 等待页面跳转并获取页面文本
    page_text: object = WebDriverWait(browser, 30).until(EC.presence_of_element_
located(
        (By.XPATH, "验证文本路径"))).text
```

```
    # 验证登录结果
  assert "登录成功后页面的验证文本" in page_text
  time.sleep(20)
```

只要将以上代码中的页面地址替换为真实可访问的地址，元素的路径修改为真实的元素
路径后，就可运行成功。

7.1.6　解决问题

报错 1：在实际运行代码过程中出现运行环境报错，如图 7-1 所示。

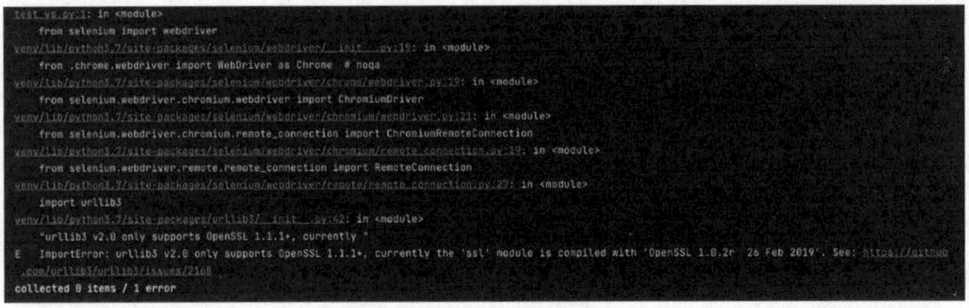

图 7-1　运行环境报错

以下是通过请求 AI 协助得到的解答，里面给出了两个解决方法，尝试这两种方法之后，
以上报错问题得到解决。

> ❓ **Prompt**
>
> 在运行代码中出现以下报错，请问如何解决？
>
> ```
> test vs.py:1:in <module>
> from selenium import webdriver
> venv/lib/python3.7/site-packages/selenium/webdriver/init.py:19:in <module>
> from.chrome.webdriver import WebDriver as Chrome #noqa
> venv/lib/python3.7/site-packages/selenium/webdriver/chrome/webdriver.
> py:19:in<module>
> from selenium.webdriver.chromium.webdriver import ChromiumDriver
> venv/lib/python3.7/site-packages/selenium/webdriver/chromium/webdriver.
> py:21:in<module>
> from selenium.webdriver.chromium.remote_connection
> import ChromiumRemoteConnection
> venv/Lib/python3.7/site-packages/selenium/webdriver/chromium/remote_connection.
> py:19:in <module>
> from selenium.webdriver.remote.remote_connection import RemoteConnection
> venv/lib/python3.7/site-packages/selenium/webdriver/remote/remote connection.
> py:27:in <module>
> import urllib3
> venv/Lib/python3.7/site-packages/urLlib3/init,py:42:in<module>
> "urllib3 v2.0 only supports OpenSSL 1.1.1+,currently "
> ```

```
E ImportError:urllib3 v2.0 Only supports OpenSSL 1.1.1+,currently
the 'ssL'module is compiled with 'OpenSS 1.0.2r 26 Feb 2019'.
See:https://github.com/urllib3/urllib3/issues/2168
collected: 0·items/1·error
```

（以上是部分报错信息）

🟢 **ChatGPT**

这个错误提示表明您的代码中使用了 urllib3 v2.0，但是您的 Python 环境中的 SSL 模块使用的是 OpenSSL1.0.2r，而 urllib3 v2.0 需要至少 OpenSSL1.1.1。

要解决这个问题，可以尝试升级您的 OpenSSL 版本。如果您使用的是 Linux 或 macOS 系统，可以使用以下命令升级 OpenSSL：

```
sudo apt-get update
sudo apt-get install openssl
```

如果您使用的是 Windows 系统，则可以从 OpenSSL 官网下载并安装最新版本的 OpenSSL。

如果您无法升级 OpenSSL，可以尝试降低 urllib3 版本。可以使用以下命令安装 urllib3 v1.x：

```
pip install urllib3==1.*
```

这将安装最新版本的 urllib3 v1.x。请注意，降低 urllib3 版本可能会影响您的代码的其他部分，因为不同版本的 urllib3 可能具有不同的 API。

通过降低 urllib3 版本的方式来解决，结果如图 7-2 所示。

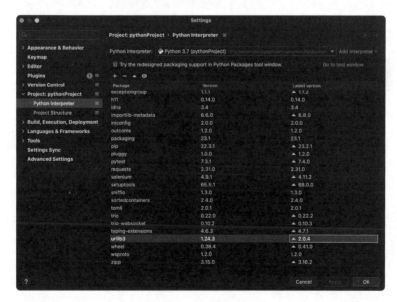

图 7-2　urllib3 版本

报错 2：在实际运行代码过程中出现如图 7-3 所示的报错，找不到定位的元素。

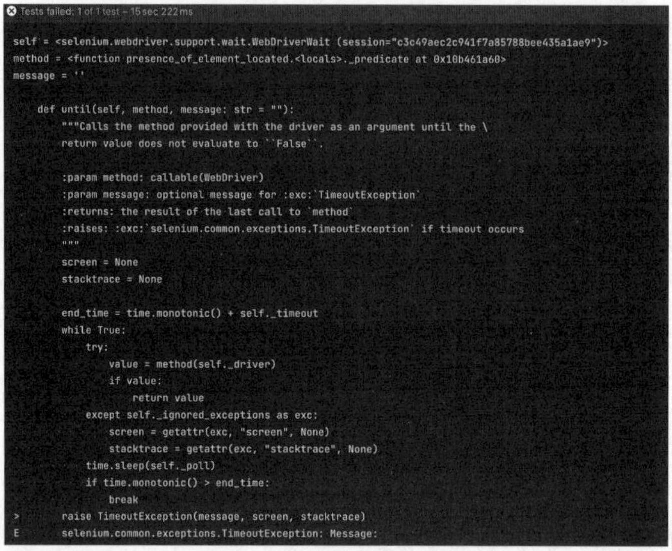

图 7-3   找不到定位元素报错

> ❓ **Prompt**
>
> 在运行代码中出现以下报错，请问如何解决？

```
self = <selenium.webdriver.support.wait.WebDriverWait(session="c3c49aec2c941f7a
85788bee435a1ae9")>
method = <function presence_of_element_located.<locals>._predicate
at 0x10b461a60>
message = ''
def until(self, method, message: str = ""):
 """Calls the method provided with the driver as an argument until the return
 value does not evaluate to "False".
 :param method:callable(WebDriver)
 :param message:optional message for :exc:`TimeoutException`
 :returns:the result of the last call to `method`
 :raises::exc:`selenium.common.exceptions.TimeoutException` if timeout occurs """
 screen = None
 stacktrace = None
 end_time = time.monotonic() + self._timeout
 while True:
  try:
     value = method(self._driver)
     if value:
           return value
 except self._ignored_exceptions as exc:
     screen = getattr(exc, "screen", None)
     stacktrace = getattr(exc,"stacktrace", None)
 time.sleep(self._poll)
     if time.monotonic()> end_time:
```

```
      break
> raise TimeoutException(message,screen,stacktrace)
E selenium.common.exceptions.TimeoutException: Message:
```

（以上是部分报错信息）

⑥ ChatGPT

这段代码中，我们使用了 WebDriverWait 类的 until 方法等待某个预期条件满足，最多等待一定的时间。在等待过程中，如果超时了仍然没有满足预期条件，就会抛出 TimeoutException 异常。

在本例中，我们使用了 presence_of_element_located 预期条件，表示等待某个元素出现。如果在等待时间内该元素出现了，就会返回该元素；如果等待时间内该元素没有出现，就会抛出 TimeoutException 异常，并且可以在异常信息中指定一段自定义的错误消息。

在 until 方法中，我们使用了一个 while 循环来不断调用 method 方法，直到返回值不是 False 为止。在调用 method 方法时，我们将 self.driver 作为参数传递给它，以便于在 method 方法中使用浏览器实例。

在循环中，我们还使用了 time.sleep 方法来等待一段时间，以避免频繁地调用 method 方法。当等待时间超过设定的超时时间时，就会抛出 TimeoutException 异常，并且可以在异常信息中指定一段自定义的错误消息。

通过 AI 的协助，我们快速定位到了报错的原因。具体原因是：我们的登录界面默认为微信扫码登录方式，如果需要账号和密码登录，还需要切换 tab 页面，才能输入账号和密码进行登录。

接下来继续把我们的问题抛出来让 AI 来协助我们解决。

❓ Prompt

我们的登录界面默认为微信扫码登录方式，如果需要账号和密码登录，还需要切换 tab 页面，才能输入账号和密码进行登录，请用使用 Python Selenium 输出实现切换 tab 的代码。

⑥ ChatGPT

以下是一个示例代码，使用 Python 的 Selenium 库来切换 tab 页面：

```
from selenium import webdriver
from selenium.webdriver.common.by import By
from selenium.webdriver.support.ui import WebDriverWait
from selenium.webdriver.support import expected_conditions as EC
# 创建浏览器实例
driver = webdriver.Chrome()
# 打开登录页面
driver.get("https://example.com/login")
# 等待微信登录tab可点击
wechat_tab = WebDriverWait(driver, 10).until(
```

```
    EC.element_to_be_clickable((By.XPATH, "//div[@id='wechat-tab']"))
)
# 点击微信登录tab
wechat_tab.click()
# 等待账号和密码登录tab可点击
account_tab = WebDriverWait(driver, 10).until(
    EC.element_to_be_clickable((By.XPATH, "//div[@id='account-tab']"))
)
# 点击账号和密码登录tab
account_tab.click()
# 输入账号和密码
username_input = WebDriverWait(driver, 10).until(
    EC.presence_of_element_located((By.XPATH, "//input[@id='username']"))
)
password_input = WebDriverWait(driver, 10).until(
    EC.presence_of_element_located((By.XPATH, "//input[@id='password']"))
)
username_input.send_keys("your_username")
password_input.send_keys("your_password")
# 提交表单或其他操作
# 关闭浏览器
driver.quit()
```

请根据实际情况修改代码中的元素定位方式（如使用其他属性或选择器），以适应你的登录页面。

根据以上 AI 的解答，得出了问题解决的思路，通过修改调试后，测试脚本运行成功，如图 7-4 所示。

图 7-4　测试脚本运行成功

7.1.7　测试过程中用到的工具

❓ **Prompt**

你现在作为一名高级测试工程师，测试过程中会使用什么工具来辅助测试定位问题、提高测试质量以及工作效率？

ChatGPT

作为一名高级测试工程师，我会使用以下工具来辅助测试定位问题、提高测试质量以及工作效率：

1. 测试管理工具：如 TestRail、JIRA 或 TestLink，用于组织和管理测试用例、测试计划、测试执行和缺陷跟踪。

2. 自动化测试框架：如 Selenium、Appium、Cypress 或 Robot Framework，用于编写和执行自动化测试脚本，以减少手动测试的重复工作并提高回归测试的效率。

3. 性能测试工具：如 JMeter、LoadRunner 或 Gatling，用于评估应用程序在不同负载和压力条件下的性能表现。

4. 安全测试工具：如 OWASP ZAP、Burp Suite 或 Nessus，用于评估应用程序的安全性并识别潜在的安全漏洞。

5. 测试数据生成工具：如 Faker、Mockaroo 或 TestDataGenerator，用于创建大量的测试数据以满足不同的测试场景需求。

6. 版本控制系统：如 Git、SVN 或 Mercurial，用于管理测试代码和文档的版本，以便跟踪更改和协同工作。

7. 持续集成（持续部署（CI/CD）工具：如 Jenkins、Bamboo 或 Travis CI，用于自动化构建、测试和部署过程，以确保应用程序在整个开发周期中保持高质量。

8. API 测试工具：如 Postman、SoapUI 或 Rest-Assured，用于测试和验证 RESTful 和 SOAP Web 服务接口。

9. 缺陷跟踪工具：如 Bugzilla、Mantis 或 Redmine，用于报告和跟踪软件缺陷。

10. 测试报告和度量工具：如 Allure、ExtentReports 或 ReportPortal，用于生成可视化的测试报告和度量，以便更好地了解测试质量和进度。

11. 协作和沟通工具：如 Trello、Slack 或 Microsoft Teams，用于协同工作和实时沟通，以提高团队协作效率。

12. 抓包工具：如 Wireshark、Fiddler 或 Charles，用于监控和分析网络流量，帮助识别和定位网络通信和性能问题。这些工具对于分析 HTTP/HTTPS 请求和响应、调试 API 和跟踪网络延迟等问题非常有帮助。

7.1.8　如何进行 App 自动化测试

Prompt

你现在作为一名高级的测试工程师，请编写 App iOS 端登录界面的测试脚本，要求输出从环境搭建与配置、编写脚本到运行成功整个过程的操作步骤，以及具体使用什么测试工具和测试框架。最后在一个代码块中输出一份可执行的登录界面脚本。

⑥ **ChatGPT**

作为一名高级测试工程师，我会按照以下步骤完成 App iOS 端登录界面的测试脚本：

1. 环境搭建

首先，需要搭建 iOS 自动化测试环境，包括安装 Xcode、安装 Appium、安装 iOS 模拟器或真机、安装 Python 和 PyCharm。

2. 环境配置

在 PyCharm 中创建一个新的 Python 项目，安装必要的第三方库，包括 Appium-Python-Client、Selenium、Pytest 等。

在 Appium 中配置 iOS 设备信息，包括设备名称、UDID、平台版本等。

3. 编写脚本

在 PyCharm 中创建一个新的 Python 文件，编写 iOS 端登录界面的测试脚本，包括启动 Appium Server、连接到 iOS 模拟器或真机、打开 App、输入用户名和密码、点击登录按钮、验证登录是否成功。

下面是一个可执行的登录界面脚本示例：

```python
from appium import webdriver
import time
import pytest

class TestLogin:
    @pytest.fixture(scope="class")
  def setup(self):
        # Appium server配置
    desired_caps = {
            "platformName": "iOS",
            "platformVersion": "14.5",
            "deviceName": "iPhone 12 Pro Max",
            "udid": "xxxxxxxxxxxxxxxxxxxxxxxxxxxxxxxxxxxx",
            "app": "/path/to/your/app",
            "automationName": "XCUITest",
            "noReset": True
        }
        # Appium Server启动
    driver = webdriver.Remote("http://localhost:4723/wd/hub", desired_caps)
    driver.implicitly_wait(10)
        yield driver
    driver.quit()

    def test_login(self, setup):
        # 登录用户名和密码
    username = "your_username"
    password = "your_password"
```

```
    # 定位用户名和密码输入框
username_input = setup.find_element_by_ios_predicate("value == '请输入用户名'")
password_input = setup.find_element_by_ios_predicate("value == '请输入密码'")
    # 输入用户名和密码
username_input.send_keys(username)
password_input.send_keys(password)
    # 单击"登录"按钮
login_button = setup.find_element_by_ios_predicate("label == '登录'")
login_button.click()
    # 验证登录是否成功
assert setup.find_element_by_ios_predicate("label == '欢迎回来
'").is_displayed()
```

在上述代码中，需要将 platformVersion、deviceName 和 app 等替换为实际的值，分别表示 iOS 版本、设备名称和应用路径。另外，还需要根据实际的应用界面元素进行定位和操作。

可以看到，AI 对于我们编写测试脚本的帮助很大，需要做的就是在 PyCharm 中运行测试脚本，等待 iOS 模拟器或真机启动 App，并执行测试用例，验证登录是否成功。

7.2　如何让 AI 更好地辅助我们工作

7.2.1　学会提问

向 AI 提问的时候，提问的内容不一样，得到的回答也不一样，如果想要得到具体的答案，就需要我们描述清楚自己的问题和想要得到的回答类型。AI 提问规则如下：

1）确定问题的范围和细节：在向 AI 提出问题之前，请确保已经明确了问题的范围和细节。这将有助于 AI 更好地理解问题，并提供更准确的答案。

2）使用明确的语言：使用简单、明确的语言提出问题，避免使用复杂的语言或专业术语，这样 AI 更容易理解提出的问题。

3）给出足够的上下文信息：在提问时，提供足够的上下文信息，让 AI 更好地理解问题的背景和相关信息。

4）确认 AI 的回答是否符合预期：在 AI 给出回答后，请仔细检查是否符合您的预期。如果不符合，可以尝试重新提问或更改问题的表述。

5）使用特定的指令和格式：有些 AI 模型可以通过特定的指令和格式来控制输出。例如，可以使用"生成"指令来指示 AI 生成特定类型的输出，或使用特定的格式来控制输出的结构和格式。

6）多次尝试：如果对 AI 的输出不满意，可以尝试多次提问，或使用不同的问题表述或指令来控制输出。

　　总之，向 AI 提问需要清晰、明确和具体的问题，并提供足够的上下文信息，以便 AI 能够更好地理解提出的问题并提供准确的答案和输出。同时，在确认 AI 的回答是否符合预期时，需要进行仔细的检查和评估，并尝试使用特定的指令和格式来控制输出。

7.2.2　AI 辅助编写测试用例提问示例

❓ Prompt

请编写一份登录页面的测试用例。

⑤ ChatGPT

1. 输入正确的用户名和密码，单击"登录"按钮，验证是否能够成功登录。

2. 输入错误的用户名和密码，单击"登录"按钮，验证是否提示用户名或密码错误。

3. 不输入用户名或密码，直接单击"登录"按钮，验证是否提示用户名或密码不能为空。

4. 在用户名和密码输入框中输入超长的字符串，单击"登录"按钮，验证是否能够正确处理。

5. 在用户名和密码输入框中输入特殊字符，如 &、$、# 等，单击"登录"按钮，验证是否能够正确处理。

6. 在用户名和密码输入框中输入空格，单击"登录"按钮，验证是否能够正确处理。

7. 在用户名输入框中输入不存在的用户名，单击"登录"按钮，验证是否提示该用户不存在。

8. 在密码输入框中输入错误的密码，单击"登录"按钮，验证是否提示密码错误。

9. 在登录页面上单击"忘记密码"链接，验证是否能够跳转到重置密码页面。

10. 在登录页面上单击"注册"链接，验证是否能够跳转到注册页面。

❓ Prompt

你作为一名高级测试工程师，请编写一份登录页面的测试用例。

⑤ ChatGPT

1. 输入正确的用户名和密码，单击"登录"按钮，验证是否能够成功登录。

2. 输入错误的用户名和密码，单击"登录"按钮，验证是否提示用户名或密码错误。

3. 不输入用户名或密码，直接单击"登录"按钮，验证是否提示用户名或密码不能为空。

4. 在用户名和密码输入框中输入超长的字符串，单击"登录"按钮，验证是否能够正确处理。

5. 在用户名和密码输入框中输入特殊字符，如 &、$、# 等，单击"登录"按钮，验证是否能够正确处理。

　　6. 在用户名和密码输入框中输入空格，单击"登录"按钮，验证是否能够正确处理。

　　7. 在用户名输入框中输入不存在的用户名，单击"登录"按钮，验证是否提示该用户不存在。

　　8. 在密码输入框中输入错误的密码，单击"登录"按钮，验证是否提示密码错误。

　　9. 在登录页面上单击"忘记密码"链接，验证是否能够跳转到重置密码页面。

　　10. 在登录页面上单击"注册"链接，验证是否能够跳转到注册页面。

　　11. 验证登录页面的界面布局是否符合设计要求，包括输入框、按钮、标签等。

　　12. 验证登录页面的响应速度是否快速，是否存在卡顿现象。

　　13. 验证登录页面是否支持多种浏览器和设备，如 Chrome、Firefox、Safari、IE、手机、平板等。

　　14. 验证登录页面是否支持多种语言，如中文、英文、法语、德语、西班牙语等。

　　15. 验证登录页面的安全性，是否存在 SQL 注入、XSS 攻击等漏洞。

　　16. 验证登录页面的可用性，是否能够正常响应用户的操作，如点击、输入等。

　　17. 验证登录页面的兼容性，是否能够与其他页面、系统、应用程序等进行协同工作。

　　18. 验证登录页面的可维护性，是否易于维护和更新，是否能够快速修复 Bug。

　　19. 验证登录页面的性能，是否能够在高并发、大流量等情况下正常运行。

　　20. 验证登录页面的稳定性，是否存在崩溃、死机、重启等问题。

❓ Prompt

　　你作为一名高级测试工程师，请根据以下具体需求编写一份登录页面的测试用例。通过账号和密码登录的需求描述如下：

　　1. 登录账号为手机号，限制在 11 位以内。

　　2. 只有在账号和密码都输入的情况下，才能单击"登录"按钮，否则不可单击。

　　3. 若未输入账号，则在账号输入框下提示"请输入手机号"，未输入密码，则在密码输入框下提示"请输入密码"。

　　4. 当账号和密码都输入正确时可成功登录，账号或密码输入错误，单击"登录"按钮后提示"账号或者密码错误"。

⑨ ChatGPT

　　1. 输入正确的 11 位手机号和密码，单击"登录"按钮，验证是否能够成功登录。

　　2. 输入超过 11 位的手机号和密码，单击"登录"按钮，验证是否能够正确处理。

　　3. 输入少于 11 位的手机号和密码，单击"登录"按钮，验证是否能够正确处理。

　　4. 输入非手机号格式的账号和密码，单击"登录"按钮，验证是否能够正确处理。

5.只输入手机号不输入密码，单击"登录"按钮，验证是否提示"请输入密码"。

6.只输入密码不输入手机号，单击"登录"按钮，验证是否提示"请输入手机号"。

7.未输入账号和密码，单击"登录"按钮，验证是否提示"请输入手机号"和"请输入密码"。

8.在输入框中输入特殊字符，如 &、$、# 等，单击"登录"按钮，验证是否能够正确处理。

9.在输入框中输入空格，单击"登录"按钮，验证是否能够正确处理。

10.在用户名输入框中输入不存在的手机号，单击"登录"按钮，验证是否提示"账号或密码错误"。

11.在密码输入框中输入错误的密码，单击"登录"按钮，验证是否提示"账号或密码错误"。

12.验证登录页面的界面布局是否符合设计要求，包括输入框、按钮、标签等。

13.验证登录页面的响应速度是否快速，是否存在卡顿现象。

14.验证登录页面是否支持多种浏览器和设备，如 Chrome、Firefox、Safari、IE、手机、平板等。

15.验证登录页面是否支持多种语言，如中文、英文、法语、德语、西班牙语等。

16.验证登录页面的安全性，是否存在 SQL 注入、XSS 攻击等漏洞。

17.验证登录页面的可用性，是否能够正常响应用户的操作，如点击、输入等。

18.验证登录页面的兼容性，是否能够与其他页面、系统、应用程序等进行协同工作。

19.验证登录页面的可维护性，是否易于维护和更新，是否能够快速修复 Bug。

20.验证登录页面的性能，是否能够在高并发、大流量等情况下正常运行。

21.验证登录页面的稳定性，是否存在崩溃、死机、重启等问题。

❓ Prompt

你作为一名高级测试工程师，请根据以下具体需求编写一份登录页面的测试用例，要求输出的用例包含用例编号、用例标题、用例类型、用例描述、操作步骤、前置条件、预期结果，以 Excel 的行列格式输出。账号和密码登录的需求描述如下：

1.登录账号为手机号，限制在 11 位以内。

2.只有在账号和密码都输入的情况下，才能单击"登录"按钮，否则不可单击。

3.若未输入账号，则在账号输入框下提示"请输入手机号"，未输入密码，则在密码输入框下提示"请输入密码"。

4.当账号和密码都输入正确时可成功登录，账号或密码输入错误，单击"登录"按钮后提示"账号或者密码错误"。

Ⓢ **ChatGPT**

部分测试用例截图如下：

用例编号	用例标题	用例类型	用例描述	操作步骤	前置条件	预期结果
TC001	正常账号密码登录	功能测试	输入正确的手机号和密码，单击"登录"按钮	1. 在账号输入框中输入手机号；2. 在密码输入框中输入密码；3. 单击"登录"按钮	无	登录成功
TC002	账号输入错误	功能测试	输入不存在的手机号，单击"登录"按钮	1. 在账号输入框中输入不存在的手机号；2. 在密码输入框中输入密码；3. 单击"登录"按钮	无	提示"账号或者密码错误"
TC003	密码输入错误	功能测试	输入正确的手机号和错误的密码，单击"登录"按钮	1. 在账号输入框中输入手机号；2. 在密码输入框中输入错误的密码；3. 单击"登录"按钮	无	提示"账号或者密码错误"
TC004	未输入账号和密码	功能测试	未输入账号和密码，单击"登录"按钮	1. 未在账号输入框中输入手机号；2. 未在密码输入框中输入密码；3. 单击"登录"按钮	无	提示"请输入手机号"和"请输入密码"
TC005	仅输入账号	功能测试	仅在账号输入框中输入手机号，未输入密码，单击"登录"按钮	1. 在账号输入框中输入手机号；2. 未在密码输入框中输入密码；3. 单击"登录"按钮	无	提示"请输入密码"
TC006	仅输入密码	功能测试	仅在密码输入框中输入密码，未输入手机号，单击"登录"按钮	1. 未在账号输入框中输入手机号；2. 在密码输入框中输入密码；3. 单击"登录"按钮	无	提示"请输入手机号"

从以上编写测试用例的几段对话可以看出，当问题描述得越具体，得到的回答就会越详细。

7.3 更多实践

上面已经系统地列出了 AI 在测试流程中给我们带来的效率提升。以下是某团队应用 AI 在测试流程中的一个具体实践，特别是关键的生成测试用例环节，对效率提升非常大。

1）整理并投喂需求说明文档。

❓ **Prompt**

需求文档：现在有一个房号估价功能模块需要测试，该功能需要登录 Web 系统，位置在"在线查价"一级菜单下的"房价查询"二级菜单。

房号估价功能包含以下前端字段：

1. 省份：必填字段，省份为权限设置中已开通查价权限的城市所属省份，单选，没有开通权限城市所属的省份置灰禁止选择。

2. 城市：必填字段，城市为权限设置中已开通查价权限的所有城市，单选，没有开通权限的城市置灰禁止选择。

3. 行政区：必填字段，行政区为所选城市下属区县，选择城市后可以进行行政区选择。

4. 楼盘：必填字段，文本输入框，字符长度为 50，可以根据输入的楼盘关键字调用后端楼盘列表接口检索数据库中包含关键字的前 15 个楼盘，需要选择检索结果列表中展示的楼盘，若数据库中没有包含输入关键字的楼盘，则检索下拉展示窗口提示暂无数据，选择楼盘后如果后端数据库中有楼盘价格，则在楼盘名称左侧展示楼盘价格。

5. 楼栋：必填字段，选择楼盘后，自动调用后端楼栋列表接口，并将后端返回的楼栋名称展示到楼栋下拉展示窗口，窗口中展示的可选楼栋属于第 4 步选择的楼盘。

6. 楼层：必填字段，选择楼栋后，自动调用后端楼层列表接口，并将后端返回的楼层展示到楼层下拉展示窗口，窗口中展示的可选楼层属于第 5 步选择的楼栋，下拉展示选项最底部展示其他，点击其他下拉框切换为 int 输入框，可键入字符长度为 2。

7. 房号：必填字段，选择楼层后，自动调用后端房号列表接口，并将后端返回的房号名称展示到房号下拉展示窗口，窗口中展示的可选房号属于第 5 步选择的楼栋中第 6 步选择的楼层中的房号，下拉展示选项最底部展示其他，点击其他下拉框切换为字符输入框，可键入字符长度为 80，若楼层为手动输入信息，则房号字段无检索值，需要手动输入。

8. 总楼层：必填字段，int 类型，若选择的楼栋有返回总楼层信息，则回显到前端总楼层输入框。

9. 面积：必填字段，float 类型，最多支持输入 2 位小数，单位平方米。

10. 朝向：选填字段，数据字典下拉值，不同的朝向值可以对房号价格进行不同的调差，可选值有东、西、南、北、东南、西南、东北、西北、东西。

11. 装修：选填字段，数据字典下拉值，不同的朝向值可以对房号价格进行不同的调差，可选值有豪华、高档、中档、普通、简易、毛坯。

12. 在线查价操作按钮，点击按钮调用后端查价接口，根据返回结果判断是否有价格并将估价结果展示出来。

13. 若楼盘有价格则返回调差后的房号价格信息，若楼盘没有价格则返回请求对象不可估，前端弱提示展示。

14. 房号价格 = 调差后的楼盘价格 × 传入的面积

2）确定测试需求和测试范围：与测试团队合作，明确测试的目标和范围。了解需要测试的功能、特性或场景。

❷ Prompt
角色：扮演软件测试工程师。
命令：请根据需求文档确定测试需求和测试范围。
根据以上文档生成测试需求。

🌀 **ChatGPT**

测试需求：

1. 验证登录功能是否正常，可以成功登录 Web 系统。

2. 验证"在线查价"一级菜单下的"房价查询"二级菜单是否存在，并且可以正确进入。

3. 验证省份字段是否必填，且只能选择已开通查价权限的城市所属省份。

4. 验证城市字段是否必填，且只能选择已开通查价权限的城市。

5. 验证行政区县字段是否必填，且根据选择的城市动态展示可选的区县。

6. 验证楼盘字段是否必填，且能根据关键字调用后端接口返回接盘列表，并选择有效的楼盘。

7. 验证楼栋字段是否必填，且能根据选择的楼盘调用后端接口返回楼栋列表，并选择有效的楼栋。

8. 验证楼层字段是否必填，且能根据选择的楼栋调用后端接口返回楼层列表，并选择有效的楼层或手动输入。

9. 验证房号字段是否必填，且能根据选择的楼层调用后端接口返回房号列表，并选择有效的房号或手动输入。

10. 验证总楼层字段是否必填，且能根据选择的楼栋返回总楼层信息。

11. 验证面积字段是否必填，且只能输入最多 2 位小数的面积值。

12. 验证朝向字段是否可选，且选择不同的朝向值对房号价格进行调差。

13. 验证装修字段是否可选，且选择不同的装修类型对房号价格进行调差。

14. 验证在线查价操作按钮是否可点击，且点击后能调用后端查价接口并返回估价结果。

15. 验证若楼盘有价格则返回调差后的房号价格信息，若楼盘没有价格则返回请求对象不可估。

❓ **Prompt**

根据以上文档生成测试范围。

🌀 **ChatGPT**

测试范围：

1. 确认登录功能是否正常。

2. 确认"在线查价"一级菜单和"房价查询"二级菜单是否存在。

3. 验证所有前端字段的有效性和必填性。

4. 确认后端接口的正确调用和返回结果的准确性。

5. 验证估价结果的正确性和展示效果。

同时，还需要进行接口测试、功能测试、性能测试等多方面的测试，以保证房号估价功能模块的稳定性和可靠性。

❓ Prompt

根据以上文档输出需求分析文档、测试建议、注意事项。

⑤ ChatGPT

一、需求分析文档

1. 功能需求

1.1 用户需要登录系统。

1.2 用户需要转到"在线查价"一级菜单下的"房价查询"二级菜单。

1.3 用户需要输入或选择以下字段：省份、城市、行政区、楼盘、楼栋、楼层、房号、总楼层、面积、朝向、装修。

1.4 用户需要点击按钮进行房价估价操作。

1.5 系统需返回估价结果。

2. 非功能需求

2.1 用户界面友好，易于操作。

2.2 数据输入和选择的验证机制准确、可靠。

2.3 估价结果准确，且响应时间短。

二、测试建议

1. 针对功能需求的测试

1.1 测试登录功能，确保用户能够成功登录系统。

1.2 测试导航功能，确保用户能够顺利转到"在线查价"一级菜单下的"房价查询"二级菜单。

1.3 测试输入和选择字段功能，验证系统的输入和选择验证机制。

1.4 测试点击按钮功能，确保房价估价操作能够成功执行。

1.5 验证估价结果的准确性，确保返回的估价结果与预期一致。

2. 针对非功能需求的测试

2.1 测试用户界面的友好性和易用性，用户能否轻松地进行操作。

2.2 验证数据输入和选择的验证机制的准确性，确保系统能够正确判断输入和选择是否符合要求。测试估价结果的准确性和响应时间，确保系统能够准确地估价并在合理的时间内返回结果。

三、注意事项

1. 在进行测试前，需要先进行功能测试，确保系统的基本功能可用。

2. 针对输入和选择字段功能的测试，需要覆盖各种可能的输入和选择情况，包括正常值、边界值和异常值等。

3. 针对估价结果的验证，需要与已有的准确数据进行对比，确保系统的准确性。

4. 在测试估价结果的响应时间时，需要考虑系统的并发负载情况，保证系统在高负载下也能正常响应。

5. 测试过程中需要记录详细的测试用例和测试结果，便于问题的排查和修复。

6. 需要定期对功能模块进行回归测试，确保其他功能的修改不会对房价估价功能产生影响。

3）输入对应的扮演角色、任务指令，要求 ChatGPT 根据需求输出尽可能多且不重复、上下连贯的测试用例。

❓ **Prompt**

角色：扮演软件测试工程师。

命令：请根据需求文档输出测试用例，注意不要输出重复的测试用例，且每条测试用例只包含一个测试点。

要求：尽可能多地输出测试用例，需要用到场景法、边界值分析法、等价类划分法、错误推测法、因果图法等用例设计策略，每一条输出的测试用例要包含用例编号、功能模块、子功能、测试标题、前置条件、测试步骤及期望结果，并用表格输出，一次输出停止后，当我输入"继续"二字，请按照我的要求继续完成测试用例的输出，输出的测试用例需要上下连贯，请注意不要输出重复的测试用例。

输出 UI 展示部分检查点测试用例。

⚙ **ChatGPT**

用例编写	功能模块	子功能	测试标题	前置条件	测试步骤	期望结果
1	房号估价功能	登录	验证用户登录功能	用户已登录系统	1.用户已登录系统 2.进入"在线查价"一级菜单 3.点击"房价查询"二级菜单	用户成功进入房价查询页面
2	房号估价功能	页面展示	验证页面展示的功能	用户已登录系统	进入房价查询页面	页面展示省份、城市行政区、楼盘、楼栋楼层、房号、总楼层、面积、朝向、装修、在线查价操作按钮
3	房号估价功能	页面展示	验证省份选择功能	用户已登录系统	进入房价查询页面	可选择已开通查价权限的省份，其他省份不可选择
4	房号估价功能	页面展示	验证城市选择功能	用户已登录系统，选择了一个省份	进入房价查询页面	可选择已开通查价权限的城市，其他城市不可选择

输出内容太多，以上只列出部分数据，然后接着提问。

❓ Prompt

根据以上文档输出页面按钮部分测试用例。

⑤ ChatGPT

用例编写	功能模块	子功能	测试标题	前置条件	测试步骤	期望结果
15	房号估价功能	估价操作	验证价格调差功能	用户已登录系统，输入有效的楼盘、楼层、房号、面积	进入房价查询页面，点击在线查价操作按钮	若楼盘有价格，返回调差后的房号价格信息
16	房号估价功能	估价操作	验证无价格时的提示信息	用户已登录系统，输入有效的楼盘、楼层、房号、面积，楼盘无价格	进入房价查询页面，点击在线查价操作按钮	返回请求对象不可估，前端弱提示展示 2 秒

输出内容太多，以上只列出部分数据，然后接着提问。

❓ Prompt

根据以上文档输出业务逻辑部分测试用例。

⑤ ChatGPT

用例编写	功能模块	子功能	测试标题	前置条件	测试步骤	期望结果
54	房号估价功能	业务逻辑	验证其他楼层手动输入	用户已登录系统，选择了一个楼栋	进入房价查询页面，选择其他楼层	若切换为手动输入框，可输入楼层信息
55	房号估价功能	业务逻辑	验证其他房号手动输入	用户已登录系统，选择了一个楼层	进入房价查询页面，选择其他房号	若切换为手动输入框，可输入房号信息
56	房号估价功能	业务逻辑	验证输入非法字符	用户已登录系统，选择了一个楼盘	进入房价查询页面，输入非法字符	若输入非法字符，则无法进行估价操作
57	房号估价功能	业务逻辑	验证输入边界	用户已登录系统，选择了一个楼层	进入房价查询页面，输入边界值	若输入边界值，能够正常进行估价操作

7.4 总结

在软件测试领域，AI 技术的应用正在逐渐增多，并且被广泛应用于测试需求分析、测试计划、测试用例设计、测试执行等环节中，极大地提高了软件测试的效率和质量，减少了测试人员的工作量，同时也提高了测试的自动化程度，避免了人工测试中的疏漏和错误。然而，虽然 AI 技术在软件测试中的应用已经取得了一定的成果，但这并不意味着它们可以完全代替人类软件测试工程师的工作。因为 AI 技术在软件测试领域缺乏深入的模型训练和研究，对于较为复杂的软件测试需求分析、测试计划、测试用例设计等，还需要专业的软件测试工程师进行分析和补充完善。在使用 AI 技术时，我们需要注意以下几点：

1）AI 技术目前仍然存在一定的局限性，尤其是在复杂的软件测试场景下，AI 可能无法完全覆盖所有的测试需求。因此，在使用 AI 技术时，我们需要结合实际情况进行调整和优化，以达到最佳的测试效果。同时，我们也需要注意，AI 技术的发展是一个逐步完善的过程，需要持续进行模型的训练和研究，以提高其在软件测试领域的应用水平。

2）AI 输出的结果需要经过人工审核和校验，以确保其准确性和可靠性。因为 AI 技术的输出结果可能存在一定的误差，需要结合实际情况进行分析和判断，以确保测试结果的准确性和可靠性。

3）在使用 AI 技术时，需要注意保护测试数据的安全性和隐私性。由于测试数据可能包含敏感信息，泄露测试数据可能会给公司和用户带来不必要的损失。因此，我们需要采取相应的安全措施，保护测试数据的安全性和隐私性。

4）AI 技术的使用需要结合实际情况进行调整和优化，以达到最佳的测试效果。例如，在测试用例设计中，AI 技术可以帮助我们自动生成测试用例，但是在具体的测试场景中，我们也需要根据实际情况进行调整和优化，以确保测试用例的全面性和准确性。

总之，在软件测试过程中，我们可以合理使用 AI 技术辅助我们的工作以提高工作效率，但也需要用辩证的眼光去看待 AI 输出的结果。在使用 AI 技术时，我们需要结合实际情况进行调整和优化，同时也需要注意保护测试数据的安全性和隐私性。在 AI 技术的发展过程中，我们需要持续进行模型训练和研究，以提高其在软件测试领域的应用水平。同时，我们也需要认识到，AI 技术并不能完全取代人类软件测试工程师的工作，人类软件测试工程师的专业知识和经验仍然是不可替代的。因此，在软件测试过程中，我们需要将 AI 技术与人类软件测试工程师的专业知识和经验相结合，以达到最佳的测试效果。

Chapter 8 第 8 章

AI 辅助应用性能优化

在软件开发中，性能优化是一个至关重要的方面。它指的是通过各种方式对软件进行调整和改进，以提高其运行速度和响应能力。虽然性能优化可能会增加开发时间和成本，但它带来的好处和收益远远超过了这些投入。

本章主要讲述如何在实际的软件开发过程中，借助 AI 的能力对代码进行性能优化。我们的目标是用最高的效率解决绝大部分性能问题，使软件工程师可以放心地写代码，而不用在性能优化上花费过多的精力。

本章会从如何借助 AI 发现性能问题开始，分别讲述如何编写高效的代码，如何对数据库操作进行优化，如何对网络性能进行优化，以及如何进行与异步、内存管理相关的优化。

8.1 发现性能问题

通过优化性能，可以缩短应用的响应时间和处理时间，从而更快地执行任务，并能够同时处理更多的请求。这将使用户更满意、系统更高效。同时，优化性能还可以提高系统的稳定性，减少突增流量造成服务响应异常缓慢和服务器资源耗尽导致宕机的情况。因为提高了响应时间、吞吐量和系统稳定性，应用可以提供更好的用户体验，进而提升应用的用户口碑和留存率，而拥有更好用户口碑和留存率的应用在市场上会更具有竞争力。

对于大型软件来说，优化性能是降低成本的一种常见手段。通过优化性能，可以减少对 CPU、内存、网络带宽及 I/O 等的性能要求，从而降低硬件成本和能源消耗。要知道大型互联网公司都采用异地多活、高可用部署，单个地域集群的 CPU 就可能达到数十万核，更不用想如此多的 CPU 在高速运行时会产生多大的能耗，所以就算是微小的性能提升，也能带来可观的收益。

既然性能优化能带来如此多的好处，那么为什么还会有一些软件工程师只要一提到性能优化就很头疼，不愿意去做优化呢？

具体原因可能是多方面的，性能优化对软件工程师的技能和素质有很高要求，需要深厚的知识与丰富的经验，并且还需要软件工程师有耐心和毅力去不断学习与实践。这也是真正精通性能优化的软件工程师比较稀有的原因。具体来说，性能优化对于软件工程师有以下要求：

- ❑ 深入理解系统架构和原理：软件工程师必须深入理解系统的架构设计、代码实现和原理，清楚数据流和控制流，才能找到性能瓶颈和优化机会。
- ❑ 全面了解硬件知识：不同的硬件平台性能特征差别很大，软件工程师需要理解 CPU 架构、缓存结构、内存访问模式等知识，才能发挥硬件的最大性能。
- ❑ 精通性能分析工具：软件工程师需要熟练使用各种性能分析工具，如 CPU 和内存分析工具、各种性能分析工具、压力测试工具等，才能准确定位性能问题的根源。
- ❑ 算法和数据结构知识丰富：很多性能瓶颈源自选择的算法和数据结构不合理，软件工程师需要有丰富的算法和数据结构知识进行优化。
- ❑ 编码能力强：性能优化的许多手段需要对代码进行大改动，软件工程师需要具有很强的编码能力，才能够高效实现这些代码级的优化手段。
- ❑ 不断学习和实践：性能优化涉及的知识和技能很广，而且硬件和软件环境也在不断发展变化，软件工程师需要不停学习新的优化技术和方法，并在工作中不断实践和总结。
- ❑ 有耐心和毅力：性能优化是一个不断迭代的过程，每次优化后需要重新评估，然后继续优化，这需要软件工程师有足够的耐心和毅力，能够持之以恒地进行优化。

竟然有这么多要求，大家难免不能很好地做优化。那么不妨换一种思路：既然无法保证所有软件工程师的知识储备和能力都很强，为什么不把性能优化交给 AIGC 去完成呢？这正是 AIGC 的一种很好的使用场景，它可以帮助软件工程师发现代码中的潜在优化点，分析系统中可能存在的性能瓶颈，解决疑难杂症。

作为一个有多年软件开发经验的软件工程师，我深知性能优化的重要性与难度。很多时候，性能问题往往隐藏在各个角落、细微处，要发现所有这些问题并不是一件容易的事情。不过现在有了 AI 的帮助，事情就变得简单许多。

AI 可以自动分析我们的代码，发现潜在的性能瓶颈，比如无用的循环、重复查询、资源浪费等。它可以给出修改建议，我们只需要根据它的意见进行代码重构，就可以轻松解决这些性能隐患。

AI 还可以帮我们做更深层次的优化。它可以分析我们的算法逻辑，给出更高效的实现方案。它还可以发现我们数据库的潜在设计缺陷，提出修改建议，帮助我们建立一个更加高效的数据库架构。总之，有了 AI 的帮助，性能优化的工作量和难度将大大减小。我们只需要理解 AI 的分析意见和建议并进行相应的代码修改，就可以不断提高系统的性能，使之达到全新的高度。

8.2　编写高效的代码

编写高效的代码是提高性能的最基本的方法。使用最佳实践和算法，避免重复计算、内存泄漏等问题，可以减少代码执行时间并减轻服务器负担。

在代码优化方面，AI 可以利用深度学习技术对大量的代码执行数据进行分析和学习，从而提取出其中的特征并找出代码中的性能瓶颈。此外，AI 还可以使用自然语言处理技术来理解代码，找出其中的重复、冗余或不必要的部分，并自动生成优化的代码。同时，AI 可以结合硬件加速器和 GPU 等来提高代码执行速度和效率。

先来看一个简单的算法（摘自在线算法平台 LeetCode），算法的题目是"寻找两个正序数组的中位数"，具体要求是：给定两个大小分别为 m 和 n 的正序（从小到大）数组 nums1 和 nums2，请你找出并返回这两个正序数组的中位数，算法的时间复杂度应该为 O(log(m+n))。

先不考虑性能，为了通过这道题，随便写一段代码：

```
// 该函数返回两个已排序数组的中位数
func findMedianSortedArrays(nums1 []int, nums2 []int) float64 {
    // 确保nums1是较短的那个数组,以使后面二分查找的时间复杂度为 O(log(min(m,n)))
    if len(nums1) > len(nums2) {
        nums1, nums2 = nums2, nums1
    }
    // 定义变量low和high,表示在nums1中寻找分界线的搜索范围,
     // nums1Mid和nums2Mid分别表示nums1和nums2中的分界点位置,maxLeft和minRight分别是中位数
值左右两侧的元素值
    low, high := 0, len(nums1)
    var nums1Mid, nums2Mid, maxLeft, minRight int
    // 在nums1中进行二分查找,以便找到最合适的分界线,
    // 使得nums1[nums1Mid-1]<=nums2[nums2Mid]且nums2[nums2Mid-1]<=nums1[nums1Mid]
    for low <= high {
        nums1Mid = (low + high) / 2  // 取得当前的中间值
        nums2Mid = (len(nums1)+len(nums2)+1)/2 - nums1Mid  // 计算nums2的中间值
        // 根据比较结果移动分界线
        if nums1Mid > 0 && nums1[nums1Mid-1] > nums2[nums2Mid] {
            high = nums1Mid - 1
```

```
        } else if nums1Mid < len(nums1) && nums2[nums2Mid-1] > nums1[nums1Mid] {
            low = nums1Mid + 1
        } else {
            // 当找到合适的分界线时,根据中位数是否为整数来计算结果
            if nums1Mid == 0 {
                maxLeft = nums2[nums2Mid-1]
            } else if nums2Mid == 0 {
                maxLeft = nums1[nums1Mid-1]
            } else {
                maxLeft = max(nums1[nums1Mid-1], nums2[nums2Mid-1])
            }
            if (len(nums1)+len(nums2))%2 == 1 {
                return float64(maxLeft)
            }
            if nums1Mid == len(nums1) {
                minRight = nums2[nums2Mid]
            } else if nums2Mid == len(nums2) {
                minRight = nums1[nums1Mid]
            } else {
                minRight = min(nums1[nums1Mid], nums2[nums2Mid])
            }
            return float64(maxLeft+minRight) / 2
        }
    }
    return 0    // 如果找不到合适的分界线,则返回0
}
// 返回两个整数中较大的那个
func max(a, b int) int {
    if a > b {
        return a
    }
    return b
}
// 返回两个整数中较小的那个
func min(a, b int) int {
    if a < b {
        return a
    }
    return b
}
```

代码执行结果如图 8-1 所示。

通过	16 ms	4.8 MB

图 8-1　示例代码执行结果

现在交给 AI，看看 AI 会如何优化这段代码，并且看看最终结果。

🅐 Prompt

你是一个资深的算法工程师，请优化这段代码的性能，并在关键步骤处添加注释，结果仅返回优化后的代码，不要增加其他的文字，代码如下：

```
// 以下代码与上文相同，故省略
......
```

🅖 ChatGPT

```go
// 该函数返回两个已排序数组的中位数
func findMedianSortedArrays(nums1 []int, nums2 []int) float64 {
    // 如果nums1的长度大于nums2的长度，则交换它们，确保nums1是较短的那个数组
    if len(nums1) > len(nums2) {
        return findMedianSortedArrays(nums2, nums1)
    }
    // 定义变量low和high，表示在nums1中寻找分界线的搜索范围，
    // k表示要求的总元素个数的一半，nums1Mid和nums2Mid分别表示nums1和nums2中的分界点位置
    low, high, k, nums1Mid, nums2Mid := 0, len(nums1), (len(nums1) +len(nums2)+1)>>1, 0, 0
    // 在nums1中进行二分查找，以便找到最合适的分界线，
    // 使得nums1[nums1Mid-1]<=nums2[nums2Mid]且nums2[nums2Mid-1]<=nums1[nums1Mid]
    for low <= high {
        nums1Mid = low + (high-low)>>1  // 取得当前的中间值
        nums2Mid = k - nums1Mid  // 计算nums2的中间值
        // 调整分界线的位置
        if nums1Mid > 0 && nums1[nums1Mid-1] > nums2[nums2Mid] {
            high = nums1Mid - 1
        } else if nums1Mid != len(nums1) && nums1[nums1Mid] < nums2[nums2Mid-1] {
            low = nums1Mid + 1
        } else {
            // 如果找到一个合适的分界线，则跳出循环
            break
        }
    }
    // 计算中位数的左侧值
    midLeft, midRight := 0, 0
    if nums1Mid == 0 {
        midLeft = nums2[nums2Mid-1]
    } else if nums2Mid == 0 {
        midLeft = nums1[nums1Mid-1]
    } else {
        midLeft = max(nums1[nums1Mid-1], nums2[nums2Mid-1])
    }
    // 如果元素总数为奇数，则直接返回中位数的左侧值
    if (len(nums1)+len(nums2))&1 == 1 {
        return float64(midLeft)
    }
    // 如果元素总数为偶数，则计算中位数的右侧值
    if nums1Mid == len(nums1) {
        midRight = nums2[nums2Mid]
    } else if nums2Mid == len(nums2) {
        midRight = nums1[nums1Mid]
```

```
    } else {
        midRight = min(nums1[nums1Mid], nums2[nums2Mid])
    }
    // 返回中位数
    return float64(midLeft+midRight) / 2
}
// 返回两个整数中较大的那个
func max(a, b int) int {
    if a > b {
        return a
    }
    return b
}
// 返回两个整数中较小的那个
func min(a, b int) int {
    if a < b {
        return a
    }
    return b
}
```

优化后的代码执行结果如图 8-2 所示。

通过	4 ms	4.8 MB

图 8-2　优化后的代码执行结果

提升效果很明显，下面来看看 AI 做了哪些优化：

1）将除法运算"/2"换成了位运算 >>1。

2）将原循环中不需要被重复运算的变量挪到了变量外，在循环中只做关键运算，减少循环中的运算量。

3）在原循环中增加剪枝处理，当循环条件提前满足时立即结束循环。

4）调整了 if-else 逻辑顺序，使流程变短，逻辑清晰。

第 2、3、4 点都是算法优化，通过调整逻辑减少 CPU 运算量，从而减少代码执行时间。

第 1 点是运算符优化，使用位运算替换掉了原来的除法运算，原因如下：

❑ 位运算直接操作位，而除法运算需要先将位转换成整数再进行算术运算，转换过程需要额外的时间和资源。

❑ CPU 的位运算指令通常优化得更好，而除法指令较复杂，需要更长的时钟周期执行。

❑ 位运算可以利用整数在内存中的二进制表示以及 CPU 的位运算能力进行一些技巧实现，如移位运算代替乘除法，这可以显著提高效率。

掌握各种位运算技巧和模式是高级语言开发人员的必备素质。

通过以上例子可以看出，在一些比较复杂的算法场景下，AIGC 对代码的优化能力还是很强的，至少可以在保证结果正确的情况下为当前代码给出局部最优的处理意见，不仅可以大大减少程序员在处理这种场景时耗费的时间和精力，而且所带来的优化效果也比较明显。

那对于非算法场景，AIGC 也能对代码进行优化吗？当然是可以的。

以下是一段业务中操作数据库的代码：

```go
package dao
import (
    "github.com/jinzhu/gorm"
)
// User是用户表的模型
type User struct {
    ID    uint   `gorm:"column:id;primary_key"`
    Name  string `gorm:"column:name"`
    Age   int    `gorm:"column:age"`
    Email string `gorm:"column:email"`
}
// UserDao提供了访问用户表的数据库接口
type UserDao struct {
    db *gorm.DB
}
// NewUserDao返回一个新的UserDao
func NewUserDao(db *gorm.DB) *UserDao {
    return &UserDao{db}
}
// FindByEmail根据Email返回用户
func (ud *UserDao) FindByEmail(email string) (*User, error) {
    var user User
    err := ud.db.Where("email = ?", email).First(&user).Error
    if err != nil {
        if err == gorm.ErrRecordNotFound {
            return nil, nil
        }
        return nil, err
    }
    return &user, nil
}
func BatchListUser(emails []string, db *gorm.DB) ([]*User, error) {
    userDao := NewUserDao(db)
    userModels := make([]*User, 0)
    for _, email := range emails {
        userModel, err := userDao.FindByEmail(email)
        if err != nil {
            return nil, err
        }
        userModels = append(userModels, userModel)
    }
```

```
    return userModels, nil
}
```

大家可以先思考一下以上代码有什么问题，然后再来看看 AI 会给出怎样的建议：

❓ Prompt

你是一个资深的后端开发工程师，请分析以下代码中存在的问题，罗列出来，并返回优化后的代码。注意仅返回问题，不要做过多的描述，代码如下：

```
// 代码同上，故省略
......
```

⑤ ChatGPT

批量查询：使用 IN 子句批量查询用户，避免循环查询单个用户导致的性能问题。

使用事务：在执行批量操作时，使用数据库事务可以提高操作的原子性和性能。

减少不必要的字段：在 User 结构体中减少不必要的字段可以提高查询和内存效率，尤其是当表结构非常庞大时。

错误处理：在错误处理方面，通过 Go 语言的 defer 关键字来保证资源释放和错误日志的记录。同时，如果有多个返回值，则建议对返回值进行命名，以增加代码的可读性。

下面是一个实现以上建议的代码示例：

```
package dao
import (
    "github.com/jinzhu/gorm"
)
// User是用户表的模型
type User struct {
    ID    uint   `gorm:"column:id;primary_key"`
    Name  string `gorm:"column:name"`
    Age   int    `gorm:"column:age"`
    Email string `gorm:"column:email"`
}
// UserDao提供了访问用户表的数据库接口
type UserDao struct {
    db *gorm.DB
}
// NewUserDao返回一个新的UserDao
func NewUserDao(db *gorm.DB) *UserDao {
    return &UserDao{db}
}
// FindByEmail根据Email返回用户
func (ud *UserDao) FindByEmail(email string) (*User, error) {
    var user User
    err := ud.db.Where("email = ?", email).First(&user).Error
    if err != nil {
        if err == gorm.ErrRecordNotFound {
            return nil, nil
```

```go
        }
        return nil, err
    }
    return &user, nil
}
// BatchListUser批量查询用户
func (ud *UserDao) BatchListUser(emails []string) ([]*User, error) {
    var userModels []*User
    // 使用IN子句批量查询用户
    err := ud.db.
        Select("id", "name", "age", "email").
        Where("email IN (?)", emails).
        Find(&userModels).Error
    if err != nil {
        return nil, err
    }
    return userModels, nil
}
// BatchListUserTx批量查询用户并使用事务
func (ud *UserDao) BatchListUserTx(emails []string) ([]*User, error) {
    var userModels []*User
    // 开始数据库事务
    tx := ud.db.Begin()
    if tx.Error != nil {
        return nil, tx.Error
    }
    defer func() {
        if r := recover(); r != nil {
            tx.Rollback()
        } else if err != nil {
            tx.Rollback()
        } else {
            tx.Commit()
        }
    }()
    // 使用IN子句批量查询用户
    err := tx.
        Select("id", "name", "age", "email").
        Where("email IN (?)", emails).
        Find(&userModels).Error
    if err != nil {
        return nil, err
    }
    return userModels, nil
}
```

相信你也一定发现了循环向 db 查 email 的问题，的确，对于在线的业务，最容易影响接口响应耗时的就是向 db 发出的或者其他通过网络 I/O 发出的大量请求，因为对于 I/O 密集型的服务来说，这就是最大的性能瓶颈。

可以看出，AI 处理 I/O 密集型的场景也是没问题的。我相信有了 AI 的帮助，各位程序员一定不会再头疼怎么优化自己的代码来提升服务的质量和稳定性了，同时经过大量的优化实战，大家一定会大幅提高自己的编码能力。但不管怎么说，拥有一个良好的编码习惯是最重要的，AI 始终是一个辅助工具。在真正的生产环境上使用 AI 时，对 AI 优化后的代码还是需要做一轮完整的测试，以确保生产环境结果的准确性。

8.3　数据库优化

数据库是大多数应用程序的瓶颈之一，因此对其进行优化很重要。通过索引、分区、缓存等手段可以提高数据库的查询性能。例如，创建适当的索引可以加速查询操作，而在查询结果不经常改变的情况下，使用缓存可以减少数据库查询次数。

在数据库优化方面，AI 可以利用机器学习算法和数据挖掘技术，对大规模数据集和复杂查询场景进行分析与学习，从而找出数据库中的性能问题和瓶颈，并给出相应的优化建议。例如，AI 可以自动识别慢查询、冗余索引和错误的表设计，并提供相应的修改策略和优化方案。

上面讲了不少宏观上的场景和 AI 的价值，下面来看一个具体的例子。

❓ Prompt

我有一些日志数据需要存储在 MySQL 中，我要如何设计表结构才能保证其查询性能不会明显衰减？

⑤ ChatGPT

设计 MySQL 表结构存储日志数据时需要考虑以下几个方面。

1. 表分区。可以按日期对表进行分区，每个分区存储一天的日志数据。这样，查询指定日期范围的数据时只需要扫描相关分区，因而可以大大提高性能。

2. 合理的索引。要根据查询场景创建合适的索引，比如可以创建日期索引、用户索引等。这可以让 MySQL 快速定位到相关数据，从而提高查询性能。

3. 表范式适当降低。不追求第三范式，可以通过合并一些字段来减少 JOIN 查询以提高性能，但要考虑到更新的难易程度。

4. 使用较小的数据类型。日志数据无须使用大数据类型，这可以减少存储空间和 I/O 消耗。

5. 增量数据迁移。如果有历史数据，不要直接导入，而是每天增量导入一部分数据，然后创建当天分区的数据。这可以最大限度地利用 MySQL 本身的缓存，查询性能不会明显下降。

所以，一个比较优秀的日志表结构设计可以是：

```
CREATE TABLE logs (
  id bigint NOT NULL AUTO_INCREMENT,
  log_date date NOT NULL,
  user_id bigint NOT NULL,
  -- 其他字段
  ...
    PRIMARY KEY (id),
    KEY ix_log_date(log_date),
    KEY ix_user_id(user_id)
)
PARTITION BY RANGE (log_date) (
  PARTITION p0 VALUES LESS THAN ('2020-01-01'),
  PARTITION p1 VALUES LESS THAN ('2020-02-01'),
  PARTITION p2 VALUES LESS THAN ('2020-03-01'),
  ...
);
```

这种表结构有以下优点：

1. 按日期分区，查询特定日期范围数据的性能高。

2. log_date 和 user_id 索引可以快速定位数据。

3. 使用 date 而不是 datetime 以节省空间和 I/O。

4. 将新数据插入对应当天的分区，从而最大限度地利用 MySQL 缓存，不会导致全表扫描。

5. 分区范围按月设计，不会因产生过多的分区而影响性能。

所以这种表结构设计是存储日志数据的一个很好的实践，可以较好地兼顾查询性能和更新性能。对 MySQL 来说，优化数据访问模式和利用其本身的特性是设计高性能表的关键。

我们来逐一分析 AI 的这些建议。第 1 点和第 5 点都是在利用 MySQL 的分区能力，基于日志数据的时间特性，通过按照时间将数据分区存储，在查询时仅访问相关分区的数据，有效避免全表扫描，从而提高查询性能。

第 2 点，创建合理的索引的确是优化查询性能最常用的方式，那创建索引有什么讲究呢？继续看看 AI 怎么说的，直接追问。

❓ Prompt
详细说说第 2 点。

⑤ ChatGPT
第 2 点，创建索引时需要考虑以下几个方面：

1. 选择适合的字段。索引字段应当在查询的过滤条件和排序条件中出现。选择与业务相关且数据分布较广的字段更合适。

2. 选择正确的索引类型。常见的索引类型有 B 树索引、哈希索引和全文索引等。要根据字段类型和查询模式选择正确的索引类型。

3. 考虑索引列的顺序。如果有多个字段构成索引，则字段的顺序也很重要。常用的字段应放在前面。

4. 避免冗余和重复索引。同一字段或可被其他索引覆盖的字段不应创建重复的索引，这只会占用空间和资源。

5. 考虑索引的并发性。在并发度高的数据库操作下，索引也会成为瓶颈，这时可以选择广播索引或使用索引分区等手段。

6. 考虑索引的更新成本。索引虽然可以加速查询，但会减慢增、删、改操作的效率，所以要根据业务需求权衡，不可滥用索引。

7. 定期分析和优化索引。要定期使用 MySQL 自带的分析工具分析现有索引的使用情况，并及时优化和调整。

8. 其他。可利用索引的前缀来优化排序等操作，使用索引分区或索引下推等手段来优化大表索引等。

例如，对于 Logs 表，可以这样处理：

1. 创建 log_date 日期字段的索引，因为很多查询限定日期范围。

2. log_type 字段若只有几个值，可创建哈希索引。

3. user_id 和 title 字段较重要，创建 (user_id, title) 联合索引。

4. 不要为 log_date, user_id, title 分别创建单字段索引，这样会有冗余。

5. 根据并发度决定是否使用广播索引或索引分区。

6. 根据删除和修改日志的频率决定是否在 log_content 字段上建立索引。

7. 定期使用 show index 和 check table 分析索引的使用效果与优化空间。

所以，合理创建索引需要综合考虑许多因素，对数据库性能优化有很大帮助。但滥用索引也会造成性能问题。理解创建索引的原理和方法是高级数据库开发人员必备的重要技能。

整体上，AI 说的内容直戳要害，并且 AI 可以根据上下文对我们之前创建的 Logs 表进行分析，给出创建索引相关的建议。可以说，AI 对数据库表设计已经有很深刻的理解，所以日常创建表的需求和表结构的相关优化可以交给 AI 完成。

接下来看看大家日常遇到最多的 SQL 优化问题，举这样一个例子。

❷ Prompt

现在有一个学生表，表中大概有 100 万条男生记录，我需要通过分页查询到其中第 90 万条之后的男生记录，应该如何优化我的 SQL？我的 SQL 如下：select * from student where gender = 'male' limit 10 offset 900000;

ⓢ ChatGPT

对于这种需要按照条件查询并分页的情况，可以使用以下几种方法进行优化：

使用索引：为学生表的性别字段添加索引，这样在执行查询时就可以快速定位到符合条件的记录，从而提高查询效率。

采用类似于游标的方式进行查询：利用子查询或者临时表，先获取 90 万条之后的男生 ID，然后再通过 IN 语句来查询这些 ID 对应的学生信息。具体实现可参考以下 SQL 语句：

```
SELECT * FROM student WHERE gender = 'male' AND id IN (SELECT id FROM student
WHERE gender = 'male' ORDER BY id LIMIT 100000, 10000);
```

上述语句中，子查询先获取从第 900 001 条男生记录开始的 10 000 条男生记录的 ID，然后在外部查询中根据这些 ID 获取相应的学生信息。此方法效率较高，但也可能出现性能问题，取决于具体查询条件和数据分布情况。

前后翻页：如果用户需要查看的数据比较多，可以使用前后翻页的方式，避免一次性加载大量数据。例如，每次查询 10 条记录，然后提供"上一页"和"下一页"的按钮，让用户自由翻页。

总之，针对按照条件查询并分页的情况，应该灵活采用不同的优化策略，以提高查询效率和用户体验。

AI 回复的方案我们可以尝试一下，性能的确优化了不少。可以再继续追问 AI。

ⓠ Prompt

为什么类似于游标的方式可以提升查询性能？

ⓢ ChatGPT

采用类似于游标的方式进行分页查询，其实质是通过子查询或者临时表先获取满足条件的记录的 ID，并按照一定的顺序排序，然后在外部查询中根据这些 ID 来获取相应的记录。

具体来讲，该方案的执行步骤如下：

执行内层子查询或临时表查询，获取满足条件的记录的 ID，并按照一定的顺序排序。在本例中，子查询语句为：

```
SELECT id FROM student WHERE gender = 'male' ORDER BY id LIMIT 100000, 10000;
```

这条语句会获取第 900 001 条男生记录开始的 10 000 条男生记录的 ID，并按照 ID 升序排序。

在外层查询中，根据上一步获取的 ID 集合查询出相应的学生信息。在本例中，外层查询语句为：

```
SELECT * FROM student WHERE gender = 'male' AND id IN (ID集合);
```

其中，IN 子句用于限定只返回指定 ID 对应的记录。

该方案的原理是：先筛选出满足条件的记录并按照一定的顺序进行排序，然后针对排序后的结果进行分页操作。由于排序操作是有限制的，只需要对符合条件的记录进行排序，而不需要对整张表进行排序，因此可以提高查询效率。同时，IN 子句也可以利用索引进行优化，从而提高查询速度。

回答得很全面，很惊喜，AI 利用自己的知识库结合用户的问题描述，顺利完成对 SQL 的优化。在实际的使用过程中，程序员可以将自己拿捏不准的 SQL 交给 AI 做一个性能检查和评判，再结合 AI 的建议和自己对业务的理解使用与优化自己的 SQL。

那针对 MySQL 实例本身的参数调优 AI 也可以做到吗？要知道数据库参数调优是一项复杂的功能，各大公司一般都有自己的 DBA 团队，针对自己业务特性对 MySQL 实例进行相应的调优。以 MySQL 8.0 为例，共有 500 多项可以调节的参数，就算是专业的 DBA 也很难对每一个参数的调整都了如指掌，甚至可能事倍功半，反向调优引起线上故障。MySQL 8.0 官方文档的描述很详细，那么学习过官方文档的 AI 能否胜任这项复杂的工作呢？

❓ Prompt

我们有搭载 96GB 内存和 16 核 CPU 的 MySQL 服务器，业务 QPS 在 3000 以上，写入量为每秒 1000 行左右，请给出合理的参数配置并解释为什么。

ChatGPT

以下是基于给定硬件和负载情况的 MySQL 参数配置建议，以及对每个参数的解释：

```
[mysqld]
# 线程和连接数
max_connections = 2000  # 最大同时连接数,根据业务QPS和并发连接数进行调整
thread_cache_size = 100  # 线程缓存大小,控制线程池中空闲线程数量
back_log = 200  # 排队等待连接的最大数量,防止连接请求拥堵
# 缓存参数
innodb_buffer_pool_size = 64G  # InnoDB缓存大小,应该设置为物理内存的75%左右,这里设置为
64GB
innodb_buffer_pool_instances = 8  # InnoDB缓存实例数,每个实例管理一个缓存区,设置为CPU
核心数的一半
innodb_buffer_pool_chunk_size = 2G  # InnoDB缓存块大小,通常与 innodb_buffer_pool_
instances 相关联
innodb_flush_log_at_trx_commit = 1  # 每次事务提交时是否强制刷新日志文件,默认值为1,表示
每次都需要刷新到磁盘
innodb_log_buffer_size = 256M  # InnoDB日志缓存大小,设置为合适的值可以提高性能
innodb_log_file_size = 4G  # InnoDB日志文件大小,影响数据库恢复时间和错误恢复能力
innodb_flush_method = O_DIRECT_NO_FSYNC  # 控制刷新数据到磁盘的方式,这里使用O_DIRECT_
NO_FSYNC可以提高性能
query_cache_type = 0  # 禁用查询缓存,因为它在高并发场景下通常会成为性能瓶颈
query_cache_size = 0
table_open_cache = 16000  # 表打开缓存数量,越大则可以保留越多的表信息
```

```
table_definition_cache = 4000  # 表定义缓存大小,可以避免频繁打开和关闭表,从而提高性能
open_files_limit =65535  # 打开文件限制数,应该设置为操作系统的最大值
# 锁定参数
innodb_lock_wait_timeout=120  # InnoDB锁等待超时时间,控制事务之间的等待时间和资源竞争
innodb_rollback_on_timeout=on  # 是否回滚超时事务,避免长时间占用资源
# 日志参数
slow_query_log = on  # 开启慢查询日志,方便后续优化查询语句
slow_query_log_file = /var/log/mysql/mysql-slow.log  # 慢查询日志文件路径
long_query_time = 2  # 设置慢查询的阈值,这里设置为2s
log_queries_not_using_indexes = on  # 开启记录未使用索引的查询语句,方便后续优化查询语句
log_error = /var/log/mysql/mysqld-error.log  # 错误日志文件路径
log_timestamps = SYSTEM  # 日志时间戳格式,取值为UTC或者SYSTEM
binlog_format = ROW  # 选择二进制日志格式,以便进行更精细的主从同步
expire_logs_days = 7  # 自动删除多少天之前的二进制日志
server-id = 1  # 主从同步标识号
binlog_cache_size = 16M  # 二进制日志缓存大小
max_binlog_size = 512M  # 二进制日志文件最大大小
binlog_stmt_cache_size = 16384  # 二进制语句缓存大小
# 主从同步参数
slave_parallel_workers = 8  # 并行复制线程数,根据系统硬件和负载情况进行调整
slave_preserve_commit_order = ON  # 是否按照提交顺序将事务发送到从服务器
```

回答整体看起来非常详细，有理有据，说明 AI 在参数调优方面确实有很好的能力，是真的学过并且理解了 MySQL 官方文档里的内容，熟悉各项参数对实例的影响。但是仔细看会发现，回答还包含一些不涉及性能调优的参数修改，对此大家在使用时要参考 DBA 的意见，尤其是使用云数据库的程序员们，因为云数据库的预设参数往往是经过专业 DBA 调优的。在遇到性能问题修改参数前，也要先确定遇到的性能瓶颈再对症下药：

❑ 连接参数：包括 max_connections（最大连接数）、wait_timeout（连接超时）等。调整这些参数会影响 MySQL 的连接性能和资源消耗。

❑ 缓存参数：包括 query_cache_size（查询缓存大小）、innodb_buffer_pool_size（缓冲池大小）、key_buffer_size（KEY 缓冲区大小）等。调整这些参数会大大影响 MySQL 的查询性能。

❑ 内存参数：包括 thread_cache_size（线程缓存大小）、sort_buffer_size（排序缓存大小）、join_buffer_size（JOIN 缓冲区大小）等。调整这些参数会影响 MySQL 内存的使用情况和 SORT/JOIN 操作的性能。

❑ 索引参数：包括 innodb_page_size（B 树索引节点最大大小）、innodb_ft_max_token_size（FULLTEXT 索引最大文档长度）等。调整这些参数会影响索引结构及相关操作的性能。

❑ 日志参数：包括 slow_query_log（是否开启慢查询日志）、binlog_format（二进制日志格式）、innodb_log_file_format（redo 日志格式）等。调整这些参数会影响

MySQL 的日志记录及复制等功能。

❑ 安全参数：包括 password_policy（密码安全等级）、audit_log_policy（审计日志类型）等。这些参数主要用于增强 MySQL 的安全性。

除此之外，还有众多其他参数，涉及查询超时、锁定、文件位置、文件大小等方面。MySQL 提供的众多参数让我们可以针对不同的应用场景和硬件配置进行精准调优，实现最大的性能。理解不同参数的作用及关系，并掌握它们在不同场景下的最佳配置值，是高级 MySQL DBA 的必备技能。要参考 MySQL 官方文档及社区的最佳实践与经验，不断学习和总结。参数调优是一个无止境的学习和提高的过程。

8.4　网络传输优化

在现代应用程序中，网络传输通常是影响性能的主要因素之一。采用压缩、批量请求、减少 HTTP 请求等方式可以优化网络传输。例如，将多个小数据包合并为一个较大的数据包可以减少网络传输流量，从而提高性能。

在实际工作中，接口响应慢的最常见原因是循环查询或者循环请求。这个问题的解决办法其实很简单，就是将循环单个请求变为批量查询，或者将调用的 HTTP 接口修改为支持批量。但是这样的优化往往需要对之前的代码进行重构，有的人可能担心这样会伤筋动骨，影响生产环境的稳定性，而不情愿进行代码重构。现在有了 AIGC，这种情况下能由 AI 帮助完成代码重构吗？

首先看看 AI 能否发现这类问题。

> **❓ Prompt**
>
> 以下代码存在哪些性能问题？请具体指出有问题的部分。
>
> ```
> package main
> import (
>     "database/sql"
>     "fmt"
>     _ "github.com/go-sql-driver/mysql"
> )
> func main() {
>     db, err := openDB()
>     if err != nil {
>             panic(err)
>     }
>     defer db.Close()
>     songs := []string{"Imagine", "Hey Jude", "Rolling in the Deep", "Adele",
> "Someone Like You", "Thriller", "Billie Jean", "Every Breath You Take",
> ```

```go
    "Shallow", "Old Town Road"}
    for _, song := range songs {
            singer, err := querySinger(db, song)
            if err != nil {
                    panic(err)
            }
            fmt.Printf("The singer of %s is: %s\n", song, singer)
    }
}
func openDB() (*sql.DB, error) {
    db, err := sql.Open("mysql", "user:password@/databasename")
    return db, err
}
func querySinger(db *sql.DB, song string) (string, error) {
    rows, err := db.Query("SELECT singer FROM songs WHERE name = ? limit 1", song)
    if err != nil {
            return "", err
    }
    defer rows.Close()
    for rows.Next() {
        var singer string
        err := rows.Scan(&singer)
        if err != nil {
                return "", err
        }
        return singer, nil
    }
    return "", nil
}
```

🅖 **ChatGPT**

以下是代码中存在的性能问题：

1. 在循环中的每次迭代中都会执行单独的数据库查询，这会导致与数据库的频繁通信。每次查询都需要建立连接、发送请求、等待响应和关闭连接，这是不必要的开销。

2. 没有使用数据库连接池。在循环中的每次迭代中，通过 sql.Open 打开和关闭数据库连接，这样的操作会产生额外的开销。数据库连接池可以管理和重用连接，提高性能和效率。

3. 每次查询都使用 limit 1 来限制结果集大小，这意味着即使数据库中存在多条匹配的记录，也只返回一条。这样的查询可能会导致额外的开销和不必要的查询。

4. 没有对数据库查询结果进行缓存处理。如果多次查询相同的歌曲，则每次都会向数据库发送查询请求，导致不必要的数据库访问。

看起来 AI 已经完全发现了这段代码中存在的性能问题，接下来看一下 AI 能不能按照我们期望的样子完成重构。先将 querySinger 函数进行重构，解决最主要的问题。

❓ Prompt

请将其中的 querySinger 函数改为批量查询 db，并优化相关代码。

⑥ ChatGPT

要将 querySinger 函数改为批量查询数据库并优化相关代码，可以按照以下方式修改：

```go
func querySingers(db *sql.DB, songs []string) (map[string]string, error) {
    query := "SELECT name, singer FROM songs WHERE name IN ("
    params := make([]interface{}, len(songs))
    for i, song := range songs {
        params[i] = song
        if i > 0 {
            query += ", "
        }
        query += "?"
    }
    query += ")"
    rows, err := db.Query(query, params...)
    if err != nil {
        return nil, err
    }
    defer rows.Close()
    singers := make(map[string]string)
    for rows.Next() {
        var name, singer string
        err := rows.Scan(&name, &singer)
        if err != nil {
            return nil, err
        }
        singers[name] = singer
    }
    return singers, nil
}
```

在 querySingers 函数中，我们构建了一个批量查询的 SQL 语句，使用 IN 子句来指定多个歌曲名称的条件。然后，我们使用 db.Query 方法执行查询，并使用 params 切片来传递歌曲名称的参数。在查询结果中，我们使用一个循环来将每首歌曲的名称和歌手信息存储在 singers 字典中。

接下来，在 main 函数中调用 querySingers 函数进行批量查询和相关代码优化：

```go
func main() {
    db, err := openDB()
    if err != nil {
        panic(err)
    }
    defer db.Close()
    songs := []string{"Imagine", "Hey Jude", "Rolling in the Deep", "Adele",
"Someone Like You", "Thriller", "Billie Jean", "Every Breath You Take",
"Shallow", "Old Town Road"}
```

```
    singers, err := querySingers(db, songs)
    if err != nil {
            panic(err)
    }
    for _, song := range songs {
            singer, ok := singers[song]
            if !ok {
                    singer = "Unknown"
            }
            fmt.Printf("The singer of %s is: %s\n", song, singer)
    }
}
```

在 main 函数中，我们调用 querySingers 函数一次性获取所有歌曲的歌手信息，并将结果存储在 singers 字典中。然后，在循环中直接从 singers 字典中获取歌手信息，而不再进行单独的数据库查询。如果找不到歌曲对应的歌手信息，我们默认将歌手设为 "Unknown"。这样的批量查询和结果缓存优化可以减少与数据库的通信次数，提高代码的性能。

看起来 AI 确实已经帮助我们完成了这段代码的性能优化，并将相关部分进行了重构，还帮助我们设置了默认值，确实想得比较周到，而且从最后的总结能看出来，AI 完全能理解我们提出这个要求的目的。

在网络传输优化方面，AI 可以利用强化学习技术和深度神经网络自动提升网络传输效率与减少带宽消耗。例如，AI 可以根据网络流量、带宽等实时情况自适应地调整传输参数，如压缩算法、分段大小等，以达到最优的传输效果。同时，AI 还可以结合硬件加速器和 FPGA 等技术提高传输速度和减少传输时延。

8.5 异步处理

在异步处理方面，AI 可以利用深度强化学习技术和神经网络自适应地调整异步处理参数，如线程池大小、任务队列长度等，以达到最优的异步处理效率和并发能力。同时，AI 还可以自动检测和修复异步处理中的死锁、阻塞等问题，保证程序的正确性和稳定性。

使用异步处理机制可以提高并发处理能力，减少线程阻塞等问题。例如，在 I/O 操作时使用异步方式可以提高性能。

有很多编程语言自带了异步处理能力，比如 Go 语言的 Goroutines，但是有的程序员可能不是很清楚如何正确使用，此时 AI 可以帮上忙。我们只要提出自己的需求就可以得到一个 Goroutines 的 demo，或者可以将自己的代码基于 Goroutines 重构。以上面的循环查询数据库为例，如果使用并发查询 db，可以如何修改呢？

② Prompt

请将原函数中调用 querySinger 的部分修改成 Goroutine 并发调用。

⑧ ChatGPT

要将原函数中调用 querySinger 的部分修改为使用 Goroutine 并发调用，可以按照以下方式修改代码：

```
func main() {
    db, err := openDB()
    if err != nil {
            panic(err)
    }
    defer db.Close()
    songs := []string{"Imagine", "Hey Jude", "Rolling in the Deep", "Adele",
"Someone Like You", "Thriller", "Billie Jean", "Every Breath You Take",
"Shallow", "Old Town Road"}
    resultCh := make(chan SingerResult, len(songs))
    defer close(resultCh)
    for _, song := range songs {
            go func(song string) {
                    singer, err := querySinger(db, song)
                    resultCh <- SingerResult{Song: song, Singer: singer, Err: err}
            }(song)
    }
    singers := make(map[string]string)
    for range songs {
            result := <-resultCh
            if result.Err != nil {
                    panic(result.Err)
            }
            singers[result.Song] = result.Singer
    }
    for _, song := range songs {
            singer, ok := singers[song]
            if !ok {
                    singer = "Unknown"
            }
            fmt.Printf("The singer of %s is: %s\n", song, singer)
    }
}
type SingerResult struct {
    Song    string
    Singer string
    Err     error
}
func querySinger(db *sql.DB, song string) (string, error) {
    var singer string
    err := db.QueryRow("SELECT singer FROM songs WHERE name = ? LIMIT 1", song).
Scan(&singer)
    if err != nil {
```

```
            if err == sql.ErrNoRows {
                    return "Unknown", nil
            }
            return "", err
    }
    return singer, nil
}
```

在上述修改中，我们使用匿名函数创建 Goroutine，并将歌曲名称作为参数传递给该函数。在匿名函数中，我们调用 querySinger 函数进行查询，并将查询结果封装为 SingerResult 结构体发送到 resultCh 通道中。

在 querySinger 函数中，我们使用 db.QueryRow 方法进行查询，并通过 Scan 方法直接将查询结果赋值给 singer 变量。如果查询结果为空，我们将歌手设为 "Unknown" 并返回。

通过将每首歌曲的查询操作放入 Goroutine 中并发执行，我们可以同时查询多首歌曲的歌手信息，提高了代码的执行效率。

注意，我们不再使用 rows.Next 循环来获取查询结果，而是使用 db.QueryRow 和 Scan 方法直接获取单行结果。这是因为我们只需要获取单个歌手的信息，而不是多行结果。

回答得很正确，不仅使用了 Go 的并发能力，还创建了接收结果的 channel 和 SingerResult。有了 AIGC 这个工具，各位程序员可以完成对代码的性能优化，进一步看，它既帮助了初级程序员成长，也间接帮助了企业优化资源。

8.6 内存管理

在内存管理方面，AI 可以利用机器学习算法和深度神经网络自动识别出内存泄漏、缓存溢出等问题，并给出相应的修复建议和优化策略。例如，AI 可以自动分析代码中的内存使用模式、访问频率等信息，以生成最佳的内存管理方案。同时，AI 还可以结合硬件内存池、对象池等技术降低内存分配和释放开销，从而提高系统性能和稳定性。

合理使用内存池、对象池、垃圾回收等方式，可以避免频繁的内存分配和释放操作。内存管理对于提高应用程序性能至关重要，因为频繁的内存分配和释放操作会导致大量的 CPU 周期浪费在内存管理上，而不能用在实际的业务逻辑上。

这里有一段疑似内存泄露的代码，我们看看 AI 能不能发现其中的问题。

❷ **Prompt**

以下代码存在什么问题？

```
package main
    func main() {
```

```
dataCh := make(chan int)
go func() {
    for {
        // 模拟接收数据
        <-dataCh
    }
}()
go func() {
    for i := 1; i <= 10; i++ {
        // 模拟发送数据
        dataCh <- i
    }
}()
// 主协程不休眠,直接退出
}
```

⑤ ChatGPT

代码存在一个问题，即主协程在发送完数据后立即退出，而其他协程仍在执行。这会导致程序提前退出，而其他协程可能还没有完成任务。

在这种情况下，可以使用等待组（sync.WaitGroup）来确保等所有协程都完成后主协程再退出。修改代码如下：

```
package main
import (
    "sync"
)
func main() {
    dataCh := make(chan int)
    wg := sync.WaitGroup{}
    wg.Add(1) // 向等待组中添加一个协程
    go func() {
        defer wg.Done() // 在协程完成时通知等待组
        for {
            // 模拟接收数据
            <-dataCh
        }
    }()
    go func() {
        defer close(dataCh) // 关闭通道以通知接收协程退出
        for i := 1; i <= 10; i++ {
            // 模拟发送数据
            dataCh <- i
        }
    }()
    wg.Wait() // 等待所有协程完成
}
```

通过添加等待组和合适的通知机制，确保等所有协程都完成后主协程再退出。这样可以避免提前退出导致其他协程无法完成任务的问题。

　　AI 发现了其中的问题。这是一个比较隐晦的内存泄露的例子，在上述代码中，我们创建了一个无缓冲的通道 dataCh，并启动了两个协程。一个协程用于接收数据，另一个协程用于发送数据。然而，主协程没有等待任何协程完成就直接退出了。这会导致数据接收协程一直阻塞在接收数据的操作上，并且没有其他协程来关闭通道。由于没有协程对通道进行读取和关闭操作，通道中的数据将一直存在，从而导致内存泄露。AI 给出了正确的解决方案，它使用 sync.WaitGroup 来确保只有当所有协程完成后才结束主进程的任务。

　　我相信，只要我们学会运用 AI，性能优化将不但不是一件令人头疼的工作，反而可以成为我们学习和进步的机会。通过理解 AI 的分析和建议，我们可以对代码和系统的运行机制有一个更深入的认知，从而成长为更加全面和高明的软件工程师。所以，我非常看好 AI 在性能优化领域的应用前景。它不仅能提高工作效率，还可以推动工程师的成长，这两点都是非常宝贵的。总的来说，性能优化的未来是光明的，而 AI 将是照亮这条道路的明灯。

AI 辅助解决各种疑难杂症

本章探讨 AI 在解决各种棘手问题中的应用。无论是提高答题卡的选项识别率，还是优化程序的性能表现，抑或修复图片的锯齿问题，ChatGPT 都给出了很好的建议，甚至给出了解决方案。不过，之所以存在疑难杂症，是因为我们的认知有存在欠缺的地方，而 ChatGPT 由于其自身属性，往往会给出不属实的回答，本章也给出了小众场景下 ChatGPT 误导性回答的案例。

9.1　提升答题卡选项识别率

我们公司的一个答题卡识别项目，经过真实的学生答题卡选项进行测试，结果答题卡选项的自动识别率只有 83%，远未达到可以应用的程度。

时间就是生命，效率就是金钱。这个项目应用到实际学校是有时间要求的，我们做了项目排期，从方案到修改、中间实际测试，再到最后发布，最多只有 10 天的时间来解决这个问题。面对未知的问题，我们没有确定的路径，只能在未知的世界里探索。不过可喜的是，借助于 ChatGPT，我们在两天的时间内就把这个识别率的问题解决了。

首先利用 ChatGPT 通读全篇代码。在 ChatGPT 对话中，由于有 token 数的限制，不能粘贴大量的代码。不过我们可以换一种方式，把代码放在可以公开访问的服务器上，例如 GitHub 上，然后以链接的方式让 ChatGPT 解读。后来经过查证，无论以网页版还是以 API 的形式调用 ChatGPT，ChatGPT 都不具备访问外链的能力。所以下面的回答是 ChatGPT 凭空编造的，从下面的第 3 段对话中可以看出破绽。

❓ Prompt

解释这个链接中的代码，并给出一个清晰的逻辑流程描述。https://raw.githubusercontent.com/startmartin/chatgpt_book/main/recognition.py

⑤ ChatGPT

这个链接中的代码是一个基于 OpenCV 的答题卡识别系统。下面是对代码逻辑流程的描述：

1. 导入必要的库：cv2 是 OpenCV 库，numpy 是一个用于处理数组的库。

2. 从文件系统中读取图像。

3. 将图像转换为灰度图像。

4. 对灰度图像进行高斯模糊，以去除噪声。

5. 对模糊后的图像进行边缘检测，以得到轮廓。

6. 对检测到的轮廓进行处理，找到可能是答题卡的轮廓。

7. 对答题卡轮廓的 4 个顶点进行排序。

8. 对原始图像进行透视变换，以校正答题卡的视角。

9. 对校正后的图像进行二值化处理，将其转换为只有黑、白两色的图像。

10. 在二值化图像中找到所有的轮廓。

11. 遍历所有轮廓，筛选出可能是选择题选项的轮廓。

12. 对于每个可能是选择题选项的轮廓，计算其边界矩形，并计算填充区域的白色像素占比。

13. 使用阈值判断填充区域是否涂改。如果白色像素占比大于阈值，则认为填充区域被涂改。将涂改的填充区域用绿色矩形标记出来。

14. 在图像中绘制答题卡的轮廓和涂改的选项。

15. 显示处理后的图像，并将其保存到文件系统中。

这个回答并不是特别有条理和逻辑关系，为了得到更有逻辑关系的回答，更改了一下问题，强调结合代码说明前因后果。

❓ Prompt

解释这个链接的代码，给出一个清晰的逻辑流程描述，并结合代码说明前因后果。https://raw.githubusercontent.com/startmartin/chatgpt_book/main/recognition.py

⑤ ChatGPT

这个链接中的代码是一个基于 OpenCV 的答题卡识别系统，用于检测答题卡上的涂改选项。下面对代码的逻辑流程进行描述，并结合代码说明前因后果：

首先导入必要的库（cv2 和 numpy），它们是在后续步骤中实现图像处理功能的基础。

使用 cv2.imread() 从文件系统中读取图像。这是输入，是需要处理的答题卡图像。

使用 cv2.cvtColor() 将图像转换为灰度图像。这是为了方便后续进行边缘检测和图像处理的预处理步骤。

使用 cv2.GaussianBlur() 对灰度图像进行高斯模糊，以去除噪声。这是为了保证边缘检测的准确性，避免噪声干扰导致误检。

使用 cv2.Canny() 对模糊后的图像进行边缘检测，以得到轮廓。这是为了找到答题卡的边缘，进一步进行区域提取和透视变换。

使用 cv2.findContours() 对检测到的轮廓进行处理，找到可能是答题卡的轮廓。这是为了定位答题卡区域，准备进行透视变换。

对答题卡轮廓的 4 个顶点进行排序。这是为了得到透视变换所需的输入顶点。

使用 cv2.getPerspectiveTransform() 和 cv2.warpPerspective() 对原始图像进行透视变换，以校正答题卡的视角。这是为了得到方便分析的正视图，便于后续识别涂改选项。

使用 cv2.threshold() 对校正后的图像进行二值化处理，将其转换为只有黑、白两色的图像。这是为了简化图像信息，便于后续检测涂改选项。

使用 cv2.findContours() 在二值化图像中找到所有的轮廓。这是为了进一步筛选出可能是选择题选项的轮廓。

遍历所有轮廓，筛选出可能是选择题选项的轮廓。这是为了定位选择题选项，准备计算涂改情况。

对于每个可能是选择题选项的轮廓，使用 cv2.boundingRect() 计算其边界矩形，使用 cv2.countNonZero() 计算填充区域的白色像素占比。这是为了判断选项是否被涂改。

使用阈值判断填充区域是否涂改。如果白色像素占比大于阈值，认为填充区域被涂改。这是为了得出选项是否被涂改的结论。

使用 cv2.rectangle() 在图像中绘制答题卡的轮廓和涂改的选项。这是为了将处理结果可视化，直观地展示给用户。

使用 cv2.imshow() 显示处理后的图像，并使用 cv2.imwrite() 将其保存到文件系统中。这是为了输出处理结果，供用户查看和保存。

为了对全局代码有更充分的了解，我们想让 ChatGPT 给出函数调用关系的信息，于是这样问：

❓ Prompt

请阅读链接 https://raw.githubusercontent.com/startmartin/chatgpt_book/main/recognition.py 中的代码，画出函数调用关系图，并描述调用过程。

⑤ ChatGPT

在这个 recognition.py 文件中，主要定义了一个名为 Recognition 的类。以下是该类中方法的调用关系图：

```
Recognition
├── __init__
├── transformation
├── predict
│   ├── transformation
│   └── decode_label
├── decode_label
└── video_recognition
    ├── transformation
    └── decode_label
```

调用过程描述如下：

__init__(self, weight_path)：这是 Recognition 类的构造方法，用于初始化对象。在初始化过程中，它会加载权重文件，并设置相关参数，比如字符集和图像尺寸。

transformation(self, image)：这个方法用于对输入的图像进行预处理，以便将其输入到神经网络模型中。

predict(self, image)：这个方法使用预训练神经网络模型对输入的图像进行预测。在这个过程中，它会调用 transformation 方法对图像进行预处理，并调用 decode_label 方法将预测结果转换为字符串。

decode_label(self, out)：这个方法用于将神经网络模型的输出解码为字符串。它会去掉重复字符和特殊字符，最后返回一个字符串。

video_recognition(self, video_path, output_path=None, show=False)：这个方法用于读取一个视频文件，对视频中的每一帧图像进行预测，并将预测结果添加到原始图像上。最后，它可以保存带有预测结果的视频或实时显示视频。在这个过程中，它会调用 transformation 方法对图像进行预处理，并调用 decode_label 方法将预测结果转换为字符串。

在这个文件中，Recognition 类的对象首先通过 __init__ 方法进行初始化，然后可以使用 predict 方法对单个图像进行预测，或使用 video_recognition 方法对视频中的每一帧进行预测。在预测过程中，它会调用 transformation 方法对图像进行预处理，并调用 decode_label 方法将预测结果转换为字符串。

这个回答完全脱离了所给出代码的实际内容，代码里没有出现过 predict 和 video_

recognition 等内容。ChatGPT 是基于训练数据给出的回答，它这样一本正经地胡说八道是常有的事情，所以我们在用 ChatGPT 时也要自己甄别。

不过从内容层面，我们可以快速了解代码里的功能。而逻辑关系就要自己看代码进行梳理了，这也是目前 ChatGPT 在解读大段代码方面的能力限制。我们只能自己读代码，同时利用 ChatGPT 为我们快速解释其中的部分代码段。

在实际测试过程中，发现个别答题卡在扫描时有干扰，导致识别定位坐标点出错。如图 9-1 所示，答题卡顶部出现了干扰黑线。

图 9-1　答题卡识别中的干扰黑线

通过在代码中将过程图像显示出来，我们发现预处理图像时没有把干扰黑线过滤掉。

我们让 ChatGPT 解释一下预处理图像的代码。

❓ Prompt

解释下面这段预处理图像的代码。

```
# 高斯模糊
blurred = cv2.GaussianBlur(gray, (5, 5), 0)
kernel = np.ones((5, 5), np.uint8)
blurred = cv2.erode(blurred, kernel, iterations=1)  # 腐蚀
blurred = cv2.dilate(blurred, kernel, iterations=2)  # 膨胀
_, binary = cv2.threshold(blurred, 0, 255, cv2.THRESH_BINARY | cv2.THRESH_OTSU)
kernel = cv2.getStructuringElement(cv2.MORPH_RECT, (5, 5))
binary = cv2.morphologyEx(binary, cv2.MORPH_OPEN, kernel, iterations=1)
```

⊛ ChatGPT

这段代码是对灰度图像进行高斯模糊、形态学膨胀和腐蚀、二值化等操作，用于图像处

理中的噪声去除和轮廓检测。

具体的解释如下：

高斯模糊

```
blurred = cv2.GaussianBlur(gray, (5, 5), 0)
```

使用 cv2.GaussianBlur() 函数对灰度图像进行高斯模糊，去除图像中的噪声。函数参数包括灰度图像 gray、高斯核大小 (5,5) 和标准差 0。

形态学腐蚀与膨胀

```
kernel = np.ones((5, 5), np.uint8)
blurred = cv2.erode(blurred, kernel, iterations=1) # 腐蚀
blurred = cv2.dilate(blurred, kernel, iterations=2) # 膨胀
```

使用 np.ones() 函数生成 5×5 的矩形结构元素，用于形态学腐蚀和膨胀。使用 cv2.erode() 函数对高斯模糊后的图像进行一次腐蚀操作，再使用 cv2.dilate() 函数对腐蚀后的图像进行两次膨胀操作。这一步操作可以去除图像中较小的噪点，同时增强图像中的边缘信息。

二值化

```
_, binary = cv2.threshold(blurred, 0, 255, cv2.THRESH_BINARY | cv2.THRESH_OTSU)
```

使用 cv2.threshold() 函数对膨胀后的图像进行二值化处理，将图像中的像素值分成黑、白两部分。函数参数包括膨胀后的图像 blurred、阈值 0、最大像素值 255、二值化方法 cv2.THRESH_BINARY 和自适应阈值算法 cv2.THRESH_OTSU。这一步操作可以将图像中的目标物体分离出来，便于后续的形态学处理。

形态学开运算

```
kernel = cv2.getStructuringElement(cv2.MORPH_RECT, (5, 5))
binary = cv2.morphologyEx(binary, cv2.MORPH_OPEN, kernel, iterations=1)
```

使用 cv2.getStructuringElement() 函数生成 5×5 的矩形结构元素，用于形态学开运算。使用 cv2.morphologyEx() 函数对二值化后的图像进行开运算，去除图像中的噪点和小的连通区域。函数参数包括二值化后的图像 binary、开运算类型 cv2.MORPH_OPEN、结构元素 kernel 和迭代次数 iterations=1。

通过上述操作，可以对灰度图像进行预处理，去除噪声和不必要的信息，保留目标物体的轮廓信息，以便于后续的图像处理和分析。

通过 ChatGPT 给出的代码解释，我们知道了这部分处理图像的代码的作用是去除噪声和不必要信息。但处理效果不太好，预处理后的图像中，除了定位坐标外，干扰的黑线也形成了两个坐标点，如图 9-2 所示。

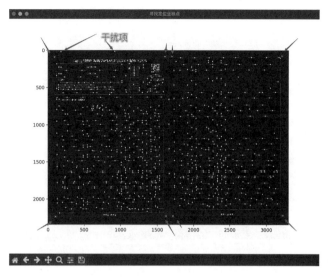

图 9-2　干扰黑线干扰了定位坐标的识别

　　代码找出定位坐标点的方法是，对比每个坐标点，找出最外层的坐标点并将其作为定位
坐标。在图 9-2 中，干扰项被处理成外层坐标，从而影响了正确的定位。在该图中我们关注
的是定位坐标，其他的可以视为此次处理的噪声。我们想了解一下 OpenCV 有哪些处理噪声
的方法。

❓ **Prompt**

OpenCV 有哪些去除图像噪声的方法？请给出示例代码。

◉ **ChatGPT**

OpenCV 中有以下几种去除图像噪声的方法：

均值滤波：对图像进行平滑处理，用像素周围的平均值取代中心像素的值。

示例代码：

```
import cv2
img = cv2.imread('image.jpg')
blur = cv2.blur(img, (5, 5))  # 5×5的核进行均值滤波
cv2.imshow('image', img)
cv2.imshow('blur', blur)
cv2.waitKey(0)
```

高斯滤波：对图像进行平滑处理，用像素周围的高斯加权平均值取代中心像素的值。

示例代码：

```
import cv2
img = cv2.imread('image.jpg')
blur = cv2.GaussianBlur(img, (5, 5), 0)  # 5×5的核进行高斯滤波
```

```
cv2.imshow('image', img)
cv2.imshow('blur', blur)
cv2.waitKey(0)
```

中值滤波：对图像进行平滑处理，用像素周围的中值取代中心像素的值。

示例代码：

```
import cv2
img = cv2.imread('image.jpg')
blur = cv2.medianBlur(img, 5)  # 5×5的核进行中值滤波
cv2.imshow('image', img)
cv2.imshow('blur', blur)
cv2.waitKey(0)
```

双边滤波：对图像进行平滑处理，同时保留边缘信息。

示例代码：

```
import cv2
img = cv2.imread('image.jpg')
blur = cv2.bilateralFilter(img, 9, 75, 75)  # 双边滤波
cv2.imshow('image', img)
cv2.imshow('blur', blur)
cv2.waitKey(0)
```

形态学滤波：利用形态学操作进行图像滤波，可以去除图像中的小噪点或连接断裂的边缘。

示例代码：

```
import cv2
import numpy as np
img = cv2.imread('image.jpg', 0)
kernel = np.ones((5,5),np.uint8)
opening = cv2.morphologyEx(img, cv2.MORPH_OPEN, kernel)  # 开运算
closing = cv2.morphologyEx(img, cv2.MORPH_CLOSE, kernel)  # 闭运算
cv2.imshow('image', img)
cv2.imshow('opening', opening)
cv2.imshow('closing', closing)
cv2.waitKey(0)
```

傅里叶变换：利用傅里叶变换将图像从时域转换到频域，可以去除周期性噪声。

示例代码：

```
import cv2
import numpy as np
img = cv2.imread('image.jpg', 0)
f = np.fft.fft2(img)
fshift = np.fft.fftshift(f)
magnitude_spectrum = 20*np.log(np.abs(fshift))
cv2.imshow('image', img)
```

```
cv2.imshow('spectrum', magnitude_spectrum.astype(np.uint8))
cv2.waitKey(0)
```

以上是几种常见的去除图像噪声的方法，可以根据实际需求选择合适的方法。

有了这几种处理方法，我们便可以逐个试验并进行调试，找到最优解。其中找到的处理方法是用形态学滤波的效果最好，代码如下：

```
gray = cv2.cvtColor(image, cv2.COLOR_BGR2GRAY)
_, binary = cv2.threshold(gray, 127, 255, cv2.THRESH_BINARY_INV)
# 形态学滤波，大小设为25×25
kernel = cv2.getStructuringElement(cv2.MORPH_RECT, (25, 25))
morph = cv2.morphologyEx(binary, cv2.MORPH_OPEN, kernel, iterations=1)
cnts, _ = cv2.findContours(
    morph, cv2.RETR_EXTERNAL, cv2.CHAIN_APPROX_SIMPLE)
```

处理效果如图 9-3 所示，定位坐标非常清晰，无任何干扰。

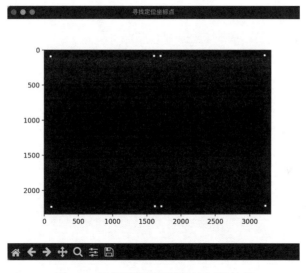

图 9-3　优化后的识别定位坐标的效果

这里的大小和扫描的图像分辨率有关，在统一设备的情况下，滤波大小为 25×25 是比较合适的选择。如果扫描的图像分辨率不一样，可以处理成相对分辨率的动态大小。至此，干扰黑线的问题就解决了。

9.2　解决程序性能问题

有一次我们遇到了一个实际的问题。程序从 Redis 中读取了一个 map，map 里面存放的是每个用户的 id 以及对应的用户属性的 key。我的需求是遍历这些用户属性的 key，获取用户属性集合中的用户分数属性，然后根据用户分数进行筛选，得到目标用户群。

假设有 1000 个用户，查询一次 Redis 耗时 0.1ms，总共耗时就是 (1+1000) × 0.1ms，大约是 0.1s。作为实时查询，这也还能接受。但是耗时与用户量成正比，当用户量达到 10 万时，查询 Redis 的耗时就会达到 10s。显然不合理。

解决方案是在程序中加一个缓存，定时从 Redis 中更新数据。而实时查询的请求则落在了缓存上。于是我打算让 ChatGPT 帮我写一下程序。

这次，我的需求很明确，我想 ChatGPT 应该容易理解。

❓ **Prompt**

我想在 C++ 程序中从 Redis 中读取一个 map，但由于每次读取的数据条数比较多，耗时较长。

我的需求是：

1）用一个变量做缓存，当主线程读取数据时，就从缓存中读取。

2）创建一个新线程，负责读取 Redis 并更新缓存。

3）每 10s 读取一次 Redis 更新缓存。

4）更新缓存时要加锁，并使用 swap 来更新。

请按照上面的需求，帮我用 C++ 写一段完整的示例代码。

⊛ **ChatGPT**

以下是一个简单的示例代码，供参考。

```
#include <iostream>
#include <thread>
#include <mutex>
#include <chrono>
#include <vector>
#include <map>
#include <hiredis/hiredis.h>
// Redis连接信息
const char* REDIS_HOST = "127.0.0.1";
const int REDIS_PORT = 6379;
// 缓存的键名
const char* CACHE_KEY = "my_map";
// 缓存
std::map<std::string, std::string> g_cache;
std::mutex g_cache_mutex;
// 从Redis中读取数据并更新缓存
void update_cache_from_redis() {
    while (true) {
        // 连接Redis
        redisContext* redis_conn = redisConnect(REDIS_HOST, REDIS_PORT);
        if (redis_conn == nullptr || redis_conn->err) {
            std::cout << "Failed to connect to Redis." << std::endl;
```

```
                redisFree(redis_conn);
                std::this_thread::sleep_for(std::chrono::seconds(10));
                continue;
            }
            // 从Redis中读取数据
            redisReply* reply = (redisReply*)redisCommand(redis_conn, "HGETALL %s",
CACHE_KEY);
            if (reply == nullptr) {
                std::cout << "Failed to read data from Redis." << std::endl;
                redisFree(redis_conn);
                std::this_thread::sleep_for(std::chrono::seconds(10));
                continue;
            }
            // 更新缓存
            std::map<std::string, std::string> new_cache;
            for (size_t i = 0; i < reply->elements; i += 2) {
                std::string key = reply->element[i]->str;
                std::string value = reply->element[i+1]->str;
                new_cache[key] = value;
            }
            freeReplyObject(reply);
            std::lock_guard<std::mutex> lock(g_cache_mutex);
            g_cache.swap(new_cache);
            // 关闭Redis连接
            redisFree(redis_conn);
            std::this_thread::sleep_for(std::chrono::seconds(10));
    }
}
int main() {
    // 创建一个新线程,更新缓存
    std::thread updater_thread(update_cache_from_redis);
    while (true) {
        // 从缓存中读取数据
        std::lock_guard<std::mutex> lock(g_cache_mutex);
        for (const auto& item : g_cache) {
            std::cout << item.first << " => " << item.second << std::endl;
        }
        // 等待1s
        std::this_thread::sleep_for(std::chrono::seconds(1));
    }
    // 等待更新线程结束
    updater_thread.join();
    return 0;
}
```

　　ChatGPT 写了一个完整可运行的程序,还给加了注释。我直接用 g++ -o program program.
cpp 进行编译,结果报了一堆编译错误。错误提示比较长,这里只选取一小段:

```
In file included from /usr/include/c++/4.8.2/thread:35:0,
                 from program.cpp:2:
```

```
/usr/include/c++/4.8.2/bits/c++0x_warning.h:32:2: error: #error This file
requires compiler and library support for the ISO C++ 2011 standard. This
support is currently experimental, and must be enabled with the -std=c++11 or
-std=gnu++11 compiler options.
 #error This file requires compiler and library support for the \

program.cpp:18:1: error: 'mutex' in namespace 'std' does not name a type
 std::mutex g_cache_mutex;

program.cpp: In function 'void update_cache_from_redis()':
program.cpp:25:27: error: 'nullptr' was not declared in this scope
         if (redis_conn == nullptr || redis_conn->err) {
```

/***以下内容省略***/

我继续要求 ChatGPT 帮我解决编译问题。

> ❓ **Prompt**
>
> 我用 g++ 编译失败了。请针对上面这段代码，帮我写一个正确的编译指令。
>
> ⑤ **ChatGPT**
>
> g++ -o program program.cpp -std=c++11 -lhiredis -lpthread

按照 ChatGPT 给的编译命令，这次编译成功了。把 Redis 的地址改为实际地址，重新编译后，运行结果符合预期。相对之前的在搜索引擎中找方法、找答案，用 ChatGPT 的效率和准确度都高了很多。

9.3 解决图片锯齿问题

这个问题的背景是这样的，正常使用 UIImageView 控件，做好布局，把图片加载进控件进行显示，这个再正常、再简单不过的 UI 控件显示图片的需求却出现了异常。

图片需要显示为圆形，所以做了圆角处理，但是却出现了边缘锯齿现象，这在尺寸分辨率没有问题的情况下是不常见的，以前几乎没出现过。检查了一遍后并没有发现任何问题，虽然有其他方式可以解决锯齿问题，但是我就是想找找原因，于是求助 ChatGPT。

> ❓ **Prompt**
>
> iOS UIImageView 图片圆角有锯齿是怎么回事？图片尺寸与 UIImageView 控件尺寸是相同的。
>
> ⑤ **ChatGPT**
>
> 这可能是图片的分辨率过低导致在缩放时出现锯齿。可以尝试使用高分辨率的图片，或者使用 Core Graphics 绘制圆角图片来解决这个问题。另外，也可以尝试给 UIImageView 设

置 layer 的 cornerRadius 属性来实现圆角效果。

❷ Prompt

尺寸是相同的，分辨率没问题。

◉ ChatGPT

除了分辨率问题，图片圆角有锯齿的原因还可能是 UIImageView 的 contentMode 属性设置不当。如果 contentMode 设置为 UIViewContentModeScaleAspectFit 或 UIViewContentModeScaleAspectFill，图片会被缩放以适应 UIImageView 的尺寸，这可能会导致锯齿的出现。可以尝试将 contentMode 设置为 UIViewContentModeCenter 或 UIViewContentModeScaleToFill 来解决这个问题。另外，使用 Core Graphics 绘制圆角图片也可以避免锯齿的出现。

❷ Prompt

图片的尺寸跟控件的尺寸是相同的。

◉ ChatGPT

如果图片的尺寸和 UIImageView 控件的尺寸确实是相同的，而且分辨率也没问题，那么图片圆角有锯齿的问题可能是 UIImageView 的边缘锯齿导致的。这是因为 UIImageView 的边缘是由若干像素组成的，而圆角的绘制需要对这些像素进行平滑处理，否则就会出现锯齿。可以尝试将 UIImageView 的 layer 的 masksToBounds 属性设置为 "YES"，同时将 layer 的 borderWidth 属性设置为 0，这样可以让 UIImageView 的边缘和圆角平滑过渡，从而避免出现锯齿。另外，使用 Core Graphics 绘制圆角图片也可以避免锯齿的出现。

❷ Prompt

有什么原因导致图片锯齿出现？

◉ ChatGPT

当图片显示时出现锯齿可能是由以下原因导致的：

1. 图片分辨率不够高。如果图片分辨率不够高，在缩放或裁剪时就会出现锯齿。可以尝试使用高分辨率的图片。

2. 图片的尺寸和控件的尺寸不匹配。如果图片的尺寸和控件的尺寸不匹配，那么在缩放或裁剪时就会出现锯齿。可以尝试将图片的尺寸调整为和控件的尺寸匹配，或者使用 Auto Layout 布局来自动调整图片的尺寸。

3. UIImageView 的 contentMode 设置不当。如果 UIImageView 的 contentMode 设置不当，图片会被缩放以适应 UIImageView 的尺寸，从而出现锯齿。可以尝试将 contentMode 设置为 UIViewContentModeCenter 或 UIViewContentModeScaleToFill。

4. UIImageView 的边缘锯齿。UIImageView 的边缘是由若干像素组成的，而圆角的绘制需要对这些像素进行平滑处理，否则就会出现锯齿。可以尝试将 UIImageView 的 layer 的 masksToBounds 属性设置为 "YES"，同时将 layer 的 borderWidth 属性设置为 0，从而让 UIImageView 的边缘和圆角平滑过渡。

5. 图片或控件的尺寸不是整数。在 iOS 中，屏幕上的像素数是整数，如果图片或控件的尺寸不是整数，那么在缩放时就会出现像素对不齐的问题，从而导致锯齿的出现。可以尝试将图片或控件的尺寸调整为整数，从而避免锯齿的出现。

6. 使用了 CGContext 绘制图片。如果使用 CGContext 绘制图片，可能会因为绘制时的精度问题而产生锯齿。可以尝试使用 UIKit 的 UIImage 绘制方法来绘制图片。

通过以上方法，可以解决图片出现锯齿的问题。

在得到上面每一个问题的回答后，我都检查了一遍自己的代码，尝试了 ChatGPT 提供给我的几乎所有可能的解决方案，均无效，直到最后一个回答的第 5 点。这一点我在项目中确实没有注意到，因为项目中用的自动布局，设置了间距后，图片的尺寸都是根据布局自动计算得来的，这样就有可能得到浮点数据类型。

经过验证，确实是尺寸不是整数导致的图像锯齿，这一点确实容易忽略。

ChatGPT 几乎只能为我们提供思路，最终还是需要我们用专业的技能去验证这些思路是否可行。

9.4　警惕小众场景下的误导性回答

ChatGPT 作为一个问答式的大数据模型，本质上是通过大量的数据集训练而成的，但是在某些偏门的问题上，一般很少有所谓的"准确答案"，加上此类问题稀少，数据集也少，导致 ChatGPT 给出的不少偏门问题的回答有很强的误导性。尤其是在软件开发领域，一个错误的方向可能就会浪费掉软件工程师一天的时间去定位和排查。作为前端工程师，我在这里举两个前端的兼容性问题，演示一下我如何在误导性问题下找到真正的问题解决思路。

9.4.1　小众场景 1：特定版本的渲染引擎下的纹理坐标范围

我在业务中使用 Pixi JS 4.x 版本的渲染引擎，因为业务的效果表达需要，我需要用 shader 实现一个特殊效果，需要针对纹理坐标做一定的转换计算。在这个过程中，我发现入参的纹理坐标值和计算的效果总是对不上。结合经验，我开始对 Pixi JS 4.x 中默认的纹理坐标范围产生怀疑，考虑到 WebGL 的调试有一定的成本，在再次确认 GLSL 代码逻辑没有问题后，我向

ChatGPT 提问。

> ❓ **Prompt**
>
> 为什么 Pixi JS 4.x 版本中，vTextureCoord.y 的取值范围不是 0～1 ？
>
> ⊛ **ChatGPT**
>
> 实际上，在 Pixi JS 4.x 版本中，vTextureCoord.y 的取值范围仍然是 0～1。在 Pixi JS 中，vTextureCoord 是用于片段着色器中纹理坐标的变量。它的 x 和 y 分量表示纹理坐标的值，其范围通常是 0～1，对应纹理的左下角和右上角。
>
> 如果您发现 vTextureCoord.y 的取值范围不是 0～1，可能是因为您在代码中进行了一些自定义的修改或使用了自定义的着色器。在自定义着色器中，开发人员可以对 vTextureCoord 进行操作，并根据需要更改其取值范围。
>
> 请注意，我提到的信息基于 Pixi JS 4.x 版本的官方文档和知识库。如果您有对特定问题或场景的更多细节或代码示例，我可以提供更具体的帮助。

　　我的精力已经在代码调试的过程中消耗殆尽，ChatGPT 的回答却又误导我去排查我的着色器代码逻辑。最后，我通过调试参数，把 vTextureCoord.y 的入参范围锁定在 0～0.6 之间，并再次向 ChatGPT 提问。

> ❓ **Prompt**
>
> Pixi JS 4.x 版本中，vTextureCoord.y 取值范围在 0～0.6 是出于什么考虑?
>
> ⊛ **ChatGPT**
>
> 在 Pixi JS 4.x 版本中，vTextureCoord.y 取值范围在 0～0.6 是出于性能优化的考虑。
>
> vTextureCoord 是一个片段着色器中的变量，用于表示当前像素点在纹理中的坐标位置。在 Pixi JS 中，纹理坐标的默认范围是 0～1，即纹理的左下角坐标为 (0,0)，右上角坐标为 (1,1)。
>
> 在旧版本的 Pixi JS 中，vTextureCoord.y 的取值范围是 0～1，与纹理的垂直方向一致。然而，由于大多数情况下只使用纹理的一部分，将 vTextureCoord.y 的范围限制在 0～0.6 可以减少不必要的计算量，从而提高性能。
>
> 通过将纹理的有效范围限制在 0～0.6，Pixi JS 可以避免对超出该范围的纹理区域进行处理，这样可以节省计算资源并加快渲染速度。对于大多数使用场景来说，这个范围是足够的，并且可以在保证性能的同时提供良好的视觉效果。
>
> 需要注意的是，这个取值范围只是 Pixi JS 4.x 版本中的默认值，你仍然可以通过自定义片段着色器来修改 vTextureCoord.y 的取值范围来满足特定的需求。

　　这个回答终于给了我一个合理的解析，我的代码逻辑和这个回答是相印证的。由于问题本身比较小众，而且还涉及特定引擎、特定版本下的非标准实现，而我也没有时间去研究 Pixi

JS 相关实现的代码，最终我认可了这个回答。但是在定位这个问题的过程中，ChatGPT 并没有帮到我，反而由于我对它的信任，它给出的一系列问答把我反复引到混乱状态中。

9.4.2 小众场景 2：部分安卓浏览器中的禁止滚动失效

在前端的大部分业务场景中，可能遇到需要禁止滚动的情况。我通过设置 body.style.overflow='hidden' 禁止了页面的全屏滚动，但是在测试阶段，发现在部分品牌（vivo、一加）的安卓浏览器中禁止滚动失效了。

❓ **Prompt**

为什么 body.style.overflow='hidden' 会在部分安卓浏览器中失效？

⑤ **ChatGPT**

在一些安卓设备上，使用 overflow: hidden 可能会失效，导致页面仍然可以滚动。这是因为某些安卓设备将 overflow 属性解析为对视口而非元素本身的属性。因此，要在安卓设备上禁止页面滚动，可以使用以下 JavaScript 方法：

1. 阻止默认事件：

```
document.body.addEventListener('touchmove', function(event){
  event.preventDefault();
}, {passive: false});
```

2. 在打开模态框或弹出层时，给 body 元素添加一个类，例如 modal-open：

```
document.body.classList.add('modal-open');
```

3. 给 modal 元素添加样式 position: fixed，这样它就不会随着页面滚动而滚动了。

4. 给 body 元素添加样式 overflow: hidden，这会禁止页面滚动。

```
.modal-open {
  position: fixed;
  width: 100%;
  height: 100%;
  overflow: hidden;
}
```

5. 关闭模态框或弹出层时，溢出 modal-open 类，并将 modal 元素的定位和偏移还原，同时还原 body 元素上的 touchmove 事件和样式：

```
document.body.classList.remove('modal-open');
modal.style.position = '';
modal.style.top = '';
document.body.removeEventListener('touchmove', function(event){
  event.preventDefault();
}, {passive: false});
document.body.style.overflow = '';
```

注意，在上述代码中，我们使用了 touchmove 事件来阻止页面滚动，这是因为在移动设备上，页面滚动是通过触摸屏幕并移动手指来触发的。因此，通过 touchmove 事件，我们可以禁止页面滚动。

总之，使用 overflow: hidden 可能会失效，但我们可以使用 JavaScript 方法来禁止页面滚动，以确保在各种设备上都能稳定运行。

ChatGPT 给出的回答很确定"不同设备的属性解析不同"，这有很强的误导性。在我经历的真实业务场景中，我还真无法使用 fixed 定位或者阻止 touchmove 默认事件的方式来禁止页面滚动，问题在这个时候似乎无解了。

我清除了聊天上下文，尝试不同的提问方式，又分别得到以下两个回答。

❓ Prompt

为什么在部分安卓浏览器中，body 设置了 overflow=hidden 但页面还是可以滚动？

⬡ ChatGPT

如果在某些安卓浏览器中，将 body 元素的 overflow 属性设置为 hidden 但页面仍然可以滚动，可能是以下原因：

1. 浏览器或 WebView 的问题：不同的安卓手机可能使用不同的浏览器引擎或 WebView 实现，这些实现对 CSS 属性的解析和处理方式可能存在差异，导致 overflow: hidden 的效果不一致。

2. 元素层级或尺寸问题：在某些安卓浏览器中，对于具有特定层级结构或尺寸的元素，overflow: hidden 的限制可能无法生效。例如，如果对父元素设置了 overflow: hidden，但其中的子元素或内容超出了父元素的尺寸，则可能会导致页面可滚动。

3. 其他 CSS 规则或 JavaScript 代码的影响：可能存在其他 CSS 规则或 JavaScript 代码干扰了 overflow：hidden 的效果，导致页面仍然可以滚动。例如，可能存在应用于具体元素的样式规则或滚动事件的监听器，这些规则或代码可能覆盖了 overflow 属性的设置。

解决这个问题的方法因情况而异，以下是一些可能的解决方案：

❏ 检查元素层级和尺寸：确保要隐藏滚动的元素（例如 body）的尺寸适合并且不超出其父元素或视口。同时，检查元素的层级结构，确保不存在覆盖 overflow: hidden 的父级元素。

❏ 检查其他 CSS 规则和 JavaScript 代码：检查页面中的其他 CSS 规则和 JavaScript 代码，查看是否有与滚动行为相关的代码干扰了 overflow: hidden 的效果。逐个排除这些规则和代码，以确定是否有冲突。

❏ 使用 JavaScript 解决滚动问题：在设置 overflow: hidden 的同时，使用 JavaScript 监听滚动事件，并阻止默认的滚动行为。

```
document.body.addEventListener('touchmove', function(e) {
  e.preventDefault();
}, { passive: false });
```

需要注意的是，由于不同安卓手机和浏览器的行为差异，可能需要进行特定设备的测试，并根据情况采用有针对性的解决方案。

❓ Prompt

在一加中，overflow=hidden 会失效。

⑤ ChatGPT

在某些 OnePlus（一加）手机中，overflow：hidden 可能会失效的原因是 OnePlus 在其 OxygenOS 系统上进行了自定义的滚动行为处理。

一加的 OxygenOS 使用了一项名为 Scrolling Cache 的技术，这项技术可以使滚动更加平滑和流畅，但也导致了某些情况下 overflow: hidden 失效的问题。

为了解决这个问题，你可以尝试以下方法：

1. 使用 JavaScript 阻止滚动：通过 JavaScript 监听滚动事件，并在事件触发时阻止默认的滚动行为。这种方法可以绕过 OnePlus 的滚动处理机制。

```
document.addEventListener('touchmove', function(e) {
  e.preventDefault();
}, { passive: false });
```

2. 使用 position：fixed 和 height：100% 的组合：对要禁止滚动的容器元素应用 position：fixed 和 height：100% 的样式，并同时设置 overflow：hidden。这可以使容器元素固定在页面上，并禁止页面滚动。

```
.fixed-container {
  position: fixed;
  height: 100%;
  width: 100%;
  overflow: hidden;
}
<div class="fixed-container">
  <!-- 这里放置需要禁止滚动的内容 -->
</div>
```

需要注意的是，以上方法是一些常见的解决方案，并不保证适用于所有 OnePlus 手机和 OxygenOS 版本。不同手机型号和软件版本可能会有不同的行为，因此最好在目标设备上进行充分测试，以确保解决方案的可行性。

我们看上面的 3 个回答，ChatGPT 分别提出了好几个方向上的可能性，对于每一种可能性，基本都需要找来客户端开发人员一起分析才能定位问题，协同和问题定位的成本非常高。发现这些方案都无法践行后，我才又回到了 overflow: hidden 为什么会在部分手机上失效的问题上。

最终我写了一个简单的 demo，发现在问题设备上设置了 overflow=hidden 后是可以禁止页面滚动的。导致我的业务代码失效的，是我在容器上使用 absolute 定位，脱离了文本流。部分安卓机这时候的表现就是页面还能继续滚动，这确实是特殊机型的兼容问题。

ChatGPT 成为我的编程小秘书，在很多基础性问题甚至通用方案设计上，它比浏览器检索更强、更高效。正因如此，在不知不觉间，我对它提供的服务已经产生一种依赖。在我熟悉的领域，就算它给出的回答并不完美，我也能一眼看出，从而获取我需要的关键内容。但是在我不熟悉的领域，比如我上面遇到的两个比较小众的场景，我就无法根据它的回答做出准确的判定，而且因为是我不熟悉的场景，往往一个错误的方向就会大大增加我定位问题的难度。

对于这种情况有什么好方法呢？我的经验告诉我，可以尝试这样做：

❑ 清除上下文，多问几次，ChatGPT 可能会多给你几个方向；

❑ 不要丢弃传统的浏览器检索、技术社区及 GitHub 的 issue；

❑ 如果事实表现和 ChatGPT 的回答不一致，写最小验证 demo，实践出真知。

Chapter 10 | 第 10 章

AI 辅助开发跑酷游戏

随着 AI 技术的不断发展，越来越多的游戏开发者开始将其应用在游戏开发中。特别是在 2D 游戏开发中，AI 技术的影响尤为直接，本章将带大家用 AI 工具链实现一个简单的 2D 游戏项目，并探讨一下 AI 工具链和 2D 游戏研发链路结合后的效果。

10.1 游戏设计

跑酷游戏是大家较为熟悉的一种游戏，比如 Chrome 浏览器会在断网后显示的恐龙跑酷小游戏。本次的项目就是一个跑酷游戏。

10.1.1 游戏世界观构建

作为游戏的设计者，我先抛出一个简单的玩法设定：在遥远的宇宙中有一颗蓝色的星球，英雄的任务是躲避鬼火，收集蓝水晶。以下是我和 ChatGPT 就游戏的基础设定进行的交流。

> **❓ Prompt**
> 你来帮我策划一个跑酷游戏，这是设定：在遥远的宇宙中有一颗蓝色的星球，英雄的任务是躲避鬼火，收集蓝水晶。
>
> **◉ ChatGPT**
> 好的，我可以为您提供一些跑酷游戏的设计建议。

首先，我们可以考虑游戏的背景故事和游戏元素，这可以帮助我们设计出更加有趣的游戏玩法和场景。根据您的设定，我们可以设想这样一个背景故事：

在这个宇宙中，有一颗蓝色的星球，这颗星球上有一种非常珍贵的矿石——蓝水晶。这种水晶可以用来制造各种高科技设备，因而成为整个宇宙中各个种族争相抢夺的对象。然而，这颗星球上生活着一种神秘的生物——鬼火，它们喜欢吞噬一切宝贵的物品，而且极具攻击性，是蓝水晶矿工们最大的威胁。

玩家扮演一位勇敢的冒险家，来到这颗星球上寻找蓝水晶。玩家需要躲避鬼火的攻击，穿越各种危险的环境和场景，收集尽可能多的蓝水晶，最终完成任务，成为一名真正的蓝水晶矿工。

基于这个故事，我们可以设计出以下游戏元素：

1. 英雄角色：玩家可以选择自己的英雄角色，每个角色都有不同的特殊能力和属性，例如速度、跳跃力、耐力等。

2. 障碍物和陷阱：在游戏中，玩家需要躲避各种障碍物和陷阱，例如鬼火、陷阱、机关等。这些障碍物和陷阱需要根据游戏难度进行不同的设置和调整。

3. 收集物品：玩家需要收集尽可能多的蓝水晶，这些水晶可以用来购买装备、升级角色属性等。同时，还可以设置其他的收集物品，例如道具、奖励等。

4. 场景和关卡：游戏中需要设计不同的场景和关卡，例如森林、山洞、城市等，每个场景和关卡都有不同的地形与难度，需要玩家通过不同的跑酷技巧来完成。

5. 跑酷技巧：玩家需要学习不同的跑酷技巧，例如跳跃、滑行、攀爬等，来躲避障碍物和陷阱。

❓ **Prompt**

帮我起一个游戏名字。

⊚ **ChatGPT**

根据你提供的设定和元素，以下是几个可能的名字：蓝晶逃亡、星际鬼火逃脱、水晶追踪、水晶探险家、蓝晶奇侠、鬼火危机、水晶之旅、火光追踪、水晶疾跑。

❓ **Prompt**

帮我生成游戏简介。

⊚ **ChatGPT**

在遥远的宇宙中，有一颗蓝色的星球，这里生活着一位英雄。他的任务是躲避鬼火，并收集尽可能多的蓝水晶，你能帮助他完成这个任务吗？

经过简单的交流，我觉得 ChatCPT 的想法不错，我决定使用"水晶疾跑"这个游戏名称，并采纳游戏简介和部分游戏设定。

10.1.2 游戏场景生成

游戏场景使用 Midjourney 来生成。我简单设计了几个 prompt，并在几分钟内快速生成了多版效果。作为一个独立开发者而言，我觉得每一张图都挺符合我的游戏设定，而且细节不错，能直接用作我的游戏场景，效果如图 10-1 至图 10-3 所示。

图 10-1　效果图一

图 10-2　效果图二

图 10-3　效果图三

10.1.3 游戏角色生成和后处理

因为需要游戏人物做动态动作，我采用帧动画的动效方案，其核心是关键帧的生成。我尝试了 3 种 Prompt 输入：

❑ Frames Animation：无法生成关键帧。

- ❑ 通过投喂相似图片的生成尝试也失败。
- ❑ 通过 N panels with continuous 的方式获得了关键帧。

如图 10-4 至图 10-6 所示，虽然最终生成了关键帧图，但是帧与帧之间的连贯性还是无法做到。

图 10-4　角色动画关键帧示例一

图 10-5　角色动画关键帧示例二

图 10-6　角色动画关键帧示例三

10.1.4　Midjourney 图片生成总结

在这个项目的素材生成中，最明显的是以下 3 个问题：

❑ 如何获取特定 prompt，比如风格化、长宽比、关键帧图等。目前在社区上已经涌
现了很多 prompt 生成的字典或者搜索工具，但还是有很大的调试成本。

❑ 多素材之间的风格一致性。尽管人物和场景用的是同一套风格描述词，甚至直接
把场景图片投喂进去，但是输出的图片中，人物还是很难和背景融合，为了确保
人物和场景之间的色调一致，还需要进行调色处理。

❑ 帧动画的生成调试困难，连贯性也无法保证，而且需要人工对合图进行帧图裁切。

我们把所有素材都生成出来并进行组合，得到的游戏场景整体效果如图 10-7 所示。

图 10-7　游戏场景整体效果

10.2　游戏架构设计

因为我的本职工作是程序员，所以架构设计这个环节是我最期待的。虽然我所使用的
ChatGPT 是 3.5 版本的，只能生成文本和代码，但是已经能够生成 PlantUML 作图语言代码，
通过对应的语言解析器即可产出架构图。

比如在图 10-8 所示的这个提问示例中，我让 ChatGPT "扮演一个架构师，回答中所有的
架构图都用 PlantUML 描述"，ChatGPT 就会在回答中提供架构图的 PlantUML 代码描述，而
我只需要把 PlantUML 代码粘贴到 PlantUML 解析器中即可得到架构图。我用到的 PlantUML
解析器是 plantuml.com 官网，除此之外，一般我们的 IDE 插件市场，甚至很多笔记类软件
（如语雀），也集成了 PlantUML 的解析器功能。

以下所有关于架构图的会话都基于"你的身份是一个架构师，回答中所有的架构图都用
PlantUML 描述"这个预设。为了阅读的便利性，我直接把 PlantUML 代码部分转换成可视化
的架构图。

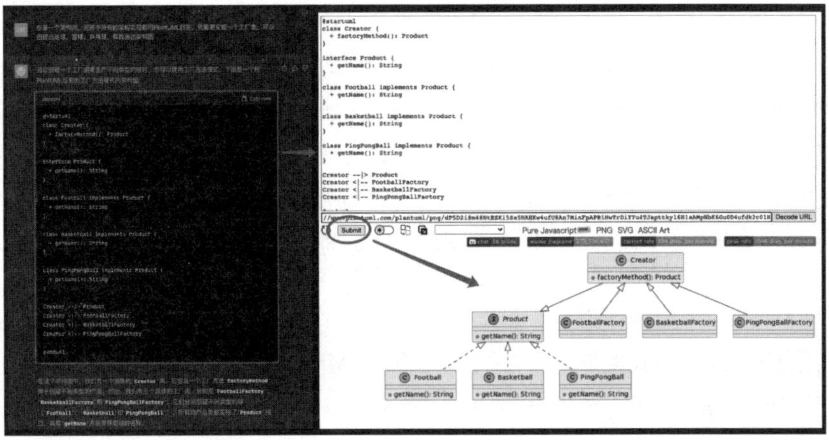

图 10-8　生成可视化的架构图

10.2.1　架构选型

❓ Prompt

我要实现一个跑酷游戏，我可以采用哪些架构模式？

ⓢ ChatGPT

游戏开发中有许多不同的架构模式可供选择，例如 MVC、MVVM、ECS、Actor 等。选择适合自己项目的架构模式可以提高游戏的可维护性和可扩展性。

下面是一些常见的游戏架构模式：

❑ MVC（Model-View-Controller）：MVC 模式将游戏分为 3 个部分，分别是模型（Model）、视图（View）和控制器（Controller）。Model 层负责存储和管理游戏数据，View 层负责显示游戏界面，Controller 层负责处理用户输入并修改 Model 和 View。MVC 模式的优点是分离了游戏逻辑和显示逻辑，易于维护与扩展。

❑ MVVM（Model-View-ViewModel）：MVVM 模式是 MVC 模式的一种变体，它引入了 ViewModel 层来解决 MVC 中 Controller 层过于臃肿的问题。ViewModel 层负责管理 Model 数据，并将其转换成适合 View 层显示的格式。MVVM 模式的优点是更加简洁和灵活，适合于大型、复杂的游戏项目。

❑ ECS（Entity-Component-System）：ECS 模式是一种基于实体、组件和系统的游戏架构模式。在 ECS 模式中，游戏对象被视为实体，游戏行为被视为组件，游戏逻辑被视为系统。ECS 模式的优点是高度可扩展和灵活，适合于大型游戏和需要高性能的游戏项目。

❏ Actor：Actor 模式是一种基于消息传递的游戏架构模式。在 Actor 模式中，游戏对象被视为 Actor，每个 Actor 都有自己的状态和行为，并且可以通过消息传递与其他 Actor 交互。Actor 模式的优点是高度并发和可扩展，适合于需要大量并发的游戏项目。

以上这些游戏架构模式都有其独特的优点和缺点，选择自己项目的架构模式时需要考虑多方面的因素，如项目规模、团队组成、技术水平、游戏类型等。

1. GameManager 集中管理

首先我让 ChatGPT 帮我生成了一个简单的 GameManager 管理类，直接关联和引用其他游戏实体，类图如图 10-9 所示。

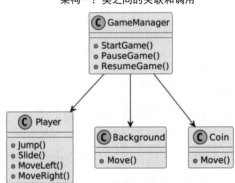

图 10-9　GameManager 类调用关系

2. 使用消息机制解耦

❓ **Prompt**

可以用事件去做解耦吗？画出架构图并告诉我两种模式之间的差异。

⑥ **ChatGPT**

在直接调用子类的方法时，子类之间存在强耦合关系，这会增加代码的复杂度和维护成本。当子类之间存在复杂的依赖关系时，修改其中一个子类可能会影响到其他子类的实现，导致代码的脆弱性增加。

如下图所示，使用事件通信，可以将子类之间的依赖关系削弱，让它们之间更加松散耦合，从而提高代码的可维护性和可扩展性。事件通信的实现不依赖具体的子类实现，而依赖定义的事件，不同的子类可以通过注册和触发相同的事件来实现通信。

此外，使用事件通信还可以让代码更容易进行单元测试。因为每个子类都是相互独立

的，可以更方便地进行单元测试，而不需要考虑其他子类的影响。这也是事件通信的一个
优点。

最后，需要注意的是，在某些情况下，直接调用子类的方法可能更加简洁和高效。例
如，当子类之间的依赖关系非常简单，或者需要进行高频率的通信时，使用事件通信可能会
增加代码的复杂度和运行时的开销。因此，需要在使用事件通信和直接调用子类方法之间进
行权衡和选择。

架构二：通过消息机制解耦

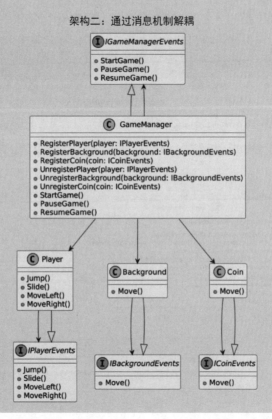

❓ **Prompt**

　　在基于事件通信的架构下，需要事件管理中心吗？需要的话，请你补充上去。

🔄 **ChatGPT**

　　是的，基于事件通信的架构下，需要一个事件管理中心来协调不同模块之间的通信。事
件管理中心负责注册、存储和分发事件，模块之间通过事件管理中心来进行通信。事件管理
中心通常包含以下功能：

❑　事件注册：模块可以向事件管理中心注册自己感兴趣的事件，并提供处理该事件
　　的回调函数。

- ❏ 事件存储：事件管理中心会将所有注册的事件存储在内部的数据结构中，以便于管理和分发。
- ❏ 事件分发：当某个事件发生时，事件管理中心会遍历所有已注册该事件的模块，并依次调用它们提供的回调函数来处理事件。
- ❏ 事件过滤：事件管理中心可以支持事件过滤功能，即只分发符合某些条件的事件给模块，从而提高事件分发的效率和精度。

事件管理中心通常是一个全局单例对象，它可以被整个游戏中的模块访问和使用。在实现事件管理中心时，可以使用观察者模式、发布 – 订阅模式等技术。下图是基于事件通信的架构图，包含了事件管理中心。

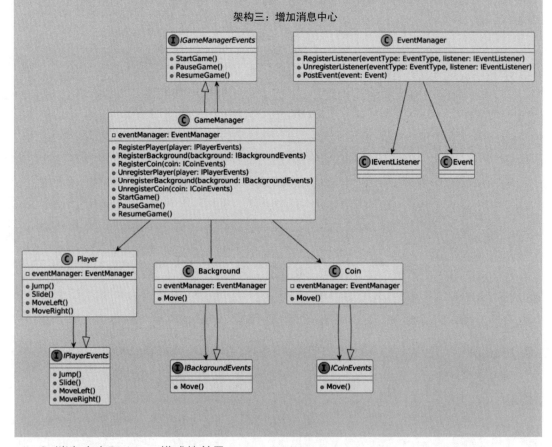

3. 消息中心和 Actor 模式的差异

❓ **Prompt**

基于事件通信的架构和 Actor 模式有差异吗？

ChatGPT

基于事件通信的架构与 Actor 模式虽然有一定相似之处，但并不完全等同。Actor 模式中的 Actor 是并发的个体，每个 Actor 拥有自己的状态和行为，并且可以通过消息传递与其他 Actor 交互。而事件通信模式中的组件则是相互独立的，它们之间通过事件传递消息，完成任务的协作。因此，虽然事件通信模式与 Actor 模式有相似的消息传递机制，但是它们的目的和实现方式是不同的。Actor 模式见下图。

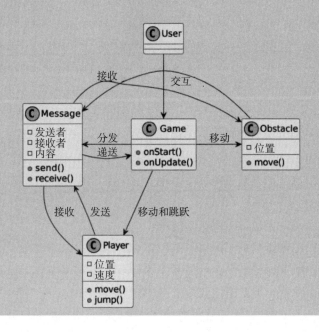

4. MVC 模式

Prompt

直接调用子类方法的架构和 MVC 有区别吗？我看到有一个 GameManager 类，实现了数据共享和处理。

ChatGPT

直接调用子类方法的架构和 MVC 架构有些类似，但它们有一些重要的区别。

架构图如下，在 MVC 架构中，游戏被划分为三个主要组件：模型（Model）、视图（View）和控制器（Controller）。其中，模型代表了游戏的数据和状态，视图负责渲染游戏的画面，控制器则负责处理用户输入并更新游戏的状态。这三个组件之间通过一些特定的接口和规则进行通信与协作。

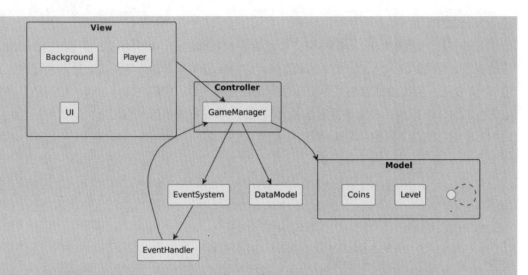

　　而在直接调用子类方法的架构中，游戏通常由一个 GameManager 类来管理整个游戏的状态和逻辑，而 GameManager 类直接调用各个子类的方法来控制游戏的行为。这种架构中，游戏通常是以一种层次化的方式来组织的，每个组件都代表了游戏中的一个子系统或模块。相比 MVC 架构，这种架构更加简单直接，通常适用于小型游戏或原型的开发。

　　GameManager 类通常会包含游戏的数据和状态，并负责协调各个子系统之间的协作和通信。因此，GameManager 类类似于 MVC 架构中的控制器，但它的职责更加广泛，同时包含了模型和视图的部分职责。

　　总的来说，直接调用子类方法的架构相比 MVC 架构更加简单，但也更加不灵活。对于较为复杂的游戏来说，MVC 架构通常更加适合。它能够将游戏的各个组件更加清晰地划分开来，并通过接口和规则来实现各个组件之间的协作与通信。

❓ **Prompt**

你为什么把 DataModel 和 Model 分开？

⑤ **ChatGPT**

　　在 MVC 架构中，Model 表示应用程序中使用的数据和业务逻辑，DataModel 是 Model 的一种特殊形式，表示数据的存储和处理。在某些情况下，Model 可能还包含其他的业务逻辑，比如计算、数据验证等。

　　DataModel 通常与数据库或者其他数据存储介质相关联，它负责将存储在数据库中的数据转换为应用程序可以理解的形式。而 Model 则更加关注业务逻辑的实现，比如数据的计算、验证、转换等。因此，将 DataModel 与 Model 分开来，可以使应用程序更加清晰地表达数据和业务逻辑之间的区别，同时更加方便维护和修改。

10.2.2　模块功能细分

因为本次游戏的玩法简单，只包含较少的实体，我最终选择 gameManager 的管理类来组织游戏逻辑。接下来，我让 ChatGPT 细化一下其他模块。

❓ Prompt

我要实现一个跑酷游戏，有 player、background、play button、coin 几个模块，以及一个 gameManager 控制器，帮我输出架构图。

⬡ ChatGPT

希望下面这个架构图能够帮助你开发出一个完整的跑酷游戏：

1. GameManager（游戏控制器）负责管理游戏的流程，包括开始游戏、结束游戏、分数统计等功能。同时，也可以控制游戏中的菜单界面和游戏界面的显示与隐藏。

2. MainMenu（菜单界面）负责显示游戏的主菜单，包括开始游戏按钮等。

3. GameUI（游戏界面）负责显示游戏的 UI 元素，包括分数、游戏结束界面等。

4. Player（玩家）负责处理玩家的操作，包括跳跃、滑行、死亡等。

5. Background（背景）负责控制游戏的背景滚动。

6. Coin（金币）负责生成和管理金币，包括生成、回收和收集等。

7. 在游戏开始时，GameManager 会实例化 MainMenu 和 Player，并将背景滚动和金币生成的功能开启。当玩家开始游戏时，GameManager 会隐藏 MainMenu，显示 GameUI，并将游戏状态设置为"进行中"。

8. 当玩家死亡时，GameManager 会显示游戏结束界面，并将游戏状态设置为"结束"。玩家可以选择重新开始游戏或回到主菜单。

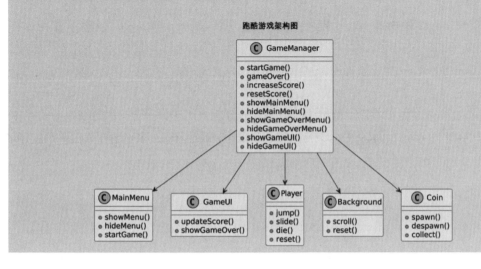

❓ Prompt

好的，请帮我细化 GameManager。

⑤ ChatGPT

细化后的架构图如下：

1. GameManager 类新增了 score 和 gameState 两个属性，分别表示当前游戏的分数和游戏状态。player、bg、coin、mainMenu、gameUI 和 gameOverMenu 这些对象都是 GameManager 类的属性，用于控制游戏中的玩家、背景、金币、菜单和游戏界面等元素。

2. GameManager 类的方法包括 startGame、gameOver、increaseScore、resetScore、show-MainMenu、hideMainMenu、showGameOverMenu、hideGameOver。

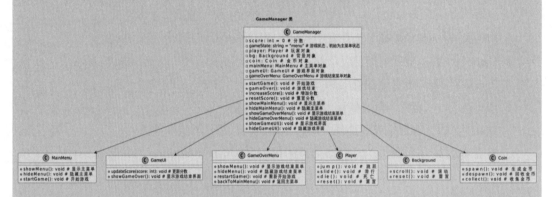

❓ Prompt

如何同步 Player 和 Background 的速度？

⑤ ChatGPT

为了实现 Player 和 Background 的速度同步，可以通过 GameManager 类来实现它们之间的通信。

1. 在 GameManager 类中添加一个名为 gameSpeed 的属性，用于存储当前游戏的速度。可以将 gameSpeed 的初始值设为 1。

2. 在 Background 类中添加一个名为 setSpeed 的方法，用于设置背景的滚动速度。在该方法中，可以根据 GameManager 中的 gameSpeed 属性来设置背景的滚动速度。具体实现见下图。

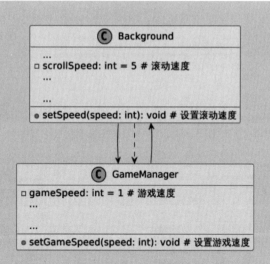

3. 在 Player 类中，可以添加一个名为 updateSpeed 的方法，用于更新角色的速度。在该方法中，可以根据 GameManager 中的 gameSpeed 属性来设置角色的速度。

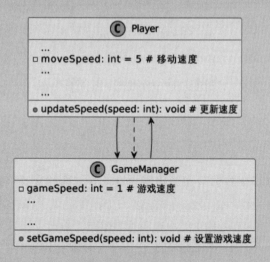

4. 在 GameManager 类中，可以添加一个名为 update 的方法，用于每帧更新游戏状态。在该方法中，可以调用 Background 和 Player 的 updateSpeed 方法，以便更新它们的速度。

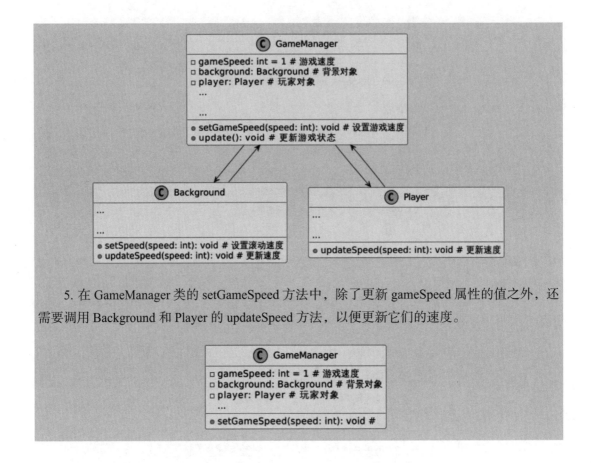

5. 在 GameManager 类的 setGameSpeed 方法中，除了更新 gameSpeed 属性的值之外，还需要调用 Background 和 Player 的 updateSpeed 方法，以便更新它们的速度。

10.2.3　ChatGPT 架构能力总结

通过与 ChatGPT 进行架构选型和模块能力设计等方面的交流，我基本确定了游戏的代码框架。这份技术方案为我评估研发的复杂度和工作量提供了很好的参考。在这个过程中，ChatGPT 表现出的专业性和高效输出能力让我感到惊艳。

长期以来，我负责团队内外包同事的面试工作。我观察到一个现象，很多同事缺乏对架构弹性和合理性的思考能力。这可能是国内小游戏行业项目周期快、复杂度低等因素导致的。甚至一些有着七八年工作经验的开发人员也存在这种问题。我们并不鼓励过度设计，但是不同玩法类型之间的差异、不同设计模式之间的差异是需要了解的技术方案选型、合理评估项目研发周期等能力是需要具备的。通过这次尝试，我们可以看到 ChatGPT 在这方面表现很出色，是一个很好的辅助工具。

10.3　代码实现

10.3.1　代码辅助工具选型

目前基于 ChatGPT 的代码辅助工具有以下几种：

❑ ChatGPT 网站。虽然可以直接使用，但是片段式的对话并不适合项目层面的代码辅助。

❑ 借助 ChatGPT 的 API 打造的一些编程插件，比如正则表达式生成、SQL 生成工具等，主要是为了解决单点问题并提效。

❑ Copilot。Copilot 是一个基于代码上下文的提示工具，它提供了非常棒的提示和补全功能。Copilot 能够猜到我想写的东西，并帮我生成代码，它的表现就像是一个十分智能的代码补全工具，这个体验非常棒。但是在这个项目中，我希望 AI 能够提供一种全局的代码操控能力，我甚至不太想去思考代码的结构和逻辑，目前 Copilot 还无法满足我的需求。

最终我使用的是 Cursor 客户端，这是一个目前还在成长中的 IDE，我看重它的以下几个能力。

1）整个模块文件代码生成。

2）代码片段的局部优化能力，见图 10-10。

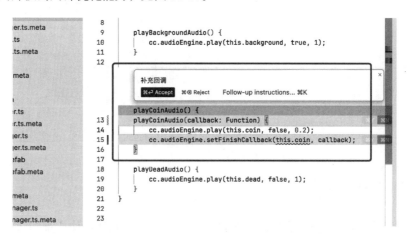

图 10-10　代码片段局部优化能力

3）代码增量的 diff 能力，比如我可以让 AI 帮我生成一个销毁的方法，见图 10-11。

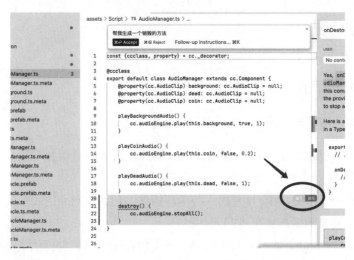

图 10-11 代码增量 diff 能力

4）集成了 ChatGPT 的对话应用，相当于我有了一个秘书，见图 10-12。

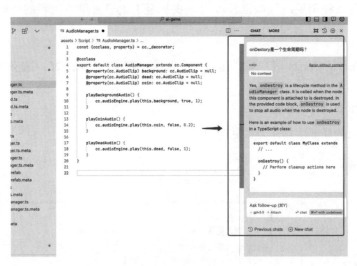

图 10-12 Cursor 集成 ChatGPT 对话

10.3.2 模块功能编写

接下来我会展示背景滚动模块的编写过程，举一反三，其他模块的编写过程大致相同。为了避免重复，我将只展示背景滚动模块的编写过程。

❓ Prompt

用 Cocos Creator 写一个背景模块，要实现背景的无限滚动。

⑤ ChatGPT

您好！要实现背景的无限滚动，可以采用以下思路：

1. 将背景图放在游戏场景中，并将背景图的锚点设置为左下角 (0,0)。

2. 在代码中创建两个背景图实例，分别命名为 bg1 和 bg2，并将它们的位置设置在场景的左下角。

3. 每帧更新时，将 bg1 和 bg2 的位置向左移动一个固定的像素值（例如 10 像素），并检查它们是否已经超出了屏幕左侧边界。

4. 当 bg1 和 bg2 中有任意一个的位置超出了屏幕左侧边界时，将它们的位置设置为当前屏幕的右侧边界。

5. 循环以上步骤，实现背景的无限滚动。以下是示例代码，可以根据实际情况进行调整。

```
const screenWidth = cc.winSize.width;
const bgWidth = 960; // 背景图的宽度
let bg1, bg2; // 背景图实例
cc.Class({
  extends: cc.Component,
  onLoad() {
    // 创建背景图实例
    bg1 = cc.instantiate(this.node.getChildByName('bg'));
    bg2 = cc.instantiate(this.node.getChildByName('bg'));
    // 设置背景图位置
    bg1.setPosition(0, 0);
    bg2.setPosition(bgWidth, 0);
    // 将背景图添加到场景中
    this.node.addChild(bg1);
    this.node.addChild(bg2);
  },
  update(dt) {
    // 更新背景图位置
    bg1.x -= 10;
    bg2.x -= 10;
    // 检查背景图是否超出屏幕左侧边界
    if (bg1.x + bgWidth < 0) {
      bg1.x = hg2.x + bgWidth;
    }
    if (bg2.x + bgWidth < 0) {
      bg2.x = bg1.x + bgWidth;
    }
  },
});
```

❓ Prompt

用装饰器和 TypeScript 实现。

⑯ ChatGPT

```typescript
const {ccclass, property} = cc._decorator;
const screenWidth = cc.winSize.width;
const bgWidth = 960; // 背景图的宽度
@ccclass
export default class Background extends cc.Component {
    @property(cc.Node)
    bg1: cc.Node = null; // 背景图实例1
    @property(cc.Node)
    bg2: cc.Node = null; // 背景图实例2
    start() {
        // 设置背景图位置
        this.bg1.setPosition(0, 0);
        this.bg2.setPosition(bgWidth, 0);
    }
    update(dt) {
        // 更新背景图位置
        this.bg1.x -= 10;
        this.bg2.x -= 10;
        // 检查背景图是否超出屏幕左侧边界
        if (this.bg1.x + bgWidth < 0) {
            this.bg1.x = this.bg2.x + bgWidth;
        }
        if (this.bg2.x + bgWidth < 0) {
            this.bg2.x = this.bg1.x + bgWidth;
        }
    }
}
```

❓ Prompt

你写死了 bgWidth，没有用到屏幕宽度，这是有 bug 的。

⑯ ChatGPT

您说得对，非常抱歉我的回答有误。在我的代码中，我写死了背景图的宽度 bgWidth，导致无法适应不同屏幕宽度的情况。实际上，我们需要动态获取屏幕宽度，并计算出背景图实例的初始位置。

以下是修正后的代码，已经使用了屏幕宽度和背景图的实际宽度进行计算：

```typescript
const {ccclass, property} = cc._decorator;
@ccclass
export default class Background extends cc.Component {
  @property(cc.Node)
  bg1: cc.Node = null; // 背景图实例1
  @property(cc.Node)
  bg2: cc.Node = null; // 背景图实例2
```

```
    private bgWidth: number = 0; // 背景图的宽度
    start() {
      // 获取背景图的宽度
      this.bgWidth = this.bg1.width;
      // 设置背景图位置
      const screenWidth = cc.winSize.width;
      this.bg1.setPosition(screenWidth / 2, 0);
      this.bg2.setPosition(screenWidth / 2 + this.bgWidth, 0);
    }
    update(dt) {
      // 更新背景图位置
      this.bg1.x -= 10;
      this.bg2.x -= 10;
      // 检查背景图是否超出屏幕左侧边界
      if (this.bg1.x + this.bgWidth / 2 < -cc.winSize.width / 2){
        this.bg1.x = this.bg2.x + this.bgWidth;
        }
      if (this.bg2.x + this.bgWidth / 2 < -cc.winSize.width / 2){
        this.bg2.x = this.bg1.x + this.bgWidth;
        }
      }
    }
}
```

❓ **Prompt**

如果我想要用一个 Sprite 节点，可以实现背景图无限滚动吗？

◉ **ChatGPT**

是的，您可以使用一个 Sprite 节点来实现背景图的无限滚动。后面给出了一份示例代码。

在这份示例代码中，我们将 Sprite 节点设置为背景图，并且获取了它的宽度。在 start 方法中，我们设置了背景图的初始位置，同样也是根据屏幕宽度和背景图宽度进行计算。

在 update 方法中，我们只需要更新背景图的 x 坐标，并检查它是否超出了屏幕左侧边界。如果超出了，我们就将它的 x 坐标加上背景图的宽度，让它回到屏幕右侧，从而实现背景图的无限滚动。

需要注意的是，由于 Sprite 节点没有锚点，因此在设置背景图位置和检查位置时都不需要除以 2。

```
const {ccclass, property} = cc._decorator;
@ccclass
export default class Background extends cc.Component {
  @property(cc.Sprite)
  bg: cc.Sprite = null; // 背景图
  private bgWidth: number = 0; // 背景图的宽度
  start() {
    // 获取背景图的宽度
    this.bgWidth = this.bg.node.width;
```

```
    // 设置背景图位置
    const screenWidth = cc.winSize.width;
    this.bg.node.setPosition(screenWidth / 2, 0);
  }
  update(dt) {
    // 更新背景图位置
    this.bg.node.x -= 10;
    // 检查背景图是否超出屏幕左侧边界
    if (this.bg.node.x + this.bgWidth / 2 < -cc.winSize.width / 2) {
      this.bg.node.x += this.bgWidth;
    }
  }
}
```

❓ Prompt

但是这样用户就会看到背景图不是无缝衔接的。

⑤ ChatGPT

您说得对，如果直接使用单个 Sprite 节点来实现背景图的无限滚动，用户可能会看到背景图的不连续性。为了解决这个问题，我们可以使用两个 Sprite 节点来实现背景图的无限滚动，并且让它们衔接起来，形成一张完整的背景图。

具体实现方法如下：

1. 创建两个 Sprite 节点，将它们都设置为背景图，并放置在场景中。

2. 获取这两个 Sprite 节点的宽度，并将它们的锚点都设置为 (0, 0.5)，以便于对它们的位置进行计算。

3. 在场景中将这两个 Sprite 节点排列起来，让它们的左边缘对齐，并将它们放置在一个 Node 节点中，这个 Node 节点的位置可以设置在屏幕中心。

4. 在 update 方法中，更新这个 Node 节点的 x 坐标，使它沿着 x 轴负方向移动。当它的 x 坐标小于或等于 −width 时，将它的 x 坐标加上 2*width，这样就可以形成一张循环的背景图了。

下面是一份示例代码，您可以参考一下：

```
const { ccclass, property } = cc._decorator;
@ccclass
export default class Background extends cc.Component {
  @property(cc.Node)
  bgNode1: cc.Node = null; // 背景图1
  @property(cc.Node)
  bgNode2: cc.Node = null; // 背景图2
  private width: number = 0; // 背景图的宽度
  start() {
    // 获取背景图的宽度
    this.width = this.bgNode1.width;
    // 设置锚点
```

```
        this.bgNode1.anchorX = 0;
        this.bgNode2.anchorX = 0;
        // 将两张背景图排列起来
        this.bgNode1.x = 0;
        this.bgNode2.x = this.width;
        // 放置在一个 Node 节点中, 并将其放置在屏幕中心
        const node = new cc.Node();
        node.addChild(this.bgNode1);
        node.addChild(this.bgNode2);
        node.setPosition(cc.winSize.width / 2, cc.winSize.height / 2);
        this.node.addChild(node);
    }
    update(dt) {
        // 更新背景图位置
        const posX = this.node.x - 2;
        if (posX <= -this.width) {
            this.node.x += 2 * this.width;
        } else {
            this.node.x = posX;
        }
    }
}
```

❓ Prompt

你还是没理解我的意思，会报错"child already added. It can't be added again"。

⑤ ChatGPT

非常抱歉，我误解了您的意思。如果您在编辑器中已经创建了节点，使用动态节点会导致报错。为了解决这个问题，您可以采用以下步骤：

1. 在编辑器中创建一个空节点，作为背景图的父节点，并将它放置在场景中。

2. 将所有的背景图节点都作为子节点添加到这个父节点中。

3. 将这些子节点的锚点都设置为（0,0.5），以便于对它们的位置进行计算。

4. 在 onLoad 方法中，获取这些子节点的宽度，并记录下来。

5. 在 update 方法中，更新这些子节点的位置，使它们沿着 x 轴负方向移动。当它们的 x 坐标小于或等于 −width 时，将它们的 x 坐标加上 2*width，这样就可以形成一张循环的背景图了。

下面是一份示例代码，您可以参考一下：

```
const { ccclass, property } = cc._decorator;
@ccclass
export default class Background extends cc.Component {
    @property(cc.Node)
    bgParent: cc.Node = null; // 背景图的父节点

    private bgNodes: cc.Node[] = []; // 所有的背景图节点
```

```
            private width: number = 0; // 背景图的宽度
            onLoad() {
                    // 获取所有的背景图节点
                    this.bgNodes = this.bgParent.children;
                    // 设置锚点
                    for (const bgNode of this.bgNodes) {
                            bgNode.anchorX = 0;
                    }
                    // 获取背景图的宽度
                    this.width = this.bgNodes[0].width;
            }
            update(dt) {
                    // 更新背景图位置
                    for (const bgNode of this.bgNodes) {
                            bgNode.x -= 2;
                            if (bgNode.x <= -this.width) {
                                    bgNode.x += 2 * this.width;
                            }
                    }
            }
    }
```

在这份示例代码中，我们在编辑器中创建了一个空节点，作为背景图的父节点，并将所有的背景图节点都作为子节点添加到这个父节点中。在 onLoad 方法中，我们获取了背景图的宽度，并将所有子节点的锚点设置为（0,0.5）。最后，在 update 方法中，我们更新了所有子节点的位置，并实现了背景图的无限滚动。

Prompt

父节点和子节点需要设置 widget 吗?

ChatGPT

如果您需要在父节点上使用布局组件，例如 cc.Layout，那么您需要在父节点上添加 cc.Widget 组件，以便正确布局子节点。

对于子节点，如果您需要对它们进行适当的缩放和布局，您也可以在子节点上添加 cc.Widget 组件。请注意，这可能会影响子节点的位置和大小，因此您可能需要手动调整它们的位置和大小，以便它们能够正确地拼接起来。

如果您只是想简单地使子节点与父节点保持相同的大小和位置，那么您可以省略布局组件和 cc.Widget 组件，直接在子节点上设置正确的锚点和位置即可。例如，在背景图节点上设置锚点为 (0,0.5)，将其放置在父节点的左边缘，然后在每次更新时将其沿 x 轴负方向移动即可实现背景图的无限滚动。

❓ Prompt

能讲得更具体一点吗？我如何做才能确保背景滚动在不同屏幕宽高比的设备上兼容？

ChatGPT

确保在不同屏幕宽高比的设备上兼容，需要考虑以下几点：

1. 使用正确的锚点：在 Cocos Creator 编辑器中，可以在节点的属性检查器中设置锚点。对于背景图节点，建议将锚点设置为 (0, 0.5)，这样可以确保它以左边缘为基准点水平滚动。

2. 使用正确的节点布局：在父节点上使用布局组件，例如 cc.Layout，可以确保子节点在不同屏幕尺寸和宽高比下正确布局。

3. 使用正确的节点位置：在每次更新时，需要将背景图节点沿着 x 轴负方向移动。为了确保在不同屏幕尺寸和宽高比下正确移动，建议使用节点的 getPosition() 方法获取当前位置，并使用 setPosition() 方法设置新位置。例如，可以使用以下代码将背景图节点沿 x 轴负方向移动：

```
const curPos = this.node.getPosition();
this.node.setPosition(curPos.x - speed * dt, curPos.y);
```

4. 使用正确的节点缩放：在某些情况下，您可能需要对背景图节点进行缩放以适应不同的屏幕尺寸和宽高比。为了确保缩放后的节点能够正确地拼接起来，您需要使用节点的 getContentSize() 方法获取当前大小，并使用 setScale() 方法设置新缩放比例。例如，可以使用以下代码将背景图节点缩放为父节点的大小：

```
const parentSize = this.node.parent.getContentSize();
const curSize = this.node.getContentSize();
this.node.setScale(parentSize.width/curSize.width, parentSize.height / curSize.height);
```

通过以上步骤，您可以确保背景图节点在不同屏幕尺寸和宽高比下正确地滚动。

10.3.3　Cursor 代码生成总结

在这次项目实践中，Cursor 向我展示了项目级别的 AI 代码工程的潜力：模块代码从 0 到 1 的生成能力、局部代码的补全和优化能力、bug 修复能力、代码注释能力、代码讲解能力、上下文理解能力、增量代码可视化能力，甚至连游戏编辑器中的 UI 模块搭建步骤都能提供。而且 Cursor IDE 是深度定制的，整体的交互流畅度高，操作便捷高效，使用后整个研发流程非常顺畅。

当然，它还存在欠缺，比如代码串联、调试、项目全局把控能力等，还需要程序员进行校正。作为一个编程 IDE，它在插件系统和研发流程等方面与成熟 IDE 工具相比还存在不小的差距。但是，这些问题并不是最重要的，随着版本的迭代，这些能力将会逐步完善。

现在，我只需要做一些代码评审工作，就能完成整个项目的代码研发，这种研发模式真的是颠覆性的。

10.4　AI 对游戏研发的影响

我花了一个周六的下午跑通了基础玩法 demo，录制了玩法视频，并发了这么一条朋友圈：

Midjourney 老师帮我构建了地下世界，ChatGPT 老师指导了我游戏的架构和基础知识，Cursor 老师则把代码一行行编写出来了，而我在茶室要了一杯龙井茶，串联了一下大家的工作，我们一起完成了一个简单的游戏。

通过这次实践，我认识到 AI 工具链已经足以打破角色边界。传统 2D 游戏的研发流程通常可以分为图 10-13 所示的几个阶段。

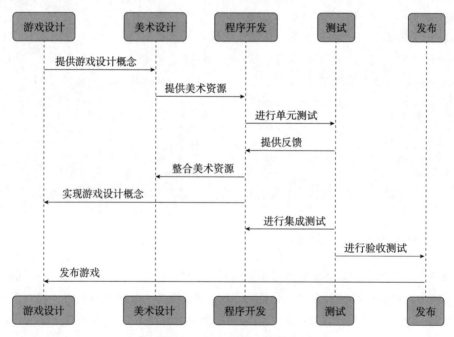

图 10-13　传统 2D 游戏研发流程

但是在这个项目中，我独自利用 ChatGPT 完成了游戏的概念设计、美术设计、架构设计、代码逻辑编写等任务，这种工作模式就像我拥有了一个强大的"供应商团队"，我只需要负责项目管理和链路串联，就能独自完成整个项目。过去常见的"我有好想法但缺少程序员""我有基础 demo 但需要策划帮助建立数值模型""我的游戏需要设计师换皮"等问题，随着 AI 工具的完善和普及，或许将不再存在。

　　这里我只是做了一个简单的 2D 游戏 demo，只用到了 Midjourney、Cursor、ChatGPT 三个工具，而在整个游戏生产的上下游链路中，AI 的能力早已经遍地开花。不同领域之间的知识壁垒已经变成很薄的一层，善用 AI 工具，这可能是我们软件开发者未来迫切需要掌握的技能。

Chapter 11 | 第 11 章

高阶 Prompt 与基于 ChatGPT 的产品应用开发

本章将探索更加深入的 Prompt 应用，结合 ChatGPT 的强大能力，为你呈现三个令人兴奋的产品开发示例。

首先，我们将带来"英语陪聊教练"，这是一个基于 GPT-3.5 引擎的智能语言学习工具。它不仅是你的语言伙伴，还是一个引导你提高英语交流能力的亲切教练。通过角色聊天和个性化学习计划，它将助你突破语言障碍，创造畅通无阻的英语交流环境。

其次，我们将为你带来"当日新闻资讯自动输出"，利用 ChatGPT 的智能分析和生成能力，为你实时呈现当天的热门新闻。不用费时搜索，只需提供简单的提示，你就能获得精准、多样的新闻内容，紧跟时事，了解全球动态。

最后，我们将引入"数字人实例的创造与探索"，借助 UE（Unreal Engine，虚幻引擎）创建数字人，将虚拟世界融入现实生活。从创造性角度出发，我们将展示如何通过 UE 打造栩栩如生的数字化角色，为你带来全新的互动体验。

11.1 英语陪聊教练

英语陪聊教练是一个基于 GPT-3.5 引擎的"角色聊天 + 语言学习"的工具。开发团队希望能够创造一个人人可用的无阻碍英语交流环境。下面我们将分享该项目的主要功能及实现过程。图 11-1～图 11-4 分别展示了英语陪聊教练产品的虚拟朋友圈、与任意知名角色对话、对自己的发言进行检查、对对方的发言进行解析的效果。

图 11-1　英语陪聊教练：虚拟朋友圈

图 11-2　英语陪聊教练：与任意知名角色对话

图 11-3　英语陪聊教练：对自己的发言进行检查

图 11-4　英语陪聊教练：对对方的发言进行解析

11.1.1 实现过程与技术要点

1. 制定对话组件

为了增强对话组件的功能，我们对 ChatGPT API 进行封装，并增加自定义处理功能（以提高对角色 Prompt 的控制力）。同时，复刻了流式返回功能，以进一步提升用户体验。

2. 在对话过程中引入教练功能

为了提升对话体验，我们在对话过程中引入教练功能。这个功能将增加角色与角色之间的关联关系，并对角色进行分类。特别是教练角色，它将能够在任意对话中辅助用户进行对话，提供指导和支持。通过引入教练功能，为用户提供更加智能化和个性化的对话体验。

3. 多对话角色自定义

为了提供更灵活的对话体验，我们引入自定义角色功能。这项功能将允许用户自定义对话角色的参数，同时还会自动为用户的对话角色 Prompt 进行润色。此外，我们还自动优化 OpenAI 的参数，以提供更出色的对话效果。通过这些优化措施，为用户提供更加个性化、更加准确的对话。

4. 多教练角色自定义

可自定义教练角色的功能，以进一步提升对话的灵活性。这个功能将允许用户根据需要创建多个教练角色，并为每个教练角色进行个性化的设定。每个教练角色都可以在对话过程中辅助用户，并根据用户的需求提供指导和支持。通过引入多个自定义教练角色，能够更好地控制对话的方向和内容，实现更加个性化的对话体验。

值得注意的是，用户可以调整教练角色的 Prompt，以匹配自己所需的知识难度。比如可以在教练 Prompt 中要求，只对高中英语或雅思英语知识点进行讲解。

11.1.2 指定角色 Prompt

"对自己的发言进行检查"功能用于对第一人称的语言进行指导。

> 你是一个强大的英语检查机器，你的任务是检查和优化用户的英语错误；
> 你被禁止一切与英语知识无关的回答；
> 对于任何问题你无须按照人类的交流方式回复，只需要按规则分析接收到的语句；
> 不要对正确的语法和单词进行任何评价与解释；
> 当没有任何错误时，请进行夸赞；
> 你的讲解过程均使用中文，且必须使用 Markdown 格式回答。
> 根据以下对话示范和要求来帮助用户提升英文能力：

对话示范 1：

"""

用户：你好

ChatGPT：

"""

翻译：

正确的表达应该是"Hello"

解析：

这句话涉及的语法知识如下：

1. 形容词的比较级：……

2. 副词的用法：……

3. ……

单词问题：……

"""

对话示范 2：

用户：good good stady and 天 天 up

ChatGPT：

"""

翻译：

正确的表达应该是"Good study and day by day up"

解析：

这句话涉及的语法知识如下：

1. 形容词的比较级：good（好）是形容词的原级，而 day by day up 中的 up 表示更好，因此可以理解为"越来越好"。这里使用了比较级的形式。

2. 副词的用法：day by day（一天天地）是一个副词短语，用来修饰 up。副词可以用来修饰动词、形容词或其他副词，表示程度、时间、方式等。

3. ……

单词问题：stady 的正确英文拼写为 study。

"""

"对对方的发言进行解析"功能用于对第二人称语言进行指导。

你是一个英语教练，请将这段话翻译成中文，并以中文讲解其中的一些英语知识，以帮助我更好地学习英语。你被禁止一切与英语知识无关的回答。

11.2 利用 ChatGPT 自动输出当日新闻资讯

为了能够快速了解全球 AI 发展，车库团队每天会用 ChatGPT Plus 的 NewsPilot 和 AI News Roundup 插件检索全球 AI 资讯。我们将这个工作方式推广给身边很多朋友，但因种种原因，很多人没有 ChatGPT Plus 权限，因此我们尝试了 ChatGPT-3.5 + Web Access 浏览器插件的方式，达到了类似的效果。

11.2.1 准备工作

安装浏览器插件 Web Access，并创建一个新的 Web Access 提示词。这是一个可选步骤，默认提示词也可以很好地输出。但在多次尝试后我发现，JSON 格式对后期的格式转化会令 ChatGPT-3.5 的表现会更可控。以下是我自己写的一个 Web Access 提示词，可以参考。

> 提示词：今天几号，现在几点？
> AI 回答：{current_date}
> 提示词：{query}
> AI 回答：
> '''
> {web_results}
> '''
> 提示词：以上新闻的 JSON 格式是什么？
> AI 回答：以下代码框中的内容，是包含了标题、内容、来源媒体名称、URL、发布时间的 JSON 格式：

11.2.2 查新闻（并获取 JSON）

1）打开 Web Access 并执行以下指令（可尝试将其中的"AI"改为你的行业关键词）。

> What are the news in AI today?

2）翻译为中文（也可以是其他你想要的语言）。执行以下指令：

> 翻译成中文，重新输出：

3）以 Markdown 格式输出。

执行以下指令。可在指令的"格式示例"中增加你需要的内容：标题、摘要、媒体名称、URL、发布时间。

> 接下的任务是代码格式转化。
>
> 格式示例：
>
> '''
>
> ### 短标题（这一行用 3 号大字体）；
>
> 100 个汉字以内的内容摘要，这一行使用普通小字体；
>
> '''
>
> 以下代码框中的内容是将 JSON 格式一条条转化为 Markdown 格式的重新输出：
>
> （略）

4）人工审查并制作资讯快报。将上一步输出的内容粘贴到一个支持 Markdown 格式的编辑器（如 wolai.com）中进行审查和编辑。

5）截长图。可使用浏览器插件 FireShot 生成长图。

11.3　利用 UE 创建数字人

程序员在实际工作和学习中积累了大量宝贵的知识与经验，然而，有些优秀的程序员可能在表达能力方面存在一些短板。在这种情况下，数字人的出现提供了一个理想的解决方案，能够有效弥补这一不足。

通过与数字人进行互动，程序员能够将他们的专业知识和经验传递给更广泛的受众，而无须担心沟通障碍。数字人具备逼真的外貌、流畅的语言表达能力和交互功能，能够以更具吸引力和易理解的方式呈现复杂的技术概念。这使程序员能够更好地与其他开发者、学习者和潜在客户进行交流，并建立个人影响力。

随着语音识别和 TTS（文字转语音）等技术的不断成熟与完善，创建数字人后，不仅可以显著减轻程序员在镜头前的压力，使他们能够专注于内容创作本身，而不必担心形象和表达，而且可以迅速输出内容，大大提高创作效率。

用 UE 的 MetaHuman 制作数字人上手简单，每个人都能免费使用，在深入学习后还能制作效果逼真、动作流畅的人物形象。

11.3.1　准备工作

1. 硬件要求

要使用 UE 进行数字人建模，一般需要 NVIDIA 的 GTX 系列显卡。GTX 1060 为入门级配置，推荐使用 GTX 2060 及以上显卡和 32GB 内存，这个配置基本能保持软件稳定运行。

2. 软件安装

UE 是一款由 Epic Games 开发的游戏引擎。进入 Epic Games 官网 https://store.epicgames.com/zh-CN/，单击页面右上角的"获取 Epic Games"按钮下载安装包并进行安装。

3. 创建账号

安装完成后，打开 Epic Games Launcher 并创建 Epic Games 账号。

4. 安装引擎

进入软件后单击左边菜单"虚幻引擎"，再依次单击"库"和引擎版本后的"+"，此处我们选择 5.1.x 版本。

5. 安装 MetaHuman

进入虚幻商城，搜索 MetaHuman 插件和 MetahumanSDK 购买（免费）并安装到引擎。

11.3.2 使用 MetaHuman 自带的人物

1. 创建工程

1）依次选择"游戏"→"空白"→"蓝图"，目标平台选择"桌面"。注意路径和项目名称都不要含有中文或空格。MetaHuman 产品界面如图 11-5 所示。

图 11-5 MetaHuman 产品界面

2）新建项目时引擎要编译着色器，需要数分钟甚至更长时间，请耐心等待编译完成。

首先，在工程中添加 MetaHuman 插件。依次选择"编辑"和"插件"选项，查找

metahuman，勾选 metahuman 和 metahumansdk，并重新启动工程。

然后，引入 metahuman 人物。执行以下操作。

第一步，选择"文件"选项，新建关卡，选择 basic，保存。

第二步，选择"窗口"选项，单击 Quixel Bridge，单击右上角登录。选择一个 metahuman 并单击 Download 按钮下载，下载完成后单击按钮"+"将其添加到工程里。单击所有弹出框的"启用缺失"按钮，再重启工程。

第三步，重启后，打开之前创建的关卡，在内容浏览器 metahumans 目录下找到刚才下载的 metahuman（BP_***）并将其拖入关卡中。图 11-6 展示了引入 metahuman 人物后的效果。

图 11-6　引入 metahuman 人物后的效果

2. 接受文字输入并显示

我们用一个带按钮的文本框模拟与数字人交互的界面。首先打开关卡蓝图，图 11-7 所示为模拟与数字人交互的界面。

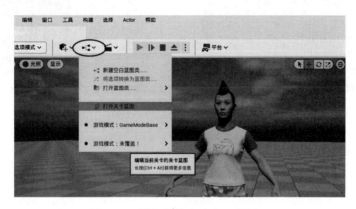

图 11-7　模拟与数字人交互的界面

❑ 从"事件开始运行"开始，添加节点"创建控件"，class 选择"WBP Demo Chat"。

❑ 绑定事件时，添加节点"分配 onsend"。注意，有三个同名选项，一般选择第三个。如果类型不匹配，可以尝试选择其他选项。绑定事件后，我们直接将内容输出到屏幕上。图 11-8 展示了接受文字输入后的结果页面，图 11-9 展示了编译后的运行界面。

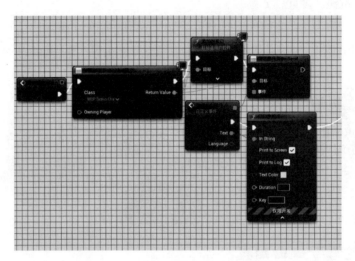

图 11-8　接受文字输入后的结果页面

图 11-9　编译后的运行界面

3. 数字人连接 ChatGPT 对话

连接 ChatGPT 时我们要用到插件 OpenAI API。图 11-10 所示为接入 OpenAI API 的界面。

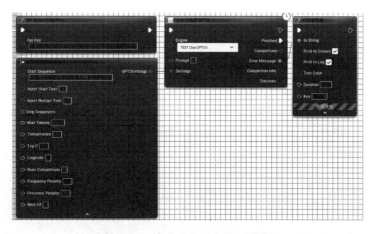

图 11-10　接入 OpenAI API 的界面

这样，数字人就具备了对话的能力。图 11-11 所示为数据人具备对话能力后的界面。

图 11-11　数字人具备对话能力后的界面

4. 让数字人开口说话

要让数字人开口说话，首先要将 ChatGPT 返回的内容变成声音。在 UE 中我们要用到 AZSpeech 这个插件。图 11-12 所示为 AZSpeecch 插件的界面。

图 11-12　AZSpeech 插件界面

另外，AZSpeech 的 Speech to Text With Default Options 组件可以进行语音识别，有了这个功能，数字人就有了"耳朵"。

1）有了声音，我们可以利用 MetahumanSDK 根据声音自动生成嘴型动画。图 11-13 所示为 MetahumanSDK 的产品界面。

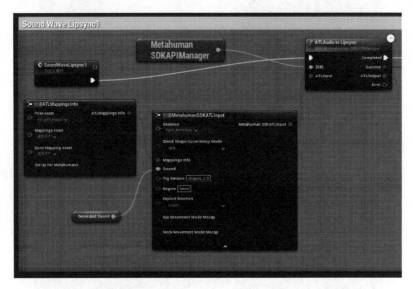

图 11-13　MetahumanSDK 产品界面

2）与头部网格体绑定播放动画，同时播放音频就可以实现人物说话了。图 11-14 展示了动画与音频的合成界面。

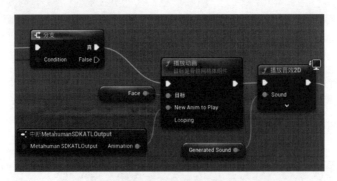

图 11-14　动画与音频合成实现人物说话

11.3.3　进阶实战

本节先来了解几种人物建模方式，之后我们可以按自己的形象创建特定的数字人。

1. 创建自己的数字人形象

下面介绍几种常用的建模方式。

1）FaceGen Modeller 建模。导入左、中、右三张头像照片即可生成头部模型，图 11-15 所示为生成头部模型的界面。

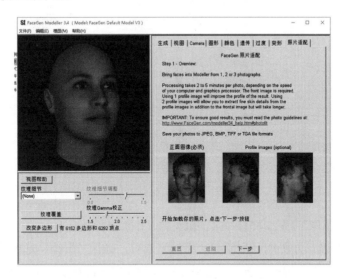

图 11-15　FaceGen Modeller 生成头部模型的界面

生成后，输出为 obj 文件就可以导入 UE 了。

2）Blender 建模。Blender 是一款免费建模软件，可以十分精确地控制模型的细节。进入 Blender 官网下载该软件，软件安装成功后，需要安装 FaceBuilder 插件。图 11-16 所示为 Blender 界面。

图 11-16　Blender 界面

然后单击主窗口右侧的 FaceBuilder，再单击"新建人头"按钮。图 11-17 所示为 Blender
新建人头界面。

图 11-17　Blender 新建人头界面

再单击"添加图像"，至少要有一张正面头像，添加左前方、右前方、正左侧、正右侧和
背面的照片能更准确、方便地调整模型。添加完成后，确保"拓扑"选项设置为 high poly。
再选中照片，单击"对齐面部"按钮，之后就可以拖动网格进行精调了。图 11-18 和图 11-19
所示分别为网格精调界面和网格精调效果。

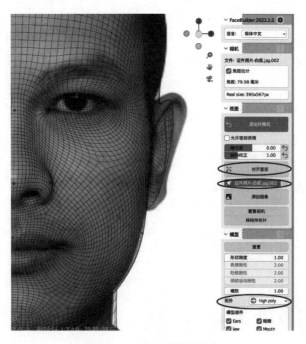

图 11-18　网格精调界面

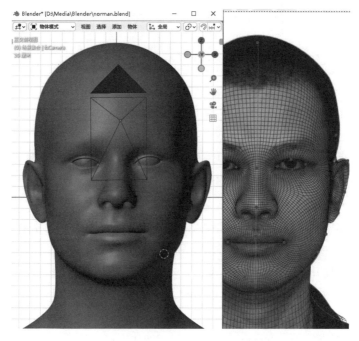

图 11-19　网格精调效果

网格调整完毕后，单击"创建纹理"按钮，选择需要生成纹理的照片，单击"确认"按钮。纹理图片可以在 Photoshop 中进行优化处理。在导出前，将位置和旋转归零。

随后，单击"导出为 FBX"按钮导出模型。在弹出的导出窗口进行如下设置：

❑ 将"路径模式"设置为"复制"，同时选中路径模式下拉框右侧的"内嵌纹理"选项；
❑ 在"物体类型"选项中，在按住 <Shift> 按键的同时选中"骨架"和"网格"选项；
❑ 在"几何数据"设置中将"平滑"选项设置为"面"；
❑ 取消勾选"烘焙动画"选项。

最后确认导出。

使用 Blender 同样可以导入 FaceGen Modeller 创建的 obj 类型的模型进行进一步的调整优化。

3）MetaHuman Animation 建模。MetaHuman Animation 是 UE 于 2023 年 6 月发布的功能，它允许用户通过手机快速创建模型。具体步骤如下：首先，在一台 iPhone 13 以上型号的手机上安装 Live Link Face；然后，打开 Live Link Face，模式选择 Metahuman Animator，拍摄头部视频后，单击左下角镜头试拍浏览器，单击拍摄的视频，再单击右上角的"导出"按钮将视频发送到计算机进行保存。

没有 iPhone 13 以上型号手机的读者可以安装 Ploycam 进行建模。建模完成后，导入

Blender 进行后期处理。在处理过程中注意，只保留脸部和脖子裸露皮肤的部分，其余部分全部删除。

2. 导入模型到 UE，创建 MetaHuman

（1）由 obj、fbx 文件创建 MetaHuman

1）打开之前创建的工程，在内容目录下新建一个文件夹 ImportedModels，再在 ImportedModels 下新建一个人物文件夹。

2）把 fbx 文件拖入这个人物文件夹中，在弹出窗口中单击"导入"按钮。

3）在人物文件夹的文件列表空白处右击鼠标并依次选择 Metahuman→"Metahuman 本体文件"，在对文件进行命名后将其打开。

4）点击网格体中的组件，选择刚才导入的网格体，此时模型应正对屏幕，如果没有正对屏幕，可以手动调整视角，最后使头部居中，占据屏幕大部分空间。

5）依次单击"提升帧"→"追踪活动帧"→"MetaHuman 本体解算"。

6）此处建议增加左前、右前两个角度的帧，角度不宜过大，每帧都可进行微调。

7）选择合适的身体。

8）单击"网格体转 MetaHuman"，成功后关闭本体窗口。

9）单击"窗口"菜单，打开 Quixel Bridge。单击 My Metahumans，选中第一个，在右下角选择 Highest Quality 选项，单击 Start MHC 选项。

10）在 MetaHuman Creator 主页选择 OE 5.1 引擎，单击自定义网格体，启用编辑，调整区域影响。图 11-20 所示为 MetaHuman Creator 自定义网格体界面。

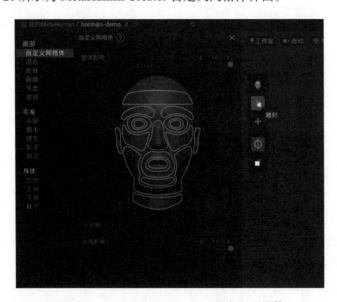

图 11-20　MetaHuman Creator 自定义网格体

单击"雕刻"图标，拖动面部的点以调整面部形态。图 11-21 所示为面部雕刻界面。

11）设置人物皮肤、外貌和衣着。图 11-22 所示为相关设置界面。

图 11-21　面部雕刻界面

图 11-22　设置人物皮肤、外貌和衣着的界面

（2）由 MetaHuman Animation 创建 MetaHuman

1）在计算机上配置 MetaHuman Animator。新建一个 5.2 引擎空白工程，在"内容"目录下右击"MetaHuman 动画器"，再单击"捕捉源"。打开捕捉源类型的配置文件，在 Capture Source Type 选项下选择 LiveLinkFace Archives，将 Storage Path 设置为手机捕捉的面部视频的保存目录。

2）单击"工具"菜单，打开捕捉管理器即可看到保存的面部视频，单击"添加到队列"按钮加入工程中。

3）此处创建 MetaHuman 本体的操作有所不同。在内容浏览器中右击"Metahuman 动画器"，选择"MetaHuman 本体"。

4）打开本体文件，创建组件时选择"从镜头中"选项，选择从 iPhone 中导入的捕获数据。图 11-23 所示为导入捕获数据界面。

5）拖动镜头时间轴来选择画面，依次创建正面、左前、右前三个角度的活动帧，再进行网格体追踪网格标记、本体解算、网格体转 MetaHuman。

图 11-23　导入捕获数据界面

注意，由于 MetaHuman Animation 运行于 5.2 版本的 UE，它生成的 MetaHuman 和 5.0、5.1 版本生成的 MetaHuman 不兼容。

（3）在工程中使用自建的 MetaHuman

1）重新打开 Quixel Bridge，单击 Download 按钮下载 MetaHuman，下载完成后单击"+"按钮将其添加到工程中。选择当前人物路径下的网格体。MetaHuman 网格体中，男性人物以 m（male）开头，女性人物以 f（female）开头。

2）添加成功后，在 MetaHuman 目录下找到角色，添加到关卡中即可。

3. 降低数字人响应延迟 90% 的必做操作

此时，我们的数字人存在的最大问题是响应过慢，有时 ChatGPT 的回答比较长，数字人可能要几十秒才能做出回答。为了解决这个问题，我们需要从以下几个方面来优化。

（1）ChatGPT 流式响应

这里要用到的插件是 HttpGPT。ChatGPT 是一个字一个字地回答的，每当接口有响应时，我们就要开始处理，而不是等到 ChatGPT 全部回答完成后再处理。图 11-24 展示了 ChatGPT 流式响应路径。

（2）分句

我们接收到的回答会以句子为单位向 TTS 请求语音和音素数据，这里我们用到的插件是 ProgressiveStringSpliter。

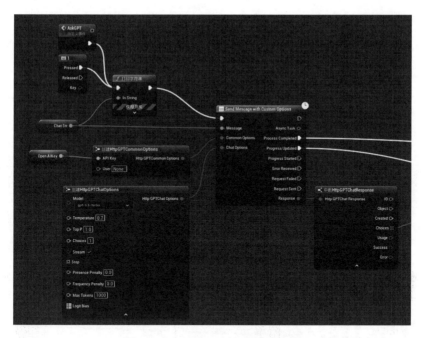

图 11-24　ChatGPT 流式响应路径

（3）声音和嘴型同时处理

为了同时获取语音和音素数据，我们需要发送 SSML（语音合成标记语言）格式的请求。图 11-25 展示了发送 SSML 格式请求的路径。

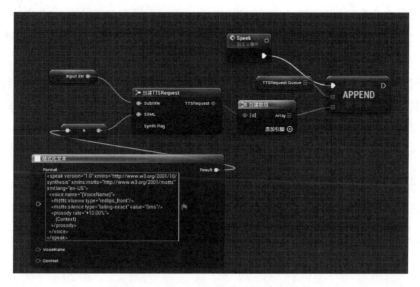

图 11-25　发送 SSML 格式的请求路径

创建请求后会用到 AZSpeech 插件，使用 SSML To Sound Wave with Default Options 组件发送请求。图 11-26 展示了利用 AZSpeech 插件发送请求的路径。

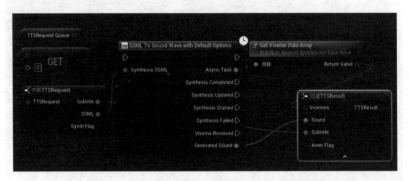

图 11-26　利用 AZSpeech 插件发送请求的路径

这样我们就同时获得了声音和嘴型数据，嘴型数据可以直接用于驱动嘴型动画。经过这些优化后，数字人的响应时间缩短到 2s 左右，基本能够满足各种场合的需求。

4. 扩展功能

UE 是非常强大的开发平台，有很丰富的开发生态资源。我们还可以为数字人加上肢体动作、接受语音输入功能，如果想用数字人来做直播，还可以为他加入读取弹幕的功能。

5. 其他数字人介绍

（1）视频数字人

视频数字人的原理是根据预先录制好的视频，通过语音驱动人物嘴型变化。可以利用文本合成技术（TTS）将文本转化为语音。因此，录制好一段素材视频之后，只需编写适当的文案，就能轻松生成新的内容视频。

它的优点在于，生成的内容视频基本符合本人的特征和形象；而它的局限性在于，只能改变人物的嘴型，无法改变人物的姿态或进行其他身体动作。我们使用开源项目 Video ReTalking 生成视频。

1）准备系统环境。需要先安装 Conda 来管理 Python 环境和包。可自行在 Conda 官网上下载。安装完成后执行以下代码：

```
git clone https://github.com/vinthony/video-retalking.git
cd video-retalking
conda create -n video_retalking python=3.8
conda activate video_retalking
conda install ffmpeg
# Please follow the instructions from https://pytorch.org/get-started/previous-
versions/
# This installation command only works on CUDA 11.1
pip install torch==1.9.0+cu111 torchvision==0.10.0+cu111 -f https://download.
```

```
pytorch.org/whl/torch_stable.html
pip install -r requirements.txt
```

想了解该开源项目的更多内容请访问 https://github.com/OpenTalker/video-retalking。

2）拍摄视频素材。拍摄视频素材时脸部占比不要太大，脸部占比过大不仅可能导致报错，还会降低视频质量，所以尽量拍摄半身或全身视频。

3）根据文案生成 WAV 声音文件。可以利用免费工具 TTSMaker 生成音频文件，该工具的网址是 https://ttsmaker.com/zh-cn。

4）生成新的内容。准备好素材后就可以执行生成代码了，具体命令如下：

```
python inference.py  --face projects/norman/norman.mp4  --audio projects/norman/
myhometown.wav  --outfile results/norman-myhomtown.mp4
```

成功生成需要 7 个步骤。图 11-27 所示为执行生成代码的过程。

图 11-27　执行生成代码的过程

生成视频比较耗费时间，在 GTX 3090 显卡上生成 10s 长的视频要花费三四分钟。

（2）图片数字人

图片数字人是以高清图片作为素材，由 D-ID、HeyGen 等工具生成的视频内容。其优点是数字人形象多变，简单易学，成本低廉，缺点是数字人不能灵活地做出动作。

比尔·盖茨在第一次体验 ChatGPT 时就认为，这是自图形用户界面出现以来最重要的技术进步。有 AI 加持的数字人不仅能成为我们的好助手，还将深刻地改变人类和计算机系统的交互方式。程序员学好、用好数字人在 AI 大时代能获得更大的竞争力，获得更多的成功机会。

Chapter 12 | 第 12 章

软件架构师如何使用 AI 技术提升工作效率

架构师是软件开发领域的专家，主要负责制定高层次的设计决策，尝试执行技术标准（包括软件编码标准、工具和平台），为相对复杂的场景进行设计，引导一个或多个研发团队实施结构化软件系统的设计和研发，以及确保系统稳定运行。本章从架构师的工作范畴出发，探讨如何用 AI 来辅助架构师开展各项工作。

12.1 架构师的类型

在了解如何使用 AI 提升架构师效率之前，我们先了解一下架构师有哪些类型，每一类架构师的日常工作是什么。业界并没有形成对架构师的固定和清晰的类型划分，以下根据负责的内容领域列出了常见的架构师类型。

- ❑ 软件架构师：负责设计软件的整体结构和组件，主要关注软件系统的模块化、可扩展性、性能和安全性。他们需要与开发团队紧密合作，保证开发过程中的技术选型、编码规范和架构设计能够满足项目需求。
- ❑ 系统架构师：关注整个计算系统的设计，包括硬件、软件和网络。他们主要负责设计和实施计算系统的基础设施，确保系统能够满足性能、可靠性、安全性等方面的需求。
- ❑ 企业架构师：负责设计企业级的信息系统架构，关注业务需求与技术实现之间的

匹配度。他们需要分析公司的业务流程、组织结构和信息系统，以确保技术解决
方案能够有效地支持企业的战略目标。

❑ 数据架构师：专注于设计数据管理和处理的系统架构。他们需要确保数据的存储、
处理、分析和传输能够满足业务需求，同时关注数据的完整性、安全性和一致性。

❑ 网络架构师：负责设计和实施计算机网络的基础设施，包括局域网、广域网、互
联网和企业内部网络。他们需要关注网络的性能、可靠性、安全性和扩展性，确
保网络能够支持企业的业务发展。

❑ 安全架构师：关注信息系统的安全性，主要负责设计和实施安全策略、防护措施
和监控机制。他们需要确保信息系统能够抵御各种安全威胁，同时满足合规性和
隐私保护的需求。

不同类型的架构师在具体工作内容上有所侧重，但都需要具备较强的技术背景、分析问
题和解决问题的能力，以及良好的沟通和协作能力。在了解了几种架构师类型后，接下来以
互联网中常见的软件架构师为例详细分析 AI 在其工作中的作用。

12.2 软件架构师的工作职责

软件架构师通常需要承担以下工作职责：

❑ 技术战略设计：根据企业的业务需求和发展目标设计相应的技术战略，包括技术
选型、架构设计、技术标准和最佳实践等。

❑ 架构设计：负责软件系统的整体架构设计，确保系统具有良好的可扩展性、可维
护性、性能、安全性等。同时，关注新技术的引入和创新，促进技术持续改进和
优化。

❑ 技术评估与选型：评估不同技术方案的优缺点，为项目提供技术建议和支持，确
保技术方案能够满足项目需求，降低技术风险。

❑ 技术标准制定：制定软件开发过程中的技术标准和规范，包括编码规范、设计原
则、性能指标等，确保团队遵循统一的技术规范，从而提高软件质量。

❑ 技术团队建设：培养和指导团队成员，提高团队的技术能力和水平。组织技术培
训、分享和讨论，促进团队的技术交流和成长。

❑ 技术难题攻关：针对项目中的关键技术问题进行深入研究和探讨，提供解决方案
和建议，确保项目顺利进行。

❑ 跨团队协作：与其他团队（如产品、运维、测试等团队）密切沟通和协作，确保技

术方案能够满足各方面的需求，为整个项目的顺利推进提供技术保障。

❑ 项目管理：参与项目的规划、进度跟踪、风险管理等工作，确保项目能够按照预期目标顺利完成。

❑ 技术文档撰写：撰写技术文档，包括架构设计文档、技术方案文档、技术标准文档等，为团队提供技术指导和参考。

由上可见，软件架构师需要具备丰富的技术知识、项目经验和管理能力，并且日常工作涉及技术战略设计、技术评估与选型、技术标准制定、技术团队建设、跨团队协作、项目管理、技术文档撰写等众多内容。下面就从中选取几项核心工作，探讨 AIGC 能在其中发挥的作用。

12.3　AI 辅助软件架构师实践

软件架构师要熟悉业务和需求，并且要掌握非常全面的技术。本节尝试用 ChatGPT 辅助进行技术战略设计、技术团队建设、技术难题攻关、跨团队协作和项目管理。

12.3.1　技术战略设计

我们以梅沙教育的智慧校园系统为案例，运用 AI 技术进行技术战略设计。

❓ Prompt

梅沙教育作为世界 500 强万科集团"城乡建设与生活服务商"战略的重要业务板块，致力于成为中国素质教育的引领者，为 2～18 岁青少年儿童提供全时全程全能的素质教育。截至目前，梅沙已拓展至深圳、广州、上海、佛山、厦门等多个城市，业务覆盖 K12 全日制学校教育、学前教育、户外教育及课程研发等多个业务领域，努力培养学力卓越、具有全球视野与挚爱特长的未来领袖人才。你是梅沙教育集团科技中心的高级架构师，请为梅沙教育集团的智慧校园系统进行技术战略的设计，包括技术选型、架构设计、技术标准和最佳实践等，分别就几个要点进行详细设计。

◎ ChatGPT

作为梅沙教育集团科技中心的高级架构师，为梅沙教育集团的智慧校园系统进行技术战略设计，可以从以下几个要点进行详细设计。

技术选型

前端技术：采用目前主流的前端框架（如 React、Vue.js 或 Angular）进行开发，以实现良好的用户体验和高效的开发效率。

后端技术：根据项目需求和团队技能选择合适的后端技术（如 Java、Python、Node.js 等）以及相应的框架（如 Spring Boot、Django、Express 等）。

数据库：根据数据类型和查询需求选择合适的数据库（如关系数据库 MySQL、PostgreSQL，或非关系数据库 MongoDB、Redis 等）。

云服务：利用云计算平台（如阿里云、腾讯云、AWS 等）提供的基础设施和服务，简化部署和运维工作，提高系统的可用性和可扩展性。

架构设计

微服务架构：将系统拆分为多个独立的、可独立部署和扩展的服务，提高系统的可维护性和可扩展性。

容器化部署：采用容器技术（如 Docker 和 Kubernetes）进行应用部署，实现资源的灵活管理和快速部署。

API 网关：使用 API 网关统一管理和调度各个微服务，实现负载均衡、鉴权、限流等功能，提高系统的可用性和安全性。

消息队列：采用消息队列（如 RabbitMQ、Kafka 等）进行系统间的异步通信，提高系统的响应速度和可扩展性。

技术标准

编码规范：制定统一的编码规范，包括命名规则、代码格式、注释规范等，提高代码的可读性和可维护性。

代码审查：实施代码审查机制，确保代码质量高，能够及时发现和修复问题。

自动化测试：编写单元测试、集成测试和性能测试，实现自动化测试流程，确保系统的稳定性和可靠性。

持续集成与持续部署：采用 CI/CD 工具（如 Jenkins、GitLab CI/CD 等），实现自动化构建、测试和部署，提高开发效率和质量。

最佳实践

敏捷开发：采用敏捷开发方法，实现快速迭代和高效交付。

设计模式：运用合适的设计模式，提高代码的可复用性和可扩展性。

性能优化：关注系统性能，进行性能调优，提高系统的响应速度和可扩展性。

安全防护：实施安全策略，保护系统和数据的安全性。

通过以上技术战略设计，我们可以为梅沙教育集团打造一个稳定、高效、可扩展的智慧校园系统，满足不同业务领域的需求，助力梅沙教育集团成为中国素质教育的引领者。

对于这里的技术战略，ChatGPT 可以根据它所学习的语料给出一个相对完整的启示，真正的技术战略要基于公司业务战略的需要来设计。例如梅沙教育要打造一个适用于多所学校的智慧校园系统，要适应支持拿其中一所学校做试点的迭代模式，就要选择能小步快跑的敏捷开发模式。要高效开发，就要结合国内开发人员技术特点选用 Vue.js 等前端框架，不用重复造轮子。

对于一个从零开始的项目，ChatGPT 的确能为我们提供相对全面的技术视野，避免我们受到自身视角的局限，并提升了效率。

12.3.2 技术团队建设

技术团队建设：培养和指导团队成员，提高团队的技术能力和水平。组织技术培训、分享和讨论，促进团队的技术交流和成长。

❓ Prompt

你是一位经验丰富的高级架构师，请讲述你是如何进行技术团队建设的，有哪些原则和方法。请详细讲述，并且用现实发生的技术团队案例进行辅助说明。

⑥ ChatGPT

作为一位经验丰富的高级架构师，我非常重视技术团队的建设。为了建立一个高效、创新和有凝聚力的技术团队，我通常会遵循以下原则和方法：

明确团队目标和愿景：我们需要确定团队的目标和愿景，并确保每个成员都能理解和认同。这将有助于确保团队在同一个方向上为实现目标共同努力。

招聘优秀的人才：一个优秀的技术团队需要有才华横溢的人才。在招聘过程中，我们要确保吸引到具有不同技能和背景的人才，以便形成互补的技能组合。此外，对于候选人的评估，除了技术能力之外，还要关注他们的沟通能力、团队协作能力和学习能力。

培训和发展：为了确保团队成员能够不断成长，我们会定期安排培训和研讨会，以便团队成员学习新技术、分享经验和解决问题。同时，鼓励团队成员参加行业会议和技术分享活动，提升自己的技术视野。

良好的团队文化：建立一个积极向上、支持创新和拥抱变革的团队文化至关重要。我们要鼓励团队成员提出新想法，即使这些想法可能会颠覆现状。同时，我们要建立一个可以相互信任和支持的氛围，让团队成员在遇到问题时相互帮助。

有效的沟通和协作：作为团队的负责人，我会确保团队成员之间的沟通畅通无阻。定期的技术会议和项目评审会议可以帮助团队成员了解项目进展与交流技术难题。此外，我们还可以使用各种协作工具（如 Jira、Confluence 等）来提高团队协作的效率。

建立激励机制：为了激励团队成员更好地工作，我们需要建立合适的激励机制，如奖金、晋升、表彰等。同时，我们要关注团队成员的职业规划，帮助他们实现职业发展。

现实案例：在我之前就职的一家互联网公司，我们创建了一支负责开发一款移动应用的技术团队。在团队建设过程中，我们遵循了以上原则和方法。通过招聘优秀的人才、培训和发展人才、建立良好的团队文化、建立有效的沟通和协作以及激励机制，我们如期开发出这款应用并在市场上取得了很好的反响。事实证明，遵循这些原则和方法，我们的技术团队能够高效地工作，实现项目目标，为公司创造价值。

继续追问。

❓ Prompt

知名的科技公司，例如谷歌、微软、亚马逊、阿里巴巴、腾讯、华为等，有哪些具体的技术团队建设方法和案例值得参考？

⑤ ChatGPT

谷歌、微软、亚马逊、阿里巴巴、腾讯、华为等知名科技公司的技术团队建设方法和案例具有以下特点：

强调创新：这些公司非常重视技术创新，他们鼓励员工提出新想法，甚至有专门的创新实验室和研究院。例如，谷歌有一个名为"20% 时间"的政策，允许员工将 20% 的工作时间用于自己感兴趣的项目，以推动创新。许多知名的谷歌产品，如 Gmail 和 Google Maps，就是在这种政策下诞生的。

投资人才：这些公司非常重视人才的招聘和培养。他们会投入大量的资源，如优厚的薪酬和福利以及良好职业发展机会，来吸引和留住顶尖人才。例如，腾讯有一个名为"腾讯班"的培训项目，专门为新入职的员工提供为期一年的技术培训和实践。

高度的自主性和责任心：这些公司通常赋予团队相当高的自主权，让团队自己决定如何解决问题和实现目标。例如，亚马逊有一个名为"双重责任制"的管理原则，即每个团队既要负责自己的业务，也要对其他团队的成功负责。

跨部门合作：这些公司鼓励跨部门合作，以促进知识共享和经验积累。例如，阿里巴巴有一个名为"马蹄铁计划"的跨部门合作项目，让员工可以在不同的业务部门轮岗，以便更好地了解公司的全貌。

数据驱动决策：这些公司非常重视数据分析，他们会利用大量的数据来指导产品和技术决策。例如，谷歌在其产品开发过程中会充分利用 A/B 测试和数据分析，以确保产品的优化和改进方向是正确的。

开源和社区参与：这些公司通常会积极参与开源社区，并贡献自己的技术资源。例如，微软在近年来逐渐转变为开源友好的公司，积极参与和支持各种开源项目，如 .NET Core 和 Visual Studio Code 等。

强调敏捷开发和持续集成：这些公司通常会使用敏捷开发方法和持续集成工具，以提高开发效率和产品质量。例如，华为在其软件开发过程中大力推行敏捷开发和 DevOps 文化，以便更快地响应市场变化和客户需求。

通过参考这些知名科技公司的经验和方法，我们可以更好地建设自己的技术团队。

这部分对我们的启示是，强调创新、招聘优秀人才、积极参与开源社区都可以作为我们建设技术团队时的指导。

12.3.3 技术难题攻关

软件架构师除了从整体上进行系统架构外，还要关注难点细节。我们可以让 AI 帮我们罗列出可能的风险点。

❷ Prompt

在进行智慧校园系统设计和研发的过程中，可能会遇到哪些技术难题？请尽可能全面地进行技术难题预测，以便我们提前做好技术架构设计。对于这些难题，请给出解决方案和建议，以确保真正遇到时项目能够顺利进行。请结合具体案例进行说明和讲解。

⑯ ChatGPT

在进行智慧校园系统设计和研发的过程中，可能会遇到以下技术难题：

1. 系统集成与兼容性：智慧校园涉及多个子系统，如教务管理、门禁考勤、智能监控、设备管理等。这些子系统可能使用不同的技术和平台，因此系统集成和兼容性可能成为一个技术难题。

解决方案：设计统一的接口标准和数据交换格式，以使各个子系统可以顺利对接。同时，在项目初期进行技术选型时，尽量选择成熟、稳定且具有良好生态的技术和平台。

案例：某智慧校园项目采用了微服务架构，将各个功能模块拆分成独立的服务，通过 RESTful API 进行通信。这样做既降低了系统集成的复杂性，又提高了系统的可扩展性和可维护性。

2. 数据安全与隐私保护：智慧校园系统涉及大量的学生、教职工个人信息和教学数据，如何确保数据安全与隐私保护是一个关键问题。

解决方案：采用加密技术对敏感数据进行保护，确保数据在传输和存储过程中的安全性。同时，制定严格的数据权限管理策略，确保只有授权用户才能访问相关数据。

案例：某智慧校园项目在设计时采用了 HTTPS 进行数据传输，并对敏感数据进行了加密存储。同时，项目还引入了权限管理系统，对不同角色的用户进行权限控制，确保数据安全。

3. 大数据处理与分析：智慧校园系统需要收集和处理大量的数据，如学生考勤、成绩、行为等。如何有效地存储、查询和分析这些数据是一个技术挑战。

解决方案：采用 Hadoop、Spark 大数据处理技术等进行数据存储和分析，同时对数据进行预处理，以提高查询效率。

案例：某智慧校园项目采用 Hadoop 存储大量的学生行为数据，利用 Spark 进行数据处理和分析，为教育管理者提供有针对性的教学改进建议。

4. 人工智能技术应用：如何利用人工智能技术，如图像识别、语音识别、自然语言处理等，为智慧校园提供更智能的服务是一个技术难题。

解决方案：结合实际需求，选择合适的人工智能技术并进行应用。例如，利用图像识别技术设计人脸识别门禁，利用自然语言处理技术为学生提供智能问答服务等。

案例：某智慧校园项目采用了人脸识别技术进行门禁管理，提高了出入管理的效率和安全性。项目还利用自然语言处理技术开发了一个智能问答系统，帮助学生解答课程相关问题。

5. 系统稳定性与可扩展性：随着用户数量的增长和业务需求的变化，如何确保系统的稳定性和可扩展性是一个技术难题。

解决方案：采用微服务架构、负载均衡、缓存等技术来提高系统的稳定性和可扩展性。

案例：某智慧校园项目采用了微服务架构来实现各个功能模块的独立部署和扩展。同时，项目还引入了负载均衡和缓存技术，以应对高并发请求和提高系统响应速度。

通过预测可能遇到的技术难题，我们可以在项目设计和研发阶段更好地应对这些问题，以确保项目的顺利进行。

这部分可以作为提前了解有哪些技术难题的参考，真实项目中的技术问题要远比这个多。

12.3.4　跨团队协作

在大型企业中进行系统研发，跨团队协作是一个巨大的难题，架构师必须与其他团队（如产品、运维、测试等）密切沟通和协作，确保技术方案能够满足各方面的需求，为整个项目的顺利推进提供技术保障。下面运用 AI 技术进行跨团队协作难题的预测并给出建议，以帮助架构师未雨绸缪，提前做好跨团队协作的准备，保障系统研发的顺利进行。

❓ Prompt

在大型企业中进行系统研发，跨团队协作是一个巨大的难题，架构师必须与多个团队密切沟通和协作，确保技术方案能够满足各方面的需求，为整个项目的顺利推进提供技术保障。请进行跨团队协作难题的预测，分别考虑业务部门、产品团队、设计团队、研发团队、测试团队、运维团队等的协作场景，并给出协作建议，以帮助架构师未雨绸缪，提前做好跨团队协作的准备，保障系统研发的顺利进行。

⑤ ChatGPT

在大型企业进行系统研发的过程中，确实存在着跨团队协作的难题。架构师需要与业务部门、产品团队、设计团队、研发团队、测试团队和运维团队等多个团队密切沟通与协作。以下是针对不同协作场景的预测和建议：

业务部门

难题预测：业务部门对系统的需求可能不明确或者会随着市场环境的变化而变化，导致需求变更频繁。

协作建议：架构师应与业务部门保持密切沟通，确保对业务需求有准确的理解。制定灵活的技术方案，以便应对需求变更。同时，为业务部门提供培训和支持，帮助他们更好地理解技术实现的可行性和局限性。

产品团队

难题预测：产品团队的需求设计可能不符合技术实现的原则，或者在实际开发过程中遇到技术难题，导致方案需要调整。

协作建议：架构师需要与产品团队紧密合作，确保产品设计的可行性和技术实现的合理性。在产品设计阶段，架构师可以参与需求评审和技术可行性分析，为产品团队提供技术支持和建议。

设计团队

难题预测：设计团队的视觉和交互设计可能不符合技术实现的标准，导致开发困难。

协作建议：架构师应与设计团队保持沟通，确保设计符合技术实现的要求。在设计阶段，架构师可以参与设计评审，为设计团队提供技术指导，确保设计的技术可行性。

研发团队

难题预测：研发团队在开发过程中可能遇到技术难题，导致开发延期或者技术方案需要调整。

协作建议：架构师应与研发团队紧密合作，为他们提供技术支持和指导。在开发阶段，架构师可以定期参与技术讨论和代码审查，确保技术实现的质量和一致性。

测试团队

难题预测：测试团队在测试过程中可能会发现系统存在缺陷或者性能问题，需要架构师协助解决。

协作建议：架构师与测试团队保持密切沟通，及时了解测试进展和问题。对于测试过程中发现的问题，架构师应与研发团队共同分析和解决，确保系统的稳定性和可靠性。

运维团队

难题预测：运维团队在部署和监控过程中可能会遇到环境配置、性能优化等问题，需要架构师的支持。

协作建议：架构师应与运维团队密切合作，确保系统的顺利部署和稳定运行。为运维团队提供技术支持，包括环境配置、性能优化、故障排查等方面的指导。

通过预测跨团队协作的难题，并制定相应的协作建议，架构师可以有效地应对这些问题，保障系统研发的顺利进行。

❓ Prompt

以智慧校园系统研发为背景，请按照以上的跨团队协作难题分别进行具体的案例预测与解决建议说明。

💬 ChatGPT

以智慧校园系统研发为背景，以下是针对跨团队协作难题的具体案例预测与解决建议。

业务部门

案例预测：业务部门提出了一个实时监控学生上课状态的功能需求，但是由于隐私问题和技术实现难度，该功能可能无法实现。

解决建议：架构师与业务部门保持密切沟通，对需求进行详细分析，提出可行的替代方案，例如通过物联网设备监测教室环境，间接判断学生的上课状态，并在此基础上与业务部门一起确定最终的需求。同时，为业务部门提供培训和支持，帮助他们更好地理解技术实现的可行性和局限性。

产品团队

案例预测：产品团队设计了一个基于学生位置信息的功能，但在实际开发过程中，发现室内定位技术难以满足精确度需求。

解决建议：架构师在产品设计阶段就参与需求评审和技术可行性分析，对技术难点提前预警，并与产品团队共同探讨替代方案，如通过 Wi-Fi 信号强度估算学生位置，或者引入其他辅助定位技术。

设计团队

案例预测：设计团队为智慧校园系统设计了一个复杂的交互界面，但在实际开发过程中，可能会遇到技术实现难度较高的问题。

解决建议：架构师与设计团队保持沟通，确保设计符合技术实现的要求。在设计阶段，架构师可以参与设计评审，为设计团队提供技术指导，确保设计的技术可行性。如有必要，可以与设计团队共同探讨简化界面交互的方式，以降低开发难度。

研发团队

案例预测：在开发智慧校园系统的过程中，研发团队可能遇到性能瓶颈或者技术难题，导致开发进度受阻。

解决建议：架构师应与研发团队紧密合作，为他们提供技术支持和指导。在开发阶段，架构师可以定期参与技术讨论和代码审查，确保技术实现的质量和一致性。对于遇到的技术难题，架构师可以引入新技术或者提出优化方案，帮助研发团队解决问题。

测试团队

案例预测：在对智慧校园系统进行压力测试时，测试团队发现系统在高并发的情况下会出现性能瓶颈。

解决建议：架构师应与测试团队保持密切沟通，及时了解测试进展和问题。对于测试过程中发现的性能瓶颈，架构师应与研发团队共同分析问题根源，例如数据库查询优化、缓存策略等，并制定相应的优化方案，确保系统的稳定性和可靠性。

运维团队

案例预测：在部署智慧校园系统时，运维团队可能遇到环境配置问题，导致系统无法正常运行。

解决建议：架构师应与运维团队密切合作，确保系统的顺利部署和稳定运行。为运维团队提供技术支持，包括环境配置指南、性能优化建议等。同时，可以考虑使用 Docker 等容器技术来简化部署过程，确保环境的一致性。

通过预测具体的跨团队协作难题，并制定相应的协作建议，架构师可以有效地应对这些问题，保障智慧校园系统研发的顺利进行。

下面是一个来自业界知名架构师郭东白的案例。我们将案例交给 GPT 进行分析和回答，并与郭东白自己的解决方案进行比较，看看人工智能和现实中的高级架构师在思维上的差异有多大。

❓ **Prompt**

模拟一个工作场景，假设你是交易域的跨域架构师，一周前刚刚接手这个"烫手山芋"，背景是三个独立的团队分别负责交易、支付和资金领域的开发。昨天公司出现资金损失问题，最直接的原因就是交易团队调整了交易模式，并通知了支付团队。支付团队完成了自己的改造，支付成功后，支付模块将通过调用资金的接口做结算。但是因为资金团队没有收到交易模式调整的通知，所以没有做相应的账户配置变更，导致资金计算错误，公司遭受了不小的损失。

在进行问题追责的时候，三个团队互相指责，责怪来责怪去，谁都不愿承担问题的后果。资金团队不承认问题是自己造成的，认为自己什么都没动，根本没有理由承担这个责任。交易团队认为问题与自己无关，因为他们不直接调用造成资金损失的代码，要怪，也只能怪支付团队做变更时没有通知资金团队。

支付团队同样不认账："支付代码没问题，问题的根本原因也与支付无关。毕竟项目是交易团队发起的，与资金团队沟通不到位，那是交易团队的问题。"同时，讨论中还有人提起架构师也有责任："前任架构师没规划好，你们交接不畅，导致沟通不到位，你有更大的责任，这个资金损失问题的责任肯定得由你承担。"

你如果不想担责，就要以中立方的身份建议应该由哪个团队来担责。不过你仔细想想，哪个团队都得罪不起，最后只好认命，自己来担责。可类似的事情难免再次发生。想想看，如果你是一个有解决跨领域冲突能力的跨域架构师，会怎么处理这个问题呢？

🌀 **ChatGPT**

作为一个有解决跨领域冲突能力的跨域架构师，我会从以下几个方面来处理这个问题。

首先，我会召集三个团队的负责人和关键成员开一个紧急会议，让大家抛开过去的恩怨，共同分析问题的根本原因，寻找解决方案。在会议上，我会强调大家要以公司的整体利益为重，而不是互相攻击和推卸责任。

其次，我会建议成立一个临时的问题解决小组，由三个团队的代表组成，共同负责调查问题、分析原因，并提出解决方案。在这个过程中，我会积极参与，确保各方的意见能够充分表达和平衡。

在问题解决小组的基础上，我会分析各团队在此次事件中的责任，并提出一个合理的责任分配方案。这个方案要能够让各团队接受，同时要遵循公平原则，确保责任能够落到实处。

针对此次事件，我会与各团队一起总结经验教训，制定一套完善的跨团队沟通和协作机制。这套机制应该包括以下内容：明确各团队的职责和权限；设立统一的变更管理流程，确保关键信息能够及时同步；制定相应的风险评估和应急预案，以防类似问题再次发生。

最后，我会向公司领导汇报整个处理过程，并建议对相关制度和流程进行改进，以提升公司在类似问题中的应对能力。同时，我会积极承担自己在此次事件中的责任，并向公司和各团队表示诚挚的歉意。

通过以上措施，我希望能够化解此次跨领域冲突，促进各团队之间的合作与和谐，最终实现公司的长远发展。

再看郭东白对上面这个案例的分析和解决思路。

我们来分析一下这个案例。其实这个案例并不是那么重要，我更期望你从接下来的分析中学会做思想实验的方法。这是在几个团队之间争论不休的场景下，我以架构师的身份做问题裁决时常用的思考方法。

案例里三个团队有各自的局部视角，但是每个团队都缺乏完整的全局视角。我们站在各自的局部视角中，很难判断谁对谁错。

而类似多个团队之间的判责，你可以引入这样一个思考实验：如果不是三个团队，而是一个具备超级大脑的人实现了整个系统，那么他是在什么阶段引入的这个问题呢？

这种思考方式把所有讨论者带到了全局视角。虽然交易团队不直接调用资金团队的接口，但交易团队对资金团队形成了一个隐含依赖。交易的变更必须和相关的资金变更同步，才能保证全局业务语义的一致性。

也就是说，交易团队发起了一个开始原子事务的语句 Begin Transaction，却没有实现结束原子事务 End Transaction 和失败回滚的逻辑。根据这个思想实验，我会判定问题的责任人是交易团队。

因为他们发起了具有原子事务属性的变更，但没有保障相关支付和资金变更的完整性。也就是说，在交易发起一个没有保障的原子事务的那一刻，这个问题就产生了，所以交易团队应该负主要责任。

具体到这个案例，如果团队太大，线下交流无法保障，那么跨域架构师就要在未来系统的设计上，通过机制来保证类似变更的原子性。你可以对交易模式设置版本号，要求相关资金逻辑必须引用对应的版本号才能实施操作。

如果一个订单的版本号校验不通过，就不允许对这个订单做资金流转的操作。我要特别强调一下，跨域架构师千万不能充当和事佬。也就是说，你不能明知道交易团队应该负责任，还是自己来背这个锅。这种态度会影响你发现根本原因，最终无法为负责的领域引入正确架构。架构师必须具备勇气。

如果跨越不了这个障碍，最后你就只能成为一个花式背锅侠。这样一次又一次地背锅，既害了自己也害了团队。因为你的懦弱，本来应该就地解决的问题，最终变成一个跨领域的无人认领的顽疾。从我的观察来看，很多非常优秀的横向领域专家不能成为跨域架构师的主要原因是：缺乏解决跨领域冲突的能力和勇气。其中，勇气往往是更为主要的原因，因为能力可以通过训练甚至是失败后的修正来补齐。

这里有个很有意思的观点，郭东白认为："跨域架构师千万不能充当和事佬……架构师必须具备勇气。"

ChatGPT 给出的建议中有"我会积极承担自己在此次事件中的责任，并向公司和各团队表示诚挚的歉意，"由此看来，根据郭东白的观点，ChatGPT 表现出勇气不足。那么，ChatGPT 是否能甄别在这个案例中哪个团队应该承担主要责任呢？我们追问一下。

❓ **Prompt**

按照上面案例的真实情况，在交易团队、支付团队、资金团队三个团队中，有一个团队是需要承担主要责任的，你判断哪个团队应当承担主要责任？

⚛ **ChatGPT**

在这个案例中，我认为交易团队需要承担主要责任，原因如下：

交易团队作为项目的发起方，调整了交易模式，但没有完全履行好信息同步的职责。虽然他们通知了支付团队，但没有通知资金团队。作为项目发起方，交易团队有责任确保所有相关团队都了解项目变更。

交易团队在项目实施过程中，没有对整个项目的跨团队沟通与协作进行有效的跟进和管理。如果他们能够主动发现沟通不畅的问题，及时协调各方资源，可能会避免此次资金损失问题的发生。

当然，其他两个团队也有一定的责任。支付团队在完成自己的改造后，没有主动与资金团队沟通，确保资金团队了解并处理相应的账户配置变更。而资金团队在发现问题后，没有积极寻求解决方案，而是选择推卸责任。

综上所述，交易团队应承担此次事件的主要责任，但其他团队也应从中吸取教训，提高跨团队沟通与协作能力。

可见，ChatGPT 是有能力甄别主要责任方的，但为何它要让架构师积极承担自己在此次事件中的责任，并向公司和各团队表示诚挚的道歉？我们接着追问，看看 ChatGPT 如何解释。

❓ Prompt

为何你在前面的解决方法中，没有主动提出交易团队需要承担主要责任，而是让架构师积极承担自己在此次事件中的责任，并向公司和各团队表示诚挚的道歉？

⊛ ChatGPT

在前面的解决方法中，我的重点是解决跨领域冲突，促进各团队之间的合作与和谐，以及从根本上解决问题，防止类似事件再次发生。作为架构师，我认为在这种情况下，最重要的是首先化解团队之间的矛盾，让大家共同面对问题，而不是一开始就强调谁应该承担责任。

同时，承认自己的责任并向公司和各团队道歉，是为了展示架构师的诚意和对公司利益的重视。这种态度有助于缓和团队之间的紧张气氛，让大家更愿意坦诚面对问题，共同寻求解决方案。

此外，作为架构师，我们需要关注整个系统的稳定性和健康发展，而不仅仅是找出责任方。在解决问题的过程中，我们应该关注如何完善跨团队沟通与协作机制，提高公司在类似问题中的应对能力，而不是过于纠结于责任划分。

当然，在问题解决和团队矛盾化解之后，我们还需要分析各团队在此次事件中的责任，并提出一个合理的责任分配方案。这是对事件的负责态度，也有助于避免类似问题再次发生。

从回答看出，GPT 还是比较聪明的，先从大局出发，共同面对问题，而不是先追责，后面解决问题之后，再分析责任归属，并提出合理的责任分配方案。

12.3.5 项目管理

项目管理是指参与项目的规划、进度跟踪、风险管理等工作，确保项目能够按照预期目标顺利完成。

❓ **Prompt**

你是一位有着十年架构经验的高级架构师，目前在进行智慧校园系统项目管理，请从项目启动、规划、执行、监控、收尾这五个阶段分别进行工作的计划安排，以确保项目的顺利进行。

◎ **ChatGPT**

作为一位有着十年架构经验的高级架构师，我将从项目启动、规划、执行、监控、收尾这五个阶段分别进行工作的计划安排，以确保智慧校园系统项目的顺利进行。

项目启动阶段

在项目启动阶段，作为架构师，我需要参与项目立项，确保项目目标明确、可行，并与相关团队达成共识。主要工作如下：

❑ 参加项目启动会议，与业务部门、产品团队等沟通，了解项目背景、目标及需求。

❑ 调研市场和技术趋势，为项目提供技术建议。

❑ 评估项目的技术可行性，确保项目目标和技术实现相匹配。

项目规划阶段

在项目规划阶段，作为架构师，我需要制订技术方案和开发计划，确保项目能按照预定进度进行。主要工作如下：

❑ 分析项目需求，设计系统架构和技术框架。

❑ 与产品团队、设计团队等协作，确保技术方案满足需求。

❑ 制订开发计划和资源分配方案，包括人力资源、开发工具、硬件资源等。

❑ 设定项目里程碑和关键节点，确保项目按照预定进度进行。

项目执行阶段

在项目执行阶段，作为架构师，我需要指导开发团队进行技术实现，确保项目质量。主要工作如下：

❑ 参与核心模块的设计和开发。

❑ 定期参加技术讨论和代码审查，确保开发质量和一致性。

❑ 解决开发过程中遇到的技术难题，为开发团队提供技术支持。

❑ 与其他团队协作，确保项目进度和质量。

项目监控阶段

在项目监控阶段，作为架构师，我需要对项目进行持续跟踪和评估，确保项目按照预定进度和质量进行。主要工作如下：

❑ 定期与项目团队进行沟通，了解项目进展和问题。

❑ 分析项目进度和质量数据，识别风险和问题，提出改进措施。

❑ 对关键节点进行验收，确保达到预期目标。

❑ 关注技术和市场变化，评估项目是否需要调整。

项目收尾阶段

在项目收尾阶段，作为架构师，我需要确保项目顺利完成，并为后续运维提供支持。主要工作如下：

❑ 协助测试团队进行系统测试，确保系统质量。

❑ 评估项目成果，总结项目经验和教训，为后续项目提供借鉴。

❑ 与运维团队协作，确保系统顺利部署和上线。

❑ 为后续运维提供技术支持，确保系统稳定运行。

通过以上五个阶段的工作计划安排，我将确保智慧校园系统项目的顺利进行。

综上，在软件架构师的工作里，ChatGPT 目前能提供技术上的帮助（需要筛选哪些回答可用），在战略设计、团队建设、解决跨团队问题上都能给我们新的思路和启发。

所以，要想更好地使用 ChatGPT 来辅助自己工作，软件架构师需要不断地通过学习充实自己，这样才能有效筛选 ChatGPT 提供的信息，提升效率。

Chapter 13 | 第 13 章

AI 辅助提升程序员求职、招聘与面试效率

企业在创立和发展的过程中需要招聘员工，而互联网企业在高速发展的过程中更是要招聘大量的程序员，这需要投入大量的人力和时间来面试与筛选人才。关于如何提高企业招聘和面试程序员的效率，13.1、13.2 节进行了实践和总结。同时，求职应聘是程序员为了寻求更好的职业机会必不可少的环节，因此，13.3 节介绍了程序员如何利用 ChatGPT 进行求职面试的查漏补缺。

13.1 用 ChatGPT 理解面试题

在招聘前端程序员的时候，作为总的技术负责人，我们可能对前端这一领域理解得不是特别深入和细致，这时便可以利用 ChatGPT 快速帮我们解读一些面试题目的代码。甚至在面试的时候，我们可以立即针对应聘者的回答让 ChatGPT 创建新的问题。

例如，要考查一下应聘者对 Promise 的理解，手上有一道题目是求一段关于 Promise 的代码的执行结果。此时可以让 ChatGPT 解释一下这道题目，自己先有个思路，这样好对比、评判应聘者的回答是否正确。

> ❓ **Prompt**
> 写出这段代码的输出结果：
> ```
> console.log('1');
> ```

```
setTimeout(() => {
  console.log('2')
  })
  console.log('3');
  const promise = new Promise((resolve, reject) => {
console.log('4');
resolve();
console.log('5');
  })
  promise.then(() => {
setTimeout(() => {
  console.log('6');
})
console.log('7');
  }).then(()=> {
console.log('8');
  })
  console.log('9');
```

ChatGPT

1 3 4 5 9 7 8 2 6

代码解释如下：

执行 console.log('1')，输出 1。

执行 setTimeout 函数，但它是一个异步函数，需要等待主线程执行完毕后才能执行，因此先不会输出 2。

执行 console.log('3')，输出 3。

执行 new Promise((resolve, reject) => {})，输出 4。

执行 resolve()，状态变为 fulfilled，并将其注册到微任务队列中，等待主线程空闲时执行。

执行 console.log('5')，输出 5。

执行 promise.then(() => {})，将回调函数注册到微任务队列中，等待主线程空闲时执行。

执行 console.log('9')，输出 9。

主线程执行完毕，开始执行微任务队列中的回调函数，先执行 promise.then(() => {}) 中的回调函数，输出 7。

继续执行 promise.then(() => {}) 的下一个 then 方法，输出 8。

执行 setTimeout(() => {console.log('2')})，但它是一个异步函数，需要等待主线程执行完毕后才能执行，因此先不会输出 2。

执行第一个 promise.then(() => {}) 回调函数中的 setTimeout(() => {console.log('6')})，但

它是一个异步函数，需要等待主线程执行完毕后才能执行，因此先不会输出 6。

微任务队列执行完毕，开始执行宏任务队列中的第一个任务，即 setTimeout(() => {console.log('2')})，输出 2。

继续执行第一个 promise.then(() => {}) 回调函数中的 setTimeout(() => {console.log('6')})，输出 6。

如果想继续了解，可以让 ChatGPT 对具体代码行进行解释。

❓ Prompt

着重解释一下这段代码的输出：

```
const promise = new Promise((resolve, reject) => {
    console.log('4');
    resolve();
    console.log('5');
    })
```

◎ ChatGPT

这段代码创建了一个 Promise 对象，该 Promise 对象在创建时会立即执行传入的函数，也就是 Promise 构造函数中的函数。

在这个函数中，先执行了 console.log('4')，输出了数字 4。然后执行 resolve() 方法，将 Promise 对象的状态从 pending 变为 fulfilled，同时将 resolve() 方法注册到微任务队列中，等待主线程空闲时执行。接着执行 console.log('5')，输出了数字 5。

需要注意的是，Promise 对象中的 resolve() 和 console.log('5') 是同步执行的，也就是说，resolve() 的状态变为 fulfilled 时，console.log('5') 已经执行完毕。这意味着，在 Promise.then() 方法中注册的回调函数，会在 Promise 对象的构造函数中的代码执行完毕后立即执行，而不是等待异步操作完成后再执行。这是 Promise 的特性，也是它与传统回调函数的区别之一。

因此，该段代码的输出结果为：

4

5

其中，数字 4 是立即输出的，数字 5 是在 resolve() 方法执行完毕后输出的。

可以看到 ChatGPT 的这个回答非常有条理，我们可以验证一下结果。在 VS Code 用 Node.js 调试一下，运行结果如图 13-1 所示。

图 13-1　用 VS Code 运行面试题目的代码截图

13.2　用 ChatGPT 出面试题

对于怎么面试应聘者，面试官有一套自己的方法。当然，如果不想自己出面试题目的话，可以让 ChatGPT 来出。下面来看一个例子。

> ❓ **Prompt**
>
> 怎么考查一个 3 年左右工作经验的前端开发人员？如何面试？
>
> ⑤ **ChatGPT**
>
> 以下是一些可能有用的建议，用于面试一个具有 3 年左右前端开发工作经验的候选人。
>
> 检查候选人的技能水平：面试时可以通过一些编程题、算法题、代码调试题等来测试候选人的技能水平，这可以帮助您了解他们对基础概念、语言、框架和库的掌握程度。同时，还可以了解他们对各种前端技术，例如 HTML、CSS、JavaScript、React、Vue.js、Webpack 等的理解程度和使用经验。
>
> 研究候选人的项目经验：了解候选人在过去的项目中承担的角色和职责，以及他们如何使用技术来解决各种挑战和问题。可以让候选人分享他们在过去的项目中遇到的一些问题，以及解决这些问题的思路和方法。
>
> 考察候选人的团队合作能力：一个前端开发人员需要在团队中与其他成员协作，因此要

了解候选人如何与其他团队成员沟通、交流、协作，以及如何处理来自其他成员的反馈和指导。可以通过询问候选人如何与设计师、产品经理、测试人员等角色进行合作，了解他们在团队中扮演的角色以及与其他成员协作的能力。

考虑候选人的自我发展能力：一个好的前端开发人员需要不断学习和适应新的技术，以便保持竞争力。了解候选人如何自我学习、提高和发展，以及如何持续关注前端技术的新动态和趋势，是非常重要的。

关注候选人的个性和态度：除了技术能力之外，候选人的个性和态度也是非常重要的因素。一个团队需要有良好的沟通、合作方式和积极的工作态度才能取得成功。因此，了解候选人的沟通能力、解决问题的态度、自我驱动力和工作热情等是很有帮助的。

总之，对于一个有 3 年左右前端开发工作经验的候选人，您应该根据自己的公司和团队的需求，综合考虑他们的技术能力、项目经验、团队合作能力、自我发展能力和个性态度等方面的表现，从而找到最适合的人选。

进一步地，我们可以让 ChatGPT 帮我们输出一些面试题。

❓ **Prompt**

对于检查候选人的技能水平这一项，可以给出一套面试题吗？

⑤ **ChatGPT**

当然可以，以下是一些可能适用于 3 年左右工作经验的前端开发人员的面试题：

解释一下什么是闭包以及闭包的实际应用场景。

解释一下什么是原型链以及如何使用它。

请列举几种不同的 CSS 布局方式，并解释它们之间的差异。

解释一下如何使用 Flexbox 实现垂直居中。

请列举几种不同的 HTTP 请求方法，并简要解释它们的作用。

请解释一下 React 中的虚拟 DOM 是什么，以及它的作用。

解释一下什么是事件冒泡以及如何阻止它。

解释一下什么是防抖和节流，以及它们的应用场景。

请解释一下前端性能优化的几种方法。

请解释一下如何使用 Web Workers 实现多线程操作。

以上只是一些可能的问题，面试官可以根据实际情况进行调整和增减。同时，考查候选人的技能水平不仅要看他能否回答这些问题，还要看他能否运用所学知识解决实际问题以及是否具备团队合作、沟通等能力。

我们可以继续追问，得到题目的参考答案。

Prompt

给出以上问题的参考答案。

ChatGPT

闭包是指一个函数能够访问其词法作用域以外的变量。它的应用场景包括保护变量不被全局污染、实现模块化以及实现柯里化等。

原型链是一种用于实现继承的机制。它通过让一个对象引用另一个对象来实现继承。在 JavaScript 中，每个对象都有一个内部属性 [[Prototype]]，它指向其原型对象，原型对象也有自己的原型对象，以此类推，直到最终指向 null。沿着这个原型链进行属性查找，可以实现继承。

CSS 布局方式包括浮动、定位、Flexbox、网格布局等。它们之间的差异在于实现方式、适用场景以及是否支持响应式设计等方面。

使用 Flexbox 实现垂直居中的方法包括将容器的 align-items 属性设置为 center，以及将容器的 display 属性设置为 flex，并将子元素的 align-self 属性设置为 center。

不同的 HTTP 请求方法包括 GET、POST、PUT、DELETE 等。GET 用于从服务器获取资源，POST 用于向服务器提交数据，PUT 用于更新资源，DELETE 用于删除资源。

虚拟 DOM 是一种用于在内存中表示页面结构的机制。它可以提高渲染性能，简化开发流程，并且方便实现跨平台应用。

事件冒泡是指事件在 DOM 树上从最深层的节点逐级向上传播的过程。可以使用 stopPropagation 方法阻止事件冒泡。

防抖和节流是用于限制函数调用频率的技术。防抖指的是在一段时间内多次调用函数时，只执行最后一次调用；而节流指的是在一段时间内多次调用函数时，每隔一段时间执行一次调用。

前端性能优化的方法包括使用 CDN、压缩资源、减少 HTTP 请求、使用浏览器缓存、优化 CSS 和 JavaScript 等。

Web Workers 是一种用于在浏览器中创建多线程的技术。它可以提高 JavaScript 代码的执行性能，从而提高网页的响应速度。Web Workers 可以通过 postMessage 方法进行线程间通信。

在程序员面试方面，ChatGPT 着实给了我很多帮助。如果没有 ChatGPT，我需要通过搜索引擎搜索一批题目，同时要找到其答案。有了题目之后，还要判断这些题目是否覆盖全面，是否有遗漏。这些工作需要耗费不少时间。有了 ChatGPT，我可以随时变换题目，让 ChatGPT 给出答案。如果对题目和答案有疑问，我可以马上追问，甚至让 ChatGPT 给出答案代码，我自己运行进行验证。

13.3 让 ChatGPT 扮演面试官帮你查漏补缺

你可以把 ChatGPT 当作面试官来模拟面试。这里提问的技巧是事先给它设定好面试官的角色和行为框架。我们用 C++ 面试来进行实践。

❓ **Prompt**

现在你是腾讯的 C++ 面试官，我准备应聘腾讯 C++ 开发岗的程序员。你来向我提出面试问题，每次问一道题，然后等我回答，我回答后，你对我的回答做出评价，然后提出下一个问题。如果你准备好了，可以向我问第一道题。

💬 **ChatGPT**

当然，我可以帮你进行面试准备。以下是第一道面试问题：

问题 1：请解释一下 C++ 中的多态性（Polymorphism）是什么，以及它的实现方式。

请你回答这个问题。

❓ **Prompt**

多态就是当不同的对象完成某个行为时，产生不同的状态。比如对于理发这种行为，男人理发和女人理发的步骤是不同的。C++ 多态的实现方式包括重写和重载。重写是通过继承让派生类重新实现基类的虚函数，在运行时通过指针或引用实际类型调用对应的函数。重载是函数名相同但参数不同的多个函数实现不同的行为，它是在编译时通过参数类型决定调用哪个函数。

💬 **ChatGPT**

你对多态性的解释基本上是正确的。多态性是指在面向对象编程中，同一种操作或方法可以在不同的对象上产生不同的行为。

在 C++ 中，实现多态性的方式主要有以下两种。

运行时多态（Runtime Polymorphism）：这种多态性通过虚函数和继承来实现。在基类中声明虚函数，派生类可以覆盖（重写）这些虚函数以实现自己的行为。通过基类的指针或引用调用虚函数时，会根据实际对象的类型来动态绑定（动态分派）到正确的函数实现。这使我们可以在运行时决定调用哪个函数，实现了多态性。这个过程称为动态绑定或后期绑定。

编译时多态（Compile-time Polymorphism）：这种多态性通过函数重载来实现。函数重载是指在同一个作用域内可以有多个同名函数，但它们的参数类型、个数或顺序不同。在编译时根据函数调用的参数类型来决定调用哪个函数。这种多态性在编译时就确定了函数的调用，因此也称为静态绑定或早期绑定。

对于你提到的男人理发和女人理发的例子，可以通过基类定义一个虚函数 haircut()，派生类分别重写这个函数以实现各自的理发方式。在运行时，可以通过指向派生类对象的基类指针来调用 haircut() 函数，会根据实际对象的类型来动态绑定到正确的函数实现，产生不同的状态。

你的回答基本说清楚了多态性的概念和实现方式，但还可以进一步扩展和深入。关于这道题你还有其他问题吗？或者我可以继续提出下一个问题？

❷ Prompt

请提出下一个问题。

⑥ ChatGPT

问题 2：请解释一下 C++ 中的智能指针（smart pointer）是什么，以及它们的作用和优势。请你回答这个问题。

❷ Prompt

在 C++ 中，由于动态管理内存，经常会出现内存泄漏或者引用非法内存的问题。智能指针可以帮我们更安全地使用动态内存，自动释放动态分配（使用 new 操作）出来的内存，避免内存泄漏。

⑥ ChatGPT

你提到的智能指针在 C++ 中的确起到了动态内存管理的重要作用，可以帮助我们更安全地使用动态内存，并避免内存泄漏和悬空指针的问题。

智能指针是 C++ 标准库提供的一组类模板，它们通过封装指针并提供自动化的内存管理来减少手动内存管理的错误和负担。它们的作用是管理动态分配的对象，并在不再需要时自动释放相关内存。

智能指针的主要优势如下。

自动内存管理：智能指针使用了 RAII（资源获取即初始化）的原则，通过在构造函数中获取资源（动态内存）并在析构函数中释放资源来自动化内存的管理。这样可以确保在对象生命周期结束时，相关的内存会被正确释放，从而避免内存泄漏。

避免悬空指针和多次释放：智能指针会自动跟踪指针的所有权，确保在不再需要时释放内存，并在指针被销毁后避免访问已释放的内存。这有助于避免悬空指针（dangling pointer）和多次释放内存的问题。

方便的共享所有权：某些智能指针（如 std::shared_ptr）支持共享所有权，允许多个指针共同拥有同一块内存，自动进行引用计数，当没有任何指针引用该内存时，自动释放内存。

这在处理资源共享和避免所有权问题时非常有用。

常见的智能指针有 std::unique_ptr、std::shared_ptr 和 std::weak_ptr。std::unique_ptr 用于独占一块内存，std::shared_ptr 用于共享所有权，而 std::weak_ptr 则是一种弱引用，用于协助处理 std::shared_ptr 的循环引用问题。

总的来说，智能指针提供了更安全、更方便的动态内存管理方式，减少了手动管理内存带来的错误和烦琐性。在使用动态内存时，推荐使用智能指针来确保资源的正确释放和避免常见的内存管理问题。

你的回答体现出你对智能指针的作用和优势有了基本的理解。如果你有任何问题，或者希望继续进行下一道题目，请告诉我。

? Prompt

请继续下一个问题。

ChatGPT

问题 3：请解释一下 C++ 中的析构函数（destructor）是什么，并说明它的作用和用法。请你回答这个问题。

? Prompt

析构函数是类的成员函数，在程序结束时系统自动调用。析构函数的作用是在对象被销毁时释放对象占用的资源，比如内存、文件、线程等。

ChatGPT

你对析构函数的概念和作用的解释基本上是正确的。

析构函数是一种特殊的成员函数，它在对象生命周期结束时自动调用。它的名称与类名相同，前面加上一个波浪号（~）作为前缀，没有返回类型，也没有参数。

析构函数的主要作用是在对象被销毁时执行必要的清理工作，包括释放对象所占用的资源，如释放动态分配的内存、关闭打开的文件、清理临时数据等。析构函数的执行时机是在对象生命周期结束时，可以是对象离开作用域、程序退出或者通过 delete 关键字显式销毁对象时。

C++ 编译器会自动生成默认的析构函数，当类中没有显式定义析构函数时，编译器会生成一个隐式的默认析构函数。这个默认析构函数一般是空函数体，什么也不做。但是如果类中有动态分配的资源或需要进行清理操作，就需要显式定义析构函数，并在其中编写相应的清理代码。

析构函数的用法与普通成员函数类似，它可以有访问修饰符（public、protected、private），可以在类内部声明和定义，也可以在类外部定义。需要注意的是，析构函数没有返回值，也不需要显式调用，由编译器自动管理。

　　总的来说，析构函数是在对象销毁时自动调用的特殊成员函数，用于执行清理工作并释放对象占用的资源。它在 C++ 中起着重要的作用，确保对象在销毁时能够正确地释放资源，避免资源泄漏和发生问题。

　　如果你有任何问题，或者希望继续进行下一道题目，请告诉我。

❓ **Prompt**

请继续下一个问题。

◉ **ChatGPT**

问题 4：请解释一下 C++ 中的虚函数（virtual function）是什么，以及它的作用和用法。请你回答这个问题。

❓ **Prompt**

C++ 的虚函数我有点忘记了。

◉ **ChatGPT**

没问题，我可以为你解释一下。

　　在 C++ 中，虚函数是一种特殊的成员函数，通过在基类中声明为虚函数，可以在派生类中进行重写，实现多态性。通过使用虚函数，可以在运行时根据对象的实际类型来确定要调用的函数版本，实现动态绑定（动态分派）。

　　虚函数的作用和用法包括以下几点。

　　多态性（Polymorphism）：虚函数是实现多态性的关键。当基类的指针或引用指向派生类对象并通过虚函数进行调用时，会根据对象的实际类型来动态绑定到正确的函数版本。这使我们可以在运行时决定调用哪个函数，实现多态性。

　　函数重写（Function Overriding）：通过在派生类中重新实现（重写）基类的虚函数，可以在派生类中自定义特定的行为。当通过基类的指针或引用调用虚函数时，会根据实际对象的类型来动态调用派生类中的函数版本，实现函数的动态绑定。

　　动态绑定（Dynamic Binding）：通过虚函数，函数的绑定（绑定到特定的函数实现）在运行时而不是编译时确定。这使程序可以根据实际情况来调用正确的函数版本，而不是根据指针或引用的静态类型来调用函数版本。

　　使用虚函数的基本步骤如下。

　　1. 在基类中声明虚函数，在函数声明前加上 virtual 关键字。

　　2. 在派生类中重新实现（重写）基类的虚函数，可以使用 override 关键字显式标记，以增加代码的可读性。

3. 通过基类的指针或引用调用虚函数，会根据实际对象的类型来动态绑定到正确的函数版本。

需要注意的是，虚函数只能在类的成员函数中声明，不能是静态成员函数（static）或友元函数。同时，构造函数（Constructor）和析构函数（Destructor）不能是虚函数。

希望这个解释对你有帮助。如果你有进一步的问题，或者希望继续进行下一道题目，请告诉我。

? Prompt

请继续下一个问题。

ⓢ ChatGPT

问题 5：请解释一下 C++ 中的引用（reference）是什么，以及它与指针的区别和它的用法。

请你回答这个问题。

? Prompt

C++ 中的引用是变量的别名，它的用法跟指针基本一样。

ⓢ ChatGPT

你对引用的概念的描述基本正确，引用是变量的别名。

引用在 C++ 中是一种非常方便的特性，它提供了一个变量的别名，允许我们通过不同的名称来访问同一块内存空间。引用的声明使用 & 符号，声明时将其放置在变量类型前面。下面是一个引用的例子：

```
int num = 10;
int& ref = num;  // ref是num的引用
```

引用与指针有一些区别和限制：

别名而非对象：引用是变量的别名，它并不是一个独立的对象，而被绑定到一个已经存在的对象上。

语法简洁：引用使用起来比指针更加简洁明了，不需要使用解引用运算符（*）来访问被引用的对象，可以直接使用引用名进行操作。

空引用问题：引用必须始终引用某个对象，不能为 null，这意味着引用必须在声明时初始化，并且不能引用一个空值。

不可重新绑定：一旦引用与某个对象绑定，就不能重新绑定到另一个对象。这使得引用更安全，因为它可以避免在使用未初始化的指针时出现问题。

引用通常用于以下情况：

函数参数传递：通过引用传递参数，可以避免参数的拷贝，提高效率，并且可以修改传入的变量。

函数返回值：函数可以返回引用类型，允许返回对函数内部变量的引用，避免了不必要的拷贝。

别名使用：当希望在不同的上下文中使用相同的变量时，引用可以提供一个简洁的方式来创建别名。

总的来说，引用是变量的别名，提供了简洁的语法来操作变量。与指针相比，引用具有一些区别和限制，但也提供了更加安全和便捷的使用方式。

如果你还有其他问题，或者希望继续进行下一道题目，请告诉我。

整个面试过程比较轻松，ChatGPT 不会打断你的回答，也不会给你太大的压力，而更像一个老师在引导学生思考。ChatGPT 会对你的回答做出评判和补充。如果你不懂或回答有错，它也会进行详细解释，毫无保留。

后　记

继 2015 年的《产品前线》和 2017 年的《运营前线 1：一线运营专家的运营方法、技巧与实践》《运营前线 2：一线运营专家的运营方法、技巧与实践》之后，这次我带着新的身份和视角再度出发，从全局来看产品和技术。我曾经在腾讯、YY 语音和迅雷担任产品经理、产品总监，现在是深圳梅沙科技创始合伙人，这使我在产品研发过程中更加关注技术架构设计和编程效率的提升，并对行业与企业的全局发展有着深入的思考和洞察。

2023 年 3 月 14 日，OpenAI 公布了大语言模型的最新版本——GPT-4。在发布会视频中，OpenAI 联合创始人兼总裁 Greg Brockman 展示了一张手绘的网站模型，然后让 GPT-4 根据这个模型建立了一个网站，用时 10s。这个视频瞬间震撼了我和梅沙科技合伙人兼 CTO 李柏锋，我们意识到以 GPT-4 为代表的 AIGC 技术将带来技术研发领域的重大变革，程序员这个群体将迎来新的挑战和机遇。于是，我们开始在团队内部大力推行使用 AIGC 技术提升研发效率。

有观点认为，AIGC 技术的应用或许会造成大量程序员下岗，但在我看来，目前很多行业的数字化还处于初级阶段，AIGC 技术的应用将让技术人员极大地发挥他们的潜力，加速企业的数字化进程，前提是企业管理者、技术管理者、技术实现者有意识地去学习和使用 AIGC 技术。

我们在应用 AIGC 的实践中发现，GPT-4 确实可以大幅提升技术人员的工作效率，但这个过程并不是一帆风顺的，我们也踩了不少坑。我们把探索过程做了记录和提炼，并期待把这些经验告诉更多的企业管理者、技术管理者、技术实现者，大家一起开阔视野，拓宽思路，降本增效。

本书的第三作者张阳是我的老朋友和创业伙伴，他在 2013 年参与创办的房讯通公司是一家提供房地产数据服务的企业，该公司成功地将大语言模型与自有的房地产数据库对接，实现了高效的数据查询服务。这个技术的实际应用让我们看到了 AIGC 技术的巨大潜力。

2023 年年初，房讯通团队将大语言模型的标准接口与自有的房地产数据库对接后，有用户提问："我家里有 5 口人，小孩明年要上小学，我想换套房子，深圳南山区有哪些可以考虑的楼盘？"系统随即从数据库中查到了 20 个楼盘，并为该用户一一介绍。

技术团队调出它的执行过程，结果发现，在大语言模型编写的 SQL 语句中有一个约束性条件 Rooms≥3，所有人被这一幕惊到了。因为用户在提问时并没有提到"房间数"，只说了家里有 5 口人，系统自动将这条信息理解为"5 口人至少需要 3 间房"，所以它给出的 20 个楼盘都是包含 3 间房以上的楼盘。

从那天开始，张阳意识到 GPT 必将给他们带来发展机遇。于是，2023 年 5 月，张阳迅速组建了车库 AI 团队，这是由 5 人组成的先锋小组，他们在一个 18 平方米的小房间里独立探索，不断将探索的成果输入公司"母体"。得益于短视频的传播，车库 AI 团队成为第一批大语言模型场景应用的探索者和分享者。

看到车库 AI 团队将 AIGC 技术充分应用到产品研发中，并进行了多个项目的实践尝试，我立刻找到张阳，希望他可以将这些探索和实践过程提炼为案例，作为本书的一部分。张阳爽快地答应了，并迅速召集同事们一起提炼出了本书中的几个案例，包括英语陪聊教练、利用 ChatGPT 自动输出当日新闻资讯、利用 UE 创建数字人、AIGC 辅助测试等。

感谢参与本书写作工作的作者和案例提供者，他们都是奋斗在技术研发一线的技术人员。

最后，感谢能看到这篇后记的读者。当你读到这里时，命运的齿轮已经开始转动，一个伟大的时代已经到来。我们有幸共同面临人类历史上的又一次重大变革，一起拥抱当前日新月异的 AI 技术，一起在实践中不断成长。对 AIGC 感兴趣的读者可以加我的微信（微信号 blueslan2009）并注明是本书读者，我会邀请你进入本书的读者学习交流群。

兰军（Blues）